导弹飞行力学

伍友利　刘同鑫　周　欢
张艺瀚　刘万俊　编著

西安电子科技大学出版社

内 容 简 介

本书的主要内容有：空气动力学基础、作用在导弹上的力和力矩、导弹运动方程组、方案飞行弹道、导引弹道的运动学分析、现代制导律、导弹半实物仿真等。

本书可作为没有开设空气动力学课程的高等院校导弹总体设计、导弹制导与控制专业及与导弹相关专业本科生与研究生的教材或参考书，也可供有关专业人员学习参考。

图书在版编目(CIP)数据

导弹飞行力学 / 伍友利等编著. —西安：西安电子科技大学出版社，2021.4(2022.8重印)

ISBN 978-7-5606-6009-7

Ⅰ. ①导… Ⅱ. ①伍… Ⅲ. ①导弹飞行力学—高等学校—教材 Ⅳ. ①TJ760.12

中国版本图书馆 CIP 数据核字(2021)第 037326 号

策　　划　刘小莉
责　　任　于文平
出版发行　西安电子科技大学出版社(西安市太白南路 2 号)
电　　话　(029)88201467　　邮　　编　710071
网　　址　www.xduph.com　　电子邮箱　xdupfxb001@163.com
经　　销　新华书店
印刷单位　陕西天意印务有限责任公司
版　　次　2021 年 4 月第 1 版　2022 年 8 月第 2 次印刷
开　　本　787 毫米×1092 毫米　1/16　印张 13.5
字　　数　319 千字
印　　数　1001～2000 册
定　　价　38.00 元
ISBN 978-7-5606-6009-7/TJ

XDUP 6311001-2

前　言

面对教学改革的不断深入和科技的不断发展，现有的导弹飞行力学教材已经不能满足航空兵器工程专业学生学习和工作的要求。因此，我们重新编写了本教材。本书对于想要掌握空气动力学和机载导弹、制导炸弹等飞行力学知识的科技人员来说，也是一本合适的自学教材。

本书重点介绍有翼导弹研究、设计、实验和应用中的飞行力学的理论和方法。本书内容包括：空气动力学基础；有关导弹运动的基本概念；导弹作为有控飞行器作用在其上的作用力和力矩特性分析；建立导弹运动方程组的方法，导弹运动的数学模型；过载的概念及与导弹设计的关系；方案弹道的设计与应用；各种导引规律的弹道特性分析；弹道仿真方法以及导弹半实物仿真等。

相关编辑对本书初稿提出了不少宝贵意见和建议，作者谨向他们表示衷心的感谢。本书出版得到了空军工程大学航空工程学院各相关部门的大力支持，特表深切谢意。

由于作者编写水平有限，书中难免存在不妥之处，敬请读者指正以便修改。

作　者

2020年11月

目　　录

第 1 章　空气动力学基础

1.1　导弹飞行力学研究的内容和方法

1.1.1　导弹飞行力学的定义和研究内容

导弹飞行力学是研究导弹飞行过程中，在各种力的作用下其运动规律的一门科学。导弹属于无人驾驶的有控飞行器，为了完成飞行任务的要求，就需要按照一定的控制规律改变飞行器的运动方向和速度。因此，研究导弹作为飞行器的飞行力学是在考虑飞行器的气动特性、控制系统特性、推进系统特性、结构特性和环境特性条件下的运动学和动力学。

研究飞行器的飞行力学，首先研究作用在飞行器上各种力和力矩在运动过程中的变化特性，然后研究在这些力和力矩的作用下飞行器的运动学特性和动力学特性。

飞行器的运动学特性和动力学特性按其特点可分为两种类型：

(1) 飞行器的整体运动，即飞行器质心运动和飞行器绕其质心旋转的姿态运动。

(2) 飞行器的局部运动，如操纵面运动、弹性结构变形和振动、贮箱内液体晃动等，这些局部运动的特性对全弹的整体运动也将产生影响。

研究导弹飞行力学除需要掌握工程数学、物理、计算方法等基础理论外，还必须掌握空气动力学、自动控制理论、计算机技术、导弹系统总体设计等方面专业知识，这样才能了解飞行过程中各种力的相互作用，精确地建立各项数学模型，并求出有关问题的解。

1.1.2　导弹飞行力学的研究特点

导弹的种类很多，其飞行特性也有很大差异。为了对其进行具有针对性的研究，这里从作战应用的角度，把导弹分为两大类，即战略导弹和战术导弹。

战略导弹用于打击纵深战略目标，射程远，威力大，通常射程大于 1000 km。战术导弹用于战场直接支援部队的战斗行动，导弹的尺寸小，机动性能好，射程比较短，通常小于 1000 km。

战略导弹和战术导弹的作战任务、作战要求和应用环境有较大的差别，因此，其战术技术指标有很大的不同，本书主要研究战术导弹。导弹在飞行过程中，主要作战应用空域不同，带来的飞行力学问题也是不一样的，战术导弹飞行力学的特点如下：

(1) 战术导弹的大部分弹道在大气层内，随着高度的剧烈变化，大气参数以及作用在飞行器上的空气动力也有较大的变化，因而对飞行器的性能带来较大的影响，这是飞行力学研究十分关心的问题。

(2) 战术导弹是无人驾驶的，因此，必须研究有控系统的飞行力学问题。

(3) 通常战术导弹都带有较大的空气动力面，气动载荷较大，气动引起的加热效应、结构弹性变形与控制回路的耦合，即所谓伺服气动(热)弹性是必须考虑的因素。

(4) 导弹在攻击机动目标时要求其自身具有较大的机动能力，特别是在接近目标时，可能出现大攻角飞行，非线性和交叉耦合(运动、惯性、控制系统、气动力)给研究设计工作带来了较大困难。

(5) 为了减少对高速目标的脱靶量，战术导弹的制导规律(导引规律)研究有着特别重要的意义，其描述方式多种多样，方法复杂。

(6) 为了保证导弹能够精确地命中目标，导弹常使用复合制导，即在不同的飞行阶段采用不同的控制和制导规律。制导方法变化和系统参数变化对控制系统设计的影响很大。如何处理好这个问题，提高制导精度，既是控制系统设计的重要问题，也是飞行力学设计需要考虑的重要问题。

(7) 战术导弹的发射平台和战场环境十分复杂，它既可以从地面、地下、水面、水下、空中发射，也可以车载、舰载和机载发射等，因而带来许多与此有关的飞行力学课题。

1.1.3 战术导弹飞行力学研究方法

研究战术导弹飞行力学的一般方法是理论与实践相结合的方法，先应用现有的知识，将所研究的导弹状态和过程用数学模型的形式加以表达，这些数学模型可以是代数方程、微分方程或统计数学方程，方程的数量取决于所研究系统的复杂程度以及要求的精确程度。所研究的问题愈复杂，要求愈精确，则所列的方程组就愈复杂，解这些方程组也就愈困难。一般来说，要十分完整、精确地用数学方程来描述研究大系统的过程是办不到的。实际应用中通常都带有一定程度的简化处理，以能满足实际设计工作的需要为准。但是这样的简化与实际有出入，有时需采用地面试验数据或飞行试验数据加以修正。为了验证数学模型的准确性，需要进行计算机仿真、地面试验和飞行试验，用试验数据或统计模型进行比较。

飞行力学的研究方法主要是先进行数学仿真、(缩比模型的)物理仿真(风洞试验、自由飞行)、半实物仿真，然后进行(全实物)飞行试验，利用从飞行试验所取得的数据对飞行力学的模型进行验证和校正，最后给定导弹的数学模型。该模型是确定导弹飞行弹道、火控系统数学模型、靶场试验基准弹道结果分析和作战使用的可发射区和杀伤区的主要原始依据。

为了描述飞行器(导弹)的空间运动，建立数学方程时需要考虑以下几个方面：

(1) 飞行器通常是变质量物体(在飞行过程中消耗推进剂)，需要列出质量随时间变化的关系方程。

(2) 所建立的方程是空气动力学系数随着飞行高度、飞行马赫数变化的微分方程。

(3) 为了便于对飞行器的飞行过程进行连续分析，并考虑在各不同阶段对不同飞行参数分析的便利性，需要定义多种坐标系，对建立的地面坐标系($Axyz$)、弹体坐标系($Ox_1y_1z_1$)、弹道坐标系($Ox_2y_2z_2$)和速度坐标系($Ox_3y_3z_3$)等坐标关系可通过矩阵进行变换，建立飞行器质心平动和绕质心转动的六自由度运动方程。

(4) 飞行器作为控制对象，在其做空间运动时，要考虑目标和飞行器运动之间的关系，采用一定的导引规律方程，并按这个规律对飞行器进行操纵。为了保证控制过程的准确性，应给出反馈信号方程。

综上所述，飞行器的空间运动方程组大致由刚体空间六自由度运动方程、几何关系方程、变质量方程、制导方程和控制方程等方程组成，每种飞行器还可以根据不同的飞行状态和不同参数的要求，建立补充方程，使建立起来的方程中的未知参数与建立的方程数相等。在给定参数的初始条件后，可用数值积分法求解方程组，求得各参数值及其变化规律，对部分参数也可建立模型进行寻优，确定其边界值，为设计提供依据。

飞行力学研究通常有两种方式：一种是结合具体型号研制进行；另一种是专题研究。

在结合具体型号研制过程进行飞行力学研究时，应根据具体型号在不同的研制阶段需要解决的问题和可能提供的数据准确度建立不同的飞行力学数学模型，并采用不同的分析方法。

第一阶段：型号可行性论证阶段。这是开展研制前必不可少的一步，主要对拟研制的型号从技术上、经济上和时间上进行综合论证。这时需根据初步的战术技术指标，提出型号方案设想和可供选择的技术途径。提出的型号方案设想必须满足主要战术技术指标。根据型号的主要战术技术指标要求，选择技术途径，确定型号方案和分系统要求，为判断方案是否满足飞行特性的要求，还需要在选择方案时进行不同方案的弹道计算与分析。此时，外形和布局都是较粗略的，空气动力数据也是采用较简单的方法计算的(或采用经验数据)，将飞行器看作可控制的质点来研究其运动，以便能迅速进行多方案对比，选择较优的方案，从而对初步战术技术指标提出更完善的要求。

第二阶段：方案设计阶段。本阶段主要是根据经过论证的战术技术指标和型号研制任务书，进行详细的方案设计。通过对多种技术途径进行充分比较和必要的模样试验，确定各分系统的技术方案和技术指标，这一阶段进行导弹性能计算、分析所采用的飞行器外形、结构、气动参数都比可行性论证阶段所用数据更具体、准确。在进行导弹特性计算时，通常按质点系刚体来考虑，导弹的运动要考虑制导、控制方程等复杂因素。在这一阶段应对导弹的性能(飞行力学的主要问题)做出初步的分析与评定。

第三阶段：技术设计阶段。本阶段又可分为独立回路(自控)弹研制阶段和闭合回路(自导)弹研制阶段。

独立回路(自控)弹研制阶段是对全弹和各个分系统进行详细的技术设计，进一步协调技术参数，完善设计参数。为了完善技术设计，需进行导弹的“初样”制造，通过地面各种试验(如结构的强度试验、动力装置的地面试车、控制系统的仿真试验)，完成独立回路(自控)弹的飞行试验，并考核导弹的气动外形、结构强度、动力装置和自动驾驶仪的性能，进一步完善各系统的技术参数。在这一阶段中飞行力学工作都必须按照技术设计的要求，使用对各系统进行技术设计后提供的更真实的数据进行各种计算，并充分利用系统仿真提供的数据和飞行试验提供的数据完善有关的数学模型。

闭合回路(自导)弹研制阶段是在上一阶段的基础上增加目标跟踪、导引系统功能。同时，系统研制由简到繁，明确每次飞行试验考核重点，提高试验成功的概率。通过这一阶段的试验，武器系统的引信与战斗部配合效率、导弹的杀伤概率、武器系统的可靠性和作战、使用、维护性能都得到试验校验。这时在飞行力学所有的分析计算中，导弹都按真实弹体特性考虑，同时所有数学模型都通过地面和飞行试验的考验，逐步趋于完善。

第四阶段：设计定型和飞行鉴定试验阶段。本阶段的试验是针对武器系统能否满足作战使用的战术技术要求，为作战使用提供依据性数据。本阶段飞行试验数据的修正使飞行力学的数学模型既有了理论依据，又有了试验数据修正，使其成为更符合实际情况，置信度很高、更完善的数学模型。在此阶段，通常可以通过导弹的全弹道数学仿真(统计打靶)来进一步确定导弹的命中精度。

导弹飞行力学的另一种研究方法是专题研究，它以导弹某一飞行过程的飞行状态作为研究对象，采用某些典型的结构方案，对某一种状态的飞行特性从理论上和计算方法上进行比较仔细的研究，而这种状态是过去所没有研究过的，缺少必要的分析方法和数据。因此，需要开展新的研究，建立数学模型，确定其边界条件，并进行计算和仿真，得出结论，为以后的型号设计提供技术储备。

1.1.4 战术导弹飞行力学研究发展方向

随着科学技术的发展，军事装备的性能不断提高，现代战争对战术导弹性能提出了许多新的要求。当前对战术导弹的研究主要是提高飞行速度，增大有效作战射程，并对其有小型化、高机动、隐形性能好、突防能力强、精确制导和发射后自动寻的等要求，因而也给飞行力学研究提出了许多新的研究课题：

(1) 超低空、掠海、掠地飞行有很好的突防能力，是战术导弹发展的重要方向，但是区域的不稳定气流、海面的风场和导弹的击水撞地等是超低空飞行中面临的重要问题。

(2) 垂直发射具有较好的全方位机动能力，能快速接近目标，但全方位机动的最优制导方法有待进一步发展完善。

(3) 在目标进一步提高其飞行速度和机动能力的情况下，战术导弹飞行速度的提高又受到一定的限制，对于拦截高速、高机动能力的最优制导规律，随着目标不同速度和不同方式的机动，还需不断地进行深入的研究。

(4) 为了提高战术导弹的突防能力，提高对目标的命中精度，对战术导弹进攻时的飞行航迹研究需随着对方反突防措施的提高而不断地完善战术导弹飞行性能，并需要作战使用人员与飞行力学工作者密切配合。

当然，在导弹的动态特性、建模与仿真技术、试验方法与参数辨识、稳定特性与控制方法、导弹的伺服气动(热)弹性特性及其控制等方面也有大量的问题需要飞行力学工作者进行新的研究。同时，随着计算机、飞行仿真和自动控制技术的发展，应当大力开展飞行力学的相关课题研究，建立战术导弹飞行力学的数据库、知识库和专家系统，建立完善的导弹计算机辅助设计系统，这也是今后飞行力学研究的重要方向。

1.2 导弹的气动外形

作用在导弹上的空气动力和空气动力矩特性在其他条件相同的情况下，取决于导弹的气动外形。

按不同的气动外形，可把导弹分成无翼式和有翼式两大类。无翼式导弹不带弹翼，只有尾翼(见图 1-1(a))，有的甚至连尾翼也没有。无翼式导弹通常从地面发射，对付地面目标，它的飞行轨迹与炮弹的弹道类似，所以又称为弹道式导弹，它的大部分弹道处在大气

层外。有翼式导弹一般作为战术武器使用，它攻击的目标有活动的，也有固定的，按其使用条件可分为地-地导弹、地-空导弹、空-空导弹、空-地导弹等。有翼式导弹都在大气层内飞行，弹上有弹翼和舵面。根据弹翼和舵面的布局，导弹又可以分为如下几种：正常式，舵面在弹翼后面(见图 1-1(b))；鸭式，舵面在弹翼前面(见图 1-1(c))；无尾式，弹翼和操纵面连在一起(见图 1-1(d))；旋转弹翼式，整个弹翼如同舵面一样转动(见图 1-1(e))。有的导弹除了弹翼、舵面以外，还装有固定的前小翼(又称反安定面)，以调节压力中心的位置。此外，还可把导弹气动外形分成气动轴对称型和面对称型两种，后者的外形与飞机类似(见图 1-2)，有时又称为飞机型导弹或飞航式导弹。对于气动轴对称型导弹，前翼(弹翼或舵面)和后翼(舵面或弹翼)相对于弹体的安置(按前视图看)又有若干不同的组合，常见的有“×-×”型、“+-+”型、“×-+”型及“+-×”型等。

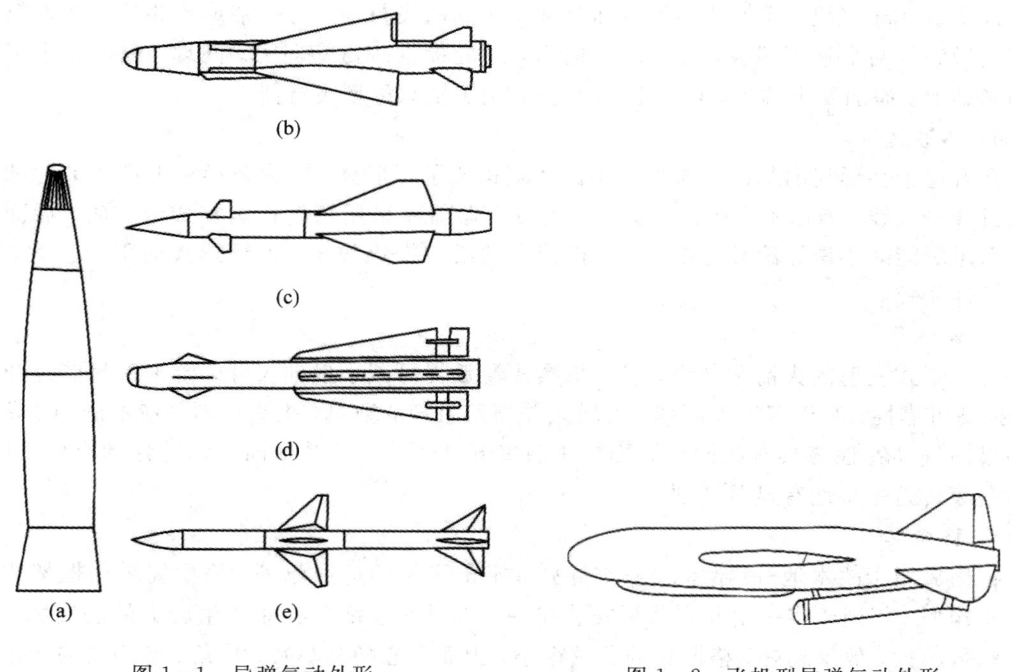

图 1-1　导弹气动外形　　图 1-2　飞机型导弹气动外形

导弹按产生法向控制力的动力来源可分为 3 类：空气动力操纵式、气体动力操纵式和组合作用力操纵式。

空气动力操纵式布局方案可按以下两种特征来分类。

1. 按翼面数量及其横截面形状分类

1）一字形翼

一字形翼也称平面翼，通常用于飞机、飞航式导弹等面对称型飞行器。与多片翼布局相比，翼面数最少，因而质量小，空气阻力低，升阻比大。但飞行器航向机动所需的横向力一般需要通过弹体的倾斜，使法向力分解后才能产生，所以对航向机动的指令响应较慢。

2）十字形翼

十字形翼有 4 个翼片，但其产生升力的能力与一字形翼相同，通常用于常规弹丸、火箭和弹道式导弹等轴对称型飞行器。在小攻角下，不论滚转角为多大，4 个翼片的合成升力始终在攻角平面内，而且大小不变。在用作舵面时，不需要弹体倾斜，十字形翼就能沿任何方向快速产生机动飞行所需要的法向控制力。

3) X 形翼

X 形翼也有 4 个翼片，X 形翼和十字形翼具有相同的纵向和侧向机动能力。

4) 多片翼

沿弹身径向伸出而并列的翼片数大于 4 的情况称为多片翼。当导弹的翼展受到限制时，有时需要增加并列的翼片来提高法向力。然而多片翼的法向力却并非随着翼片数的增多而正比地增大(如 6 片翼产生的法向力约为 4 片翼的 1.26 倍，8 片翼约为 4 片翼的1.38 倍)，阻力却随翼片数的增多而正比地增大。

5) H 形翼

H 形翼用于飞机、飞航式导弹等面对称型布局的飞行器。与一字形翼相比，H 形翼在翼梢处增添了两个垂直端板，可提高法向力，还能提供一份横向力。同理，也可在十字形翼的基础上，添加 4 个端板，构成双 H 形翼，用于轴对称型飞行器。

6) 环形翼

在普通十字形翼的基础上添加一个圆环就构成了环形翼。因为环形翼上产生的力的方向通过弹身轴线，所以不产生滚转力矩。当飞行器前面采用鸭舵作副翼式偏转时，后面采用环形尾翼能减小诱导滚转力矩，可获得较大的滚转操纵效率。但环形翼的阻力较大，纵向气动性能较差。

7) 卷弧翼

对于管式发射的火箭和导弹，采用折叠式卷弧翼可减小横向尺寸，便于密封储存和运输，提高可靠性。对于多管火箭弹，可增大并列发射管的数量，提高武器系统的威力。卷弧翼的纵向气动特性与具有相同投影面的平直翼相差不多，但其横向气动特性却有所不同，特别是滚转力矩特性有显著区别。

8) 格栅翼

格栅翼用于战术地-地导弹、空-空导弹、宇宙飞船的逃逸舱等。格栅翼采用框架式或蜂房式构型，相当于将一组并列薄板安装在一个框体内。格栅翼能产生较大的法向力，而且马赫数越大，效果越好。格栅翼的翼弦很小，因而压心随马赫数、攻角、舵偏角的变化较小，选择合理的舵轴，可使其铰链力矩很小。

2. 按舵面和固定翼的相对位置分类

1) 正常式

主弹翼安置在弹身的中前部，舵面安置在尾部。由于舵面距质心较远，因此采用较小的舵面积即可构成足够的控制力矩。这种布局的舵面偏转所产生的控制力的指向与指令所要求的法向力的增加方向相反，而且舵面受主弹翼下洗的影响较大，所以对指令的响应较慢。这种布局适合于远程飞行。

2) “无尾”式

主弹翼移动到弹身的中后部，舵仍然在它的后面，但与它几乎紧靠在一起。当飞行器的翼展受到限制，为了产生足够大的升力，必须通过增大翼弦来增大弹翼面积时，就形成了“无尾”式布局。对于这种布局，如何恰当安放主弹翼与舵面的位置，使稳定性与操纵性匹配适当有一定的困难。有时需要在弹身的前部增大反安定面，使其便于控制和增大可用

过载。

3）“鸭”式

舵面安置在弹身的前部，主弹翼安置在后尾部。这种布局的舵面距质心也较远，采用较小的舵面积即可产生足够的控制力矩。这种布局的舵面偏转产生的控制力的指向与指令所要求的法向力增加的方向相同，而且舵面直接面对来流，所以对指令的响应较快。但在需要副翼式偏转和由侧滑飞行时，由“鸭舵”洗流对主弹翼的气动干扰可产生较大的反滚转力矩，不利于滚转控制。这种布局适合于大机动飞行。

“双鸭”式布局是“鸭”式布局的一种变形，即在舵面之前增加一组反安定面。这种布局在较大的攻角下具有较高的舵面效率，因为通过反安定面后的下洗使舵面真实攻角减小，所以有利于舵面在非线性区工作。这种布局适合于近距格斗空-空导弹。

4）旋转弹翼式

主弹翼安置在弹身中部并可以转动，既是主升力面，又是舵面，另外还有稳定面安置在弹身的尾部。这种布局机动性好，对指令的响应最快，但由于舵面铰链力矩大，因此要求舵机的功率要高。这种布局适合于高机动飞行。

5）无翼式

这种布局没有弹翼，只有尾翼（舵），甚至连尾翼也没有，只有一个弹身，在飞行中主要通过弹身上产生的升力来使导弹稳定飞行，其控制需要依靠发动机（矢量发动机）偏转等技术来实现。

下面对常用的空气动力操纵与稳定机构分别给以说明：

1）全动舵

这种舵主要用于超声速飞行情况，因为全动舵在高马赫数下具有良好的效率。

2）后缘舵

沿着固定的升力面的后缘安置的可动的舵面称为后缘舵，后缘舵在亚声速飞行器中的应用很普遍。在亚声速飞行条件下，舵面偏转不仅使舵面本身产生升力，而且在舵面之前的固定翼面上也能产生升力，所以由较小的舵面积就可获得较高的操纵效率。

在超声速飞行条件下，舵偏转产生的扰动不能传向前方，所以只有舵面本身产生的升力。此外，固定翼面使来流受到阻滞，后缘舵效率有所降低。

3）翼梢舵

安装在翼梢的舵和副翼用在马赫数大于 3 的情况比较合适，这时舵面或副翼也是尾翼或主翼的一部分，但它不位于后缘，而是位于翼梢。这种舵和全动舵一样，在大马赫数下效率高。它的缺点是对于比较薄的翼面，在结构上安置转轴和舵传动机构比较困难。

4）阻力板

阻力板也称阻流器，是安置在翼面后缘并与来流垂直的薄片。当它向上或向下移动时，可产生不同指向的升力。其优点是没有铰链力矩，控制起来比较简单；缺点是附加阻力较大。因此，阻力板仅适用于阻力只起次要作用的飞行器，如无发动机的近程滑翔的重力飞行器。

对于有翼式导弹来说，全弹的升力基本上是由弹翼提供的，弹翼在形成导弹的气动力特性中起着特别重要的作用。常见的弹翼翼型（通常是指平行于弹体纵向对称平面的翼剖面形状，有时也用以指与弹翼前缘相垂直的翼剖面）有亚声速翼型、菱形、六角形、双弧形、双楔形等（见图 1－3）。常见的弹翼平面形状有矩形、梯形、三角形、后掠形等（见图 1－4）。

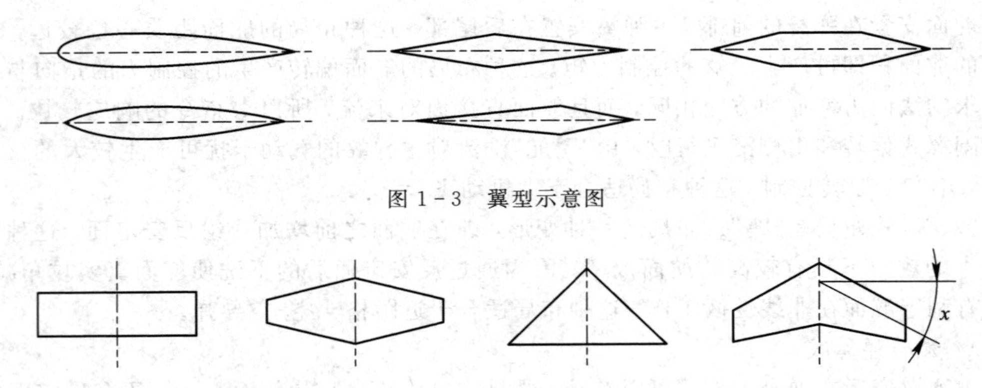

图 1－3　翼型示意图

图 1－4　常见的弹翼平面形状

弹翼的主要几何参数如下：

翼展 l——左、右翼端之间垂直于弹体纵向对称面的距离；

翼面积 S——弹翼平面的投影面积，常作为特征面积；

平均几何弦长 b_{Ag}——翼面积 S 与翼展长 l 之比值，即 $b_{Ag}=S/l$；

平均气动力弦长 b_A——与实际弹翼面积相等且力矩特性相同的当量矩形翼的弦长，常作为特征长度；

展弦比 λ——翼展与平均几何弦长之比值，即 $\lambda=l/b_{Ag}=l^2/S$；

根梢比 η——翼根弦长与翼端弦长之比，又称梯形比、斜削比；

后掠角 χ——翼弦线与纵轴垂线间的夹角，在超声速弹翼中常用前缘后掠角 χ_0、后缘后掠角 χ_1 及中线后掠角 $\chi_{0.5}$（翼弦中点连线与纵轴垂线之间的夹角）的概念（如图 1－5 所示）；

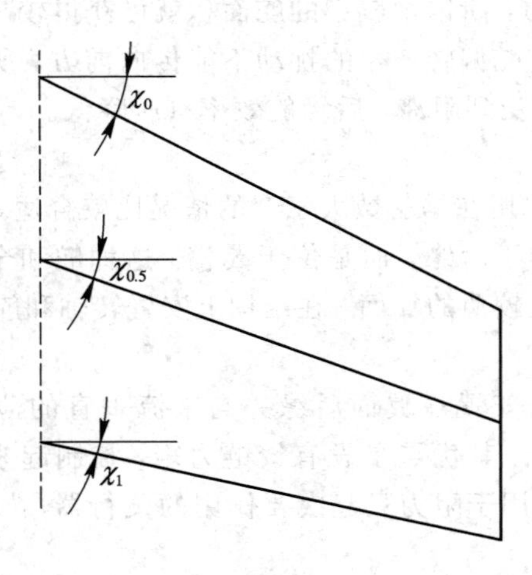

图 1－5　不同翼弦线的后掠角

最大厚度 c——翼剖面最大厚度处的厚度，不同剖面处的最大厚度是不相同的，通常取平均几何弦长处剖面的最大厚度；

相对厚度 $\bar{c}$——翼剖面最大厚度与弦长之比，即 $\bar{c}=\dfrac{c}{b}\times 100\%$。

导弹弹身通常是轴对称的(旋转体)，可分为头部、中段和尾部三部分。头部常见的形状有锥形(母线为直线)、抛物线形和圆弧形(如图 1-6(a)所示)。尾部常见的母线形状有直线和抛物线两种(如图 1-6(b)所示)。

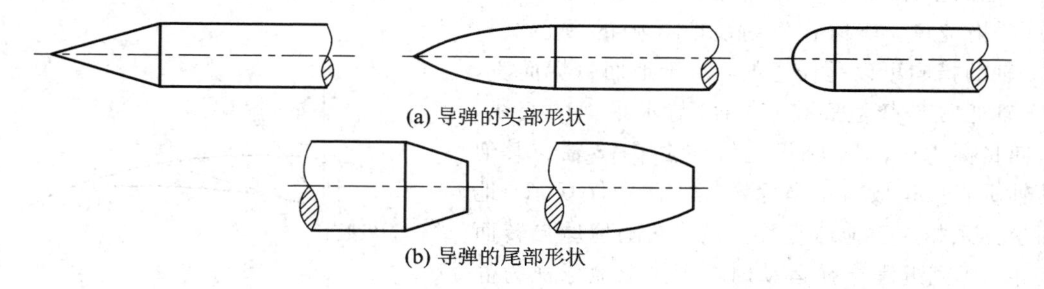

(a) 导弹的头部形状
(b) 导弹的尾部形状

图 1-6　导弹的头部及尾部形状

弹身的主要几何参数如下：

弹径 D——弹身最大横截面所对应的直径；

S_{B}——弹身最大横截面面积，$S_{\mathrm{B}}=\dfrac{\pi}{4}D^2$，也常作为特征面积；

弹长 L_{B}——导弹头部顶点至弹身底部面积之间的距离，也常作为特征长度；

弹身长细比 λ_{B}——弹身长度与弹径之比值，即 $\lambda_{\mathrm{B}}=L_{\mathrm{B}}/D$，又称长径比。

尾翼(或舵面)整体上好似缩小了的弹翼，它的翼剖面形状和翼平面形状与弹翼相似。

1.3　导弹飞行力学常用坐标系及坐标变换

坐标系是为描述导弹位置和运动规律而选取的参考基准。导弹在某个空间力系的约束下飞行，为建立描述导弹在空间运动时的标量方程，可将式

$$m(t)\frac{\mathrm{d}\boldsymbol{V}}{\mathrm{d}t}=\boldsymbol{F},\quad \frac{\mathrm{d}\boldsymbol{H}}{\mathrm{d}t}=\boldsymbol{M}$$

中各矢量投影到相应的坐标系中获得。因此，常常需要定义一些坐标系，并建立各坐标系间相互关系的转换矩阵。坐标系的选取可以根据习惯和研究问题的方便而定，选取的坐标系不同，所建立的导弹运动方程组的形式和繁简程度就不同，也会直接影响求解方程组的难易程度和运动参数变化的直观程度，所以选取合适的坐标系是十分重要的。选取坐标系的原则应该是：既能正确地描述导弹的运动，又要使描述导弹运动的方程形式简单清晰。

在导弹飞行力学中，常采用的坐标系是右手直角坐标系或极坐标系、球面坐标系等。右手直角坐标系由原点和从原点延伸的 3 个互相垂直、按右手规则排列的坐标轴构成。建立右手直角坐标系需要确定原点位置和 3 个坐标轴的方向。导弹飞行力学中常用的右手直角坐标系包括以来流为基准的速度坐标系、以弹体几何轴为基准的弹体坐标系、地面坐标系和弹道坐标系。

1.3.1 坐标系的定义

1. 地面坐标系 $Axyz$

地面坐标系 $Axyz$ 是与地球表面固连的坐标系。坐标系原点 A 通常选取在导弹发射点上(严格地说，应取在发射瞬时导弹的质心上)；Ax 轴的指向可以是任意的，对于地面目标而言，Ax 轴通常是弹道面(航迹面)与水平面的交线，指向目标为正；Ay 轴沿垂线向上；Az 轴与其他两轴垂直并构成右手坐标系，如图 1－7 所示。地面坐标系相对于地球是静止的，它随地球自转而旋转，研究近程导弹运动时，往往把地球视为静止不动的，即地面坐标系可视为惯性坐标系。另外，对于近程导弹来说，可把射程内地球表面看作平面，重力场则为平行力场，与 Ay 轴平行，且沿 Ax 轴负向。

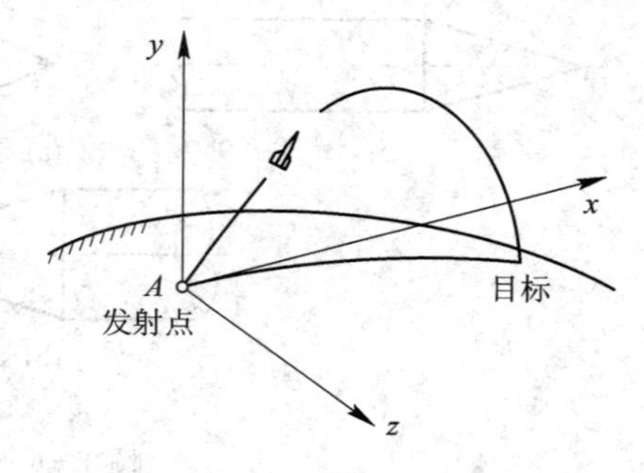

图 1－7 地面坐标系

地面坐标系作为惯性参考系，主要用来确定导弹质心在空间的坐标位置(确定导弹飞行轨迹)和导弹在空间的姿态等参考基准。

2. 弹体坐标系 $Ox_1y_1z_1$

坐标系的原点 O 在导弹的质心上(此处把质心当作惯性中心)；Ox_1 轴与弹体纵轴重合，指向头部为正；Oy_1 轴位于弹体纵向对称面内，且与 Ox_1 轴垂直，指向上为正；Oz_1 轴垂直于 Ox_1y_1 平面，方向按右手直角坐标系确定(如图 1－9 所示)。弹体坐标系(又称体轴系)与弹体固连，也是动坐标系。

3. 弹道坐标系 $Ox_2y_2z_2$

弹道坐标系的原点 O 取在导弹的瞬时质心上；Ox_2 轴与导弹速度矢量 **V** 重合；Oy_2 轴位于包含速度矢量 **V** 的铅垂面内且垂直于 Ox_2 轴，指向上为正；Oz_2 轴垂直于其他两轴并构成右手坐标系，如图 1－8 所示。弹道坐标系与导弹速度矢量 **V** 固连，是动坐标系。

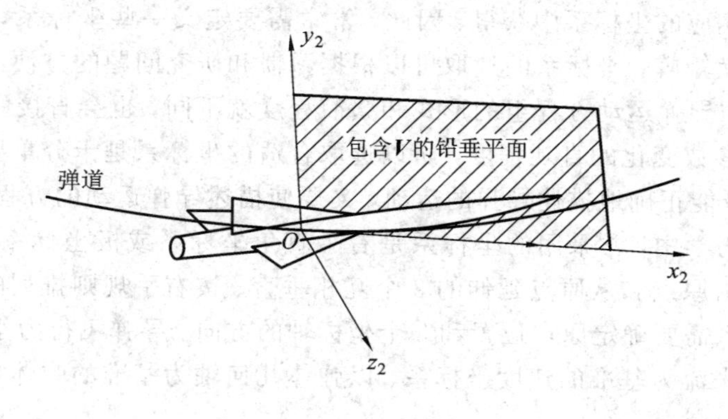

图 1－8 弹道坐标系

弹道坐标系用来建立导弹质心运动的动力学标量方程，并在用于研究弹道特性时简单清晰。

4. 速度坐标系 $Ox_3y_3z_3$

坐标系的原点 O 取在导弹的质心上；Ox_3 轴与导弹质心的速度矢量 $\boldsymbol{V}$ 重合；Oy_3 轴位于弹体纵向对称面内，且与 Ox_3 轴垂直，指向上为正；Oz_3 轴垂直于 Ox_3y_3 平面，其方向按右手直角坐标系确定(如图 1－9 所示)。此坐标系与导弹速度矢量固连，是动坐标系。

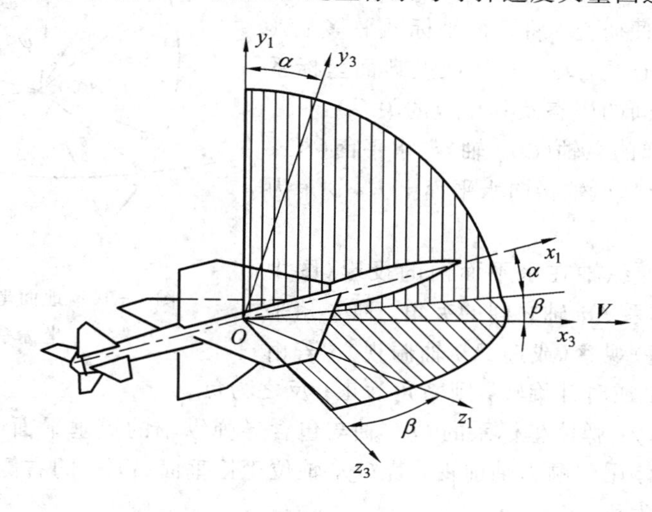

图 1－9　速度坐标系与弹体坐标系

弹道坐标系和速度坐标系的不同在于：Oy_2 轴位于包含速度矢量的铅垂面内，而 Oy_3 轴在导弹的纵向对称面内。若导弹在运动中的纵向对称面不在铅垂平面内，则这两个坐标系就不重合。

由前面各右手直角坐标系的定义可以看出，弹体坐标系、弹道坐标系和速度坐标系的共同特点是：原点都在导弹的瞬时质心上，它随着导弹的运动而不断地变换位置，各坐标系均是动坐标系。但它们之间也有区别，弹体坐标系相对于弹体是不动的(如果质心相对于弹体位置不变的话)，而速度坐标系、弹道坐标系相对于弹体是转动的。

1.3.2　各坐标系间的关系及其转换

在导弹飞行的任一瞬时，上述各坐标系在空间有各自的指向，它们相互之间也存在一定的关系。导弹飞行时，作用在导弹上的力和力矩及其相应的运动参数习惯上是在不同坐标系中定义的。例如，空气动力定义在速度坐标系中，推力和空气动力矩用弹体坐标系来定义，而重力和射程则用地面坐标系来定义，等等。在建立导弹运动标量方程时，必须将由不同坐标系定义的诸参量投影到同一坐标系上。例如，在弹道坐标系上描述导弹质心运动的动力学标量方程时，就要把导弹相对于地面的加速度和作用于导弹上的所有外力都投影到弹道坐标系上。因此，就必须把参量由所定义的坐标系转换到同一新坐标系上，这就必须进行坐标系间的转换。

坐标系间的转换有多种方法，这里仅介绍其中一种，即从一组直角坐标系转换到另一组直角坐标系，可以用连续旋转的方法。首先将两组坐标系完全重叠，然后使其中一组绕相应轴转过某一角度，根据两组坐标系间的关系，决定是否需绕另一相应轴分别作第二、第三次旋转，直至形成新坐标系的最终姿态。

下面分别介绍前面四个右手直角坐标系之间的关系及其转换。

1. 地面坐标系与弹体坐标系之间的关系及其转换

弹体(弹体坐标系)相对于地面坐标系的姿态通常用3个角度(称欧拉角)来确定，分别定义如下(见图1-10，为方便研究，将地面坐标系平移至其原点与导弹瞬时质心重合处，这不改变地面坐标系与弹体坐标系在空间的姿态及其相应的关系)：

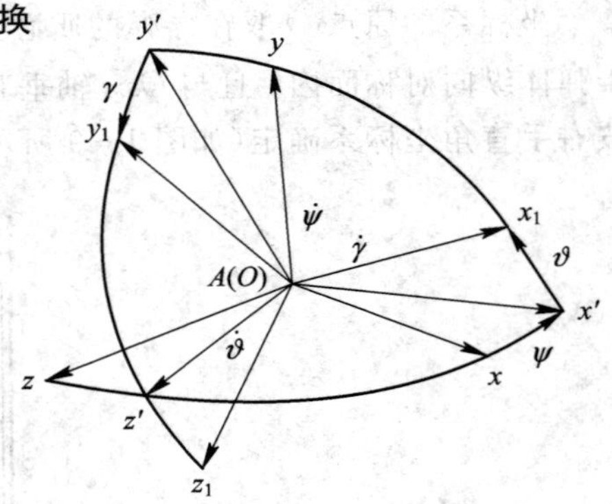

图1-10　地面坐标系与弹体坐标系间的关系

俯仰角 ϑ：导弹的纵轴(Ox_1 轴)与水平面(Axz 平面)间的夹角。导弹纵轴指向水平面上方，ϑ 角为正；反之为负。

偏航角 ψ：导弹纵轴在水平面内的投影(图中 Ax'轴)与地面坐标系 Ax 轴之间的夹角。迎 ψ 角平面(图中 $Ax'z$ 平面)观察(或迎 Ay 轴俯视)，若由 Ax 轴转至 Ax'轴是逆时针旋转，则 ψ 角为正；反之为负。

倾斜(滚动)角 γ：弹体坐标系的 Oy_1 轴与包含导弹纵轴的铅垂平面(图中 $Ax'y'$平面)之间的夹角。由弹体尾部顺纵轴前视，若 Oy_1 轴位于铅垂面 $Ax'y'$的右侧(弹体向右倾斜)，则 γ 角为正；反之为负。

以上定义的3个角参数又称弹体的姿态角。为推导地面坐标系与弹体坐标系之间的关系及其转换矩阵，按上述连续旋转的方法，首先将弹体坐标系与地面坐标系的原点及各对应坐标轴分别重合，以地面坐标系为基准，然后按照上述3个角参数的定义，分别绕相应的轴做三次旋转，依次转过 ψ 角、ϑ 角和 γ 角，就得到弹体坐标系 $Ox_1y_1z_1$ 的姿态(如图1-10所示)。而且每旋转一次，就相应地获得一个初等旋转矩阵，地面坐标系与弹体坐标系间的转换矩阵即这三个初等旋转矩阵的乘积。具体步骤如下：

(1) 第一次是以角速度$\dot{\psi}$绕地面坐标系的 Ay 轴旋转 ψ 角，Ax 轴、Az 轴分别转到 Ax'轴、Az'轴上，形成坐标系 $Ax'yz'$(如图1-11(a)所示)。基准坐标系 $Axyz$ 与经第一次旋转后形成的过渡坐标系 $Ax'yz'$之间的关系以矩阵形式表示为

$$\begin{bmatrix} x' \\ y \\ z' \end{bmatrix} = \boldsymbol{L}(\psi) \begin{bmatrix} x \\ y \\ z \end{bmatrix} \tag{1-1}$$

式中：

$$\boldsymbol{L}(\psi) = \begin{bmatrix} \cos\psi & 0 & -\sin\psi \\ 0 & 1 & 0 \\ \sin\psi & 0 & \cos\psi \end{bmatrix} \tag{1-2}$$

(2) 第二次是以角速度$\dot{\vartheta}$绕过渡坐标系 Az'轴旋转 ϑ 角，Ax'轴、Ay 轴分别转到 Ax_1 轴、Ay'轴上，形成新的过渡坐标系 $Ax_1y'z'$(如图1-11(b)所示)。坐标系 $Ax'yz'$与 $Ax_1y'z'$之间的关系以矩阵形式表示为

$$\begin{bmatrix} x_1 \\ y' \\ z' \end{bmatrix} = \boldsymbol{L}(\vartheta) \begin{bmatrix} x' \\ y \\ z' \end{bmatrix} \tag{1-3}$$

式中：

$$\boldsymbol{L}(\vartheta) = \begin{bmatrix} \cos\vartheta & \sin\vartheta & 0 \\ -\sin\vartheta & \cos\vartheta & 0 \\ 0 & 0 & 1 \end{bmatrix} \tag{1-4}$$

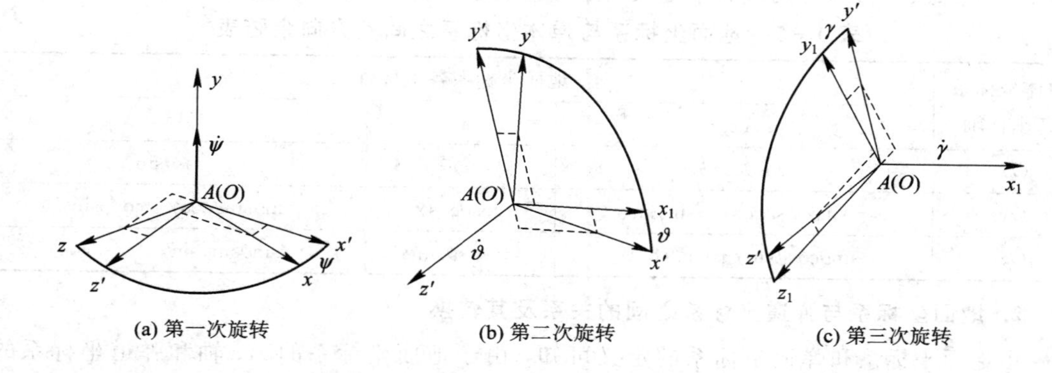

图 1-11　三次连续旋转确定地面坐标系与弹体坐标系之间的关系

(3) 第三次是以角速度$\dot{\gamma}$绕 Ax_1 轴旋转 γ 角，Ay'轴、Az'轴分别转到 Ay_1 轴、Az_1 轴上，最终获得弹体坐标系 $O(A)x_1y_1z_1$ 的姿态（如图 1-11(c)所示）。坐标系 $Ax_1y'z'$ 与 $Ax_1y_1z_1$ 之间的关系以矩阵形式表示为

$$\begin{bmatrix} x_1 \\ y_1 \\ z_1 \end{bmatrix} = \boldsymbol{L}(\gamma) \begin{bmatrix} x_1 \\ y' \\ z' \end{bmatrix} \tag{1-5}$$

式中：

$$\boldsymbol{L}(\gamma) = \begin{bmatrix} 1 & 0 & 0 \\ 0 & \cos\gamma & \sin\gamma \\ 0 & -\sin\gamma & \cos\gamma \end{bmatrix} \tag{1-6}$$

将式(1-1)代入式(1-3)中，再将其结果代入式(1-5)，可得

$$\begin{bmatrix} x_1 \\ y_1 \\ z_1 \end{bmatrix} = \boldsymbol{L}(\gamma)\boldsymbol{L}(\vartheta)\boldsymbol{L}(\psi) \begin{bmatrix} x \\ y \\ z \end{bmatrix} \tag{1-7}$$

令

$$\boldsymbol{L}(\gamma,\ \vartheta,\ \psi) = \boldsymbol{L}(\gamma)\boldsymbol{L}(\vartheta)\boldsymbol{L}(\psi) \tag{1-8}$$

则

$$\begin{bmatrix} x_1 \\ y_1 \\ z_1 \end{bmatrix} = \boldsymbol{L}(\gamma,\ \vartheta,\ \psi) \begin{bmatrix} x \\ y \\ z \end{bmatrix} \tag{1-9}$$

式中：

$$L(\gamma,\vartheta,\psi)=\begin{bmatrix}1&0&0\\0&\cos\gamma&\sin\gamma\\0&-\sin\gamma&\cos\gamma\end{bmatrix}\begin{bmatrix}\cos\vartheta&\sin\vartheta&0\\-\sin\vartheta&\cos\vartheta&0\\0&0&1\end{bmatrix}\begin{bmatrix}\cos\psi&0&-\sin\psi\\0&1&0\\\sin\psi&0&\cos\psi\end{bmatrix}$$

$$=\begin{bmatrix}\cos\vartheta\cos\psi&\sin\vartheta&-\cos\vartheta\sin\psi\\-\sin\vartheta\cos\psi\cos\gamma+\sin\psi\sin\gamma&\cos\vartheta\cos\gamma&\sin\vartheta\sin\psi\cos\gamma+\cos\psi\sin\gamma\\\sin\vartheta\cos\psi\sin\gamma+\sin\psi\cos\gamma&-\cos\vartheta\sin\gamma&-\sin\vartheta\sin\psi\sin\gamma+\cos\psi\cos\gamma\end{bmatrix}\tag{1-10}$$

式(1-9)、式(1-10)常列成表格形式，称为两坐标系之间的方向余弦表(见表1-1)。

表1-1　地面坐标系与弹体坐标系之间的方向余弦表

弹体坐标系各坐标轴	地面坐标系各坐标轴		
	Ax	Ay	Az
Ox_1	$\cos\vartheta\cos\psi$	$\sin\vartheta$	$-\cos\vartheta\sin\psi$
Oy_1	$-\sin\vartheta\cos\psi\cos\gamma+\sin\psi\sin\gamma$	$\cos\vartheta\cos\gamma$	$\sin\vartheta\sin\psi\cos\gamma+\cos\psi\sin\gamma$
Oz_1	$\sin\vartheta\cos\psi\sin\gamma+\sin\psi\cos\gamma$	$-\cos\vartheta\sin\gamma$	$-\sin\vartheta\sin\psi\sin\gamma+\cos\psi\cos\gamma$

2. 地面坐标系与弹道坐标系之间的关系及其转换

由地面坐标系和弹道坐标系的定义可知，由于地面坐标系的 Az 轴和弹道坐标系的 Oz_2 轴均在水平面内，因此地面坐标系与弹道坐标系之间的关系通常由两个角度来确定，分别定义如下(见图1-12，为方便研究，同样将地面坐标系平移至其原点与弹道坐标系原点(导弹瞬时质心)重合处)：

弹道倾角 θ：导弹的速度矢量 $\boldsymbol{V}$(Ox_2 轴)与水平面间的夹角。速度矢量指向水平面上方，θ 角为正；反之为负。

弹道偏角 ψ_V：导弹的速度矢量 $\boldsymbol{V}$ 在水平面内的投影(图1-12中 Ax'轴)与地面坐标系的 Ax 轴间的夹角。迎 ψ_V 角平面(迎 Ay 轴俯视)观察，若由 Ax 轴转至 Ax'轴是逆时针旋转，则 ψ_V 角为正；反之为负。

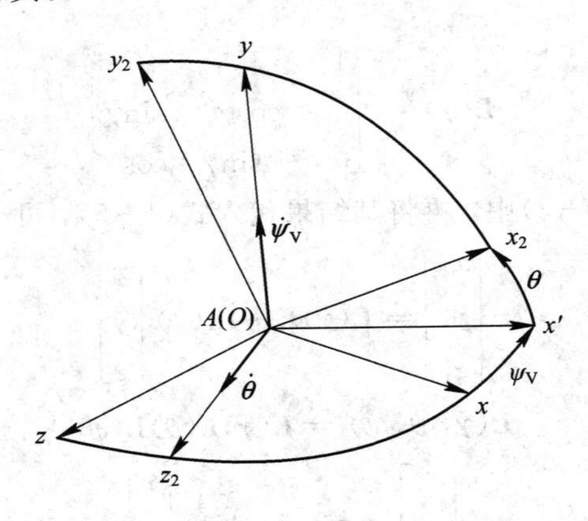

图1-12　地面坐标系与弹道坐标系之间的关系

显然，地面坐标系与弹道坐标系之间的关系及其转换矩阵可以通过两次旋转求得，具体步骤如下：

(1) 以角速度$\dot{\psi}_V$绕地面坐标系的 Ay 轴旋转 ψ_V 角，Ax 轴、Az 轴分别转到 Ax' 轴、Oz_2 轴上，形成过渡坐标系 $Ax'yz_2$(如图 1-13(a)所示)。基准坐标系 $Axyz$ 与经第一次旋转后形成的过渡坐标系 $Ax'yz_2$ 之间的关系以矩阵形式表示为

$$\begin{bmatrix} x' \\ y \\ z_2 \end{bmatrix} = \boldsymbol{L}(\psi_V) \begin{bmatrix} x \\ y \\ z \end{bmatrix} \tag{1-11}$$

式中：

$$\boldsymbol{L}(\psi_V) = \begin{bmatrix} \cos\psi_V & 0 & -\sin\psi_V \\ 0 & 1 & 0 \\ \sin\psi_V & 0 & \cos\psi_V \end{bmatrix} \tag{1-12}$$

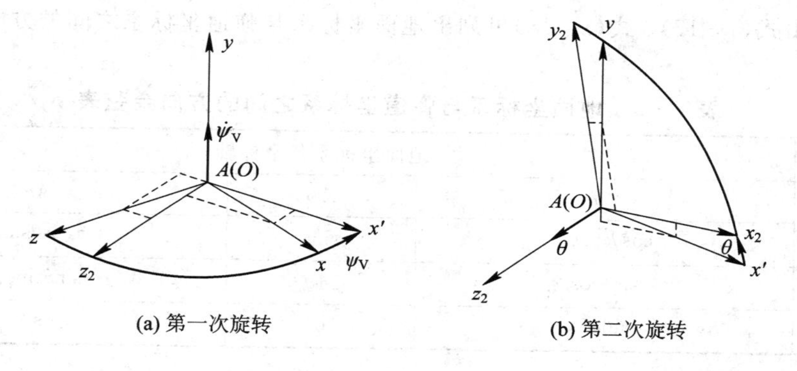

图 1-13　二次连续旋转确定地面坐标系与弹道坐标系之间的关系

(2) 以角速度$\dot{\theta}$绕 Az_2 轴旋转 θ 角，Ax'轴、Ay 轴分别转到 Ax_2 轴、Ay_2 轴上，最终获得弹道坐标系 $O(A)x_2y_2z_2$ 的姿态(如图 1-13(b)所示)。坐标系 $Ax'yz_2$ 与 $Ax_2y_2z_2$ 之间的关系以矩阵形式表示为

$$\begin{bmatrix} x_2 \\ y_2 \\ z_2 \end{bmatrix} = \boldsymbol{L}(\theta) \begin{bmatrix} x' \\ y \\ z_2 \end{bmatrix} \tag{1-13}$$

式中：

$$\boldsymbol{L}(\theta) = \begin{bmatrix} \cos\theta & \sin\theta & 0 \\ -\sin\theta & \cos\theta & 0 \\ 0 & 0 & 1 \end{bmatrix} \tag{1-14}$$

将式(1-11)代入式(1-13)，可得

$$\begin{bmatrix} x_2 \\ y_2 \\ z_2 \end{bmatrix} = \boldsymbol{L}(\theta)\boldsymbol{L}(\psi_V) \begin{bmatrix} x \\ y \\ z \end{bmatrix} \tag{1-15}$$

令

$$\boldsymbol{L}(\theta, \psi_V) = \boldsymbol{L}(\theta)\boldsymbol{L}(\psi_V) \tag{1-16}$$

则

$$\begin{bmatrix} x_2 \\ y_2 \\ z_2 \end{bmatrix} = \boldsymbol{L}(\theta, \psi_V) \begin{bmatrix} x \\ y \\ z \end{bmatrix} \tag{1-17}$$

式中：

$$\begin{aligned} \boldsymbol{L}(\theta, \psi_V) &= \begin{bmatrix} \cos\theta & \sin\theta & 0 \\ -\sin\theta & \cos\theta & 0 \\ 0 & 0 & 1 \end{bmatrix} \begin{bmatrix} \cos\psi_V & 0 & -\sin\psi_V \\ 0 & 1 & 0 \\ \sin\psi_V & 0 & \cos\psi_V \end{bmatrix} \\ &= \begin{bmatrix} \cos\theta\cos\psi_V & \sin\theta & -\cos\theta\sin\psi_V \\ -\sin\theta\cos\psi_V & \cos\theta & \sin\theta\sin\psi_V \\ \sin\psi_V & 0 & \cos\psi_V \end{bmatrix} \end{aligned} \tag{1-18}$$

同样，由式(1-17)、式(1-18)可列出地面坐标系与弹道坐标系之间的方向余弦表(见表1-2)。

表 1-2 地面坐标系与弹道坐标系之间的方向余弦表

弹道坐标系各坐标轴	地面坐标系各坐标轴		
	Ax	Ay	Az
Ox_2	$\cos\theta\cos\psi_V$	$\sin\theta$	$-\cos\theta\sin\psi_V$
Oy_2	$-\sin\theta\cos\psi_V$	$\cos\theta$	$\sin\theta\sin\psi_V$
Oz_2	$\sin\psi_V$	0	$\cos\psi_V$

3. 速度坐标系和弹体坐标系之间的关系及其转换

根据速度坐标系和弹体坐标系的定义，其中 Oy_3 轴与 Oy_1 轴均在导弹纵向对称面内，两个坐标系之间的关系通常由两个角度确定，分别为攻角 α 和侧滑角 β。因此，速度坐标系与弹体坐标系之间的关系及其转换矩阵可以通过两次旋转求得。以速度坐标系为基准，首先以角速度 $\dot{\beta}$ 绕 Oy_3 轴旋转 β 角，然后以角速度 $\dot{\alpha}$ 绕 Oz_1 轴旋转 α 角，最终获得弹体坐标系的姿态(如图 1-14 所示)。速度坐标系 $Ox_3y_3z_3$ 与弹体坐标系 $Ox_1y_1z_1$ 之间的关系以矩阵形式表示为

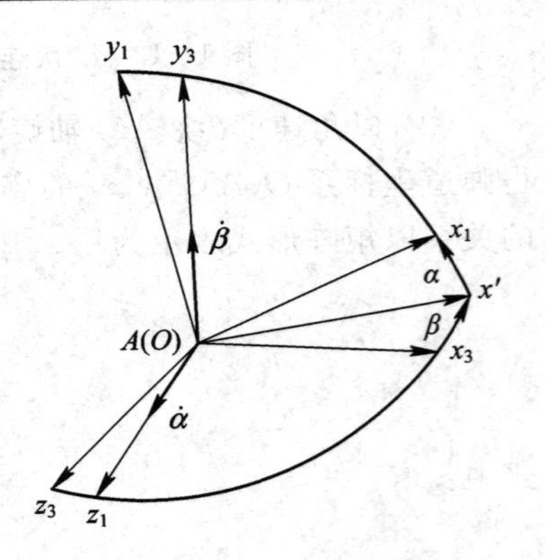

图 1-14 速度坐标系与弹体坐标系之间的关系

$$\begin{bmatrix} x_1 \\ y_1 \\ z_1 \end{bmatrix} = \boldsymbol{L}(\alpha, \beta) \begin{bmatrix} x_3 \\ y_3 \\ z_3 \end{bmatrix} \tag{1-19}$$

式中：

$$\boldsymbol{L}(\alpha, \beta) = \begin{bmatrix} \cos\alpha\cos\beta & \sin\alpha & -\cos\alpha\sin\beta \\ -\sin\alpha\cos\beta & \cos\alpha & \sin\alpha\sin\beta \\ \sin\beta & 0 & \cos\beta \end{bmatrix} \tag{1-20}$$

由式(1-19)、式(1-20)可列出速度坐标系与弹体坐标系之间的方向余弦表(见表1-3)。

表 1-3　速度坐标系与弹体坐标系之间的方向余弦表

弹体坐标系各坐标轴	速度坐标系各坐标轴		
	Ox_3	Oy_3	Oz_3
Ox_1	$\cos\alpha\cos\beta$	$\sin\alpha$	$-\cos\alpha\sin\beta$
Oy_1	$-\sin\alpha\cos\beta$	$\cos\alpha$	$\sin\alpha\sin\beta$
Oz_1	$\sin\beta$	0	$\cos\beta$

4. 弹道坐标系与速度坐标系之间的关系及其转换

由弹道坐标系和速度坐标系的定义可知：Ox_2 轴和 Ox_3 轴均与导弹的速度矢量 $\boldsymbol{V}$ 重合，所以这两个坐标系之间的关系一般用一个角度即可确定(见图 1-15)。

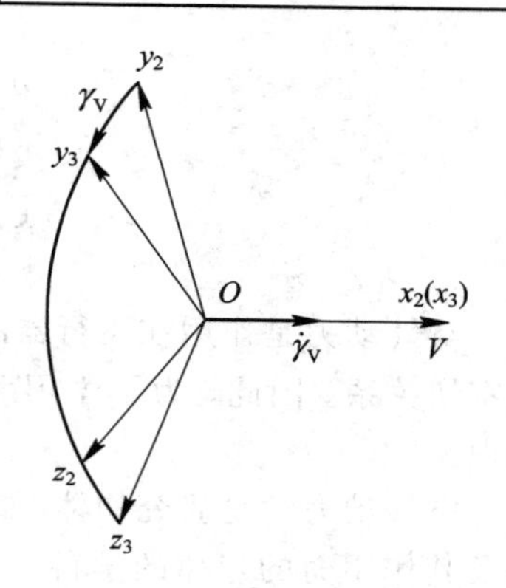

图 1-15　弹道坐标系与速度坐标系之间的关系

速度倾斜角 γ_V：位于导弹纵向对称平面内的 Oy_3 轴与包含速度矢量 $\boldsymbol{V}$ 的铅垂面 Ox_2y_2 之间的夹角。从弹尾部向前看，若纵向对称面向右倾斜，则 γ_V 角为正；反之为负。

弹道坐标系与速度坐标系之间的关系及其坐标系转换矩阵通过一次旋转即可求得，即以角速度 $\dot{\gamma}_V$ 绕 Ox_2 轴旋转 γ_V 角，获得速度坐标系 $Ox_3y_3z_3$ 的姿态。弹道坐标系与速度坐标系之间的关系写成矩阵形式为

$$\begin{bmatrix} x_3 \\ y_3 \\ z_3 \end{bmatrix} = \boldsymbol{L}(\gamma_V)\begin{bmatrix} x_2 \\ y_2 \\ z_2 \end{bmatrix} \tag{1-21}$$

式中：

$$\boldsymbol{L}(\gamma_V) = \begin{bmatrix} 1 & 0 & 0 \\ 0 & \cos\gamma_V & \sin\gamma_V \\ 0 & -\sin\gamma_V & \cos\gamma_V \end{bmatrix} \tag{1-22}$$

由式(1-21)、式(1-22)可列出弹道坐标系与速度坐标系之间的方向余弦表(见表 1-4)。

表 1-4　弹道坐标系与速度坐标系之间的方向余弦表

速度坐标系各坐标轴	弹道坐标系各坐标轴		
	Ox_2	Oy_2	Oz_2
Ox_3	1	0	0
Oy_3	0	$\cos\gamma_V$	$\sin\gamma_V$
Oz_3	0	$-\sin\gamma_V$	$\cos\gamma_V$

四个坐标系之间的 8 个角度如图 1-16 所示。

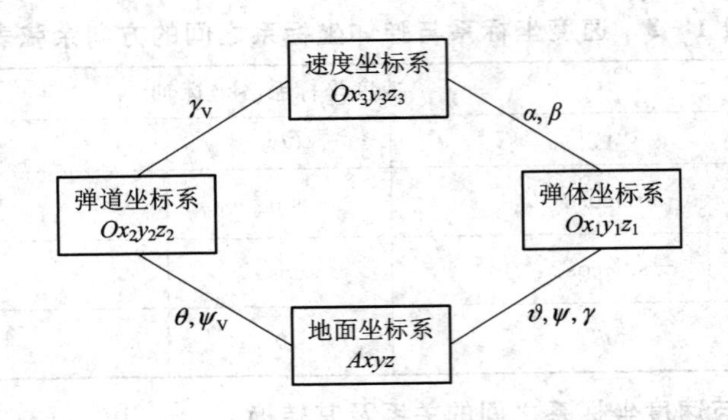

图 1－16　四个坐标系之间的 8 个角度

1.4　空气动力学基础

空气动力是作用在飞行器的主要外力之一。空气动力的变化规律与飞行器的运动规律有密切关系。因此，为了学习和研究飞行力学，首先必须具备必要的空气动力学的基本知识。

空气动力学是研究物体(如飞机或导弹等飞行器)和空气做相对运动时，空气的运动规律及其作用力的规律的学科。在这种相对运动过程中，空气作用在物体上的力叫作空气动力，它是空气作用在物体外表面上的分布力系的合力。

当飞行器以某一速度 V 在静止的空气中运动时，飞行器与空气的相对运动规律和相互作用力与当飞行器固定不动而使空气以同样大小和相反方向的速度 V 流过飞行器的情况是等效的，这就是相对性原理(见图 1－17)。

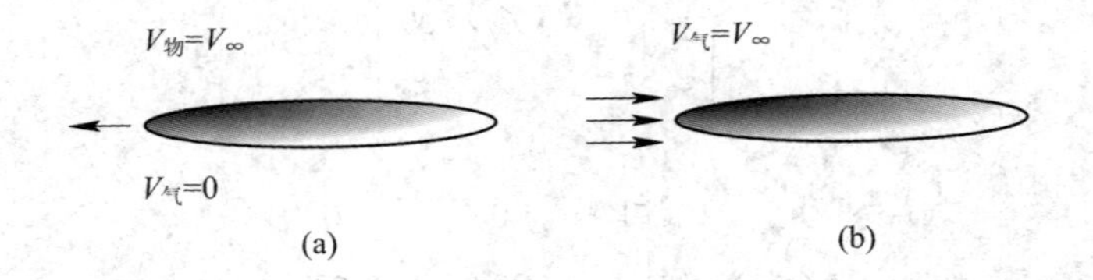

图 1－17　相对性原理

相对性原理给空气动力学的研究提供了方便。比如，可以将飞行器模型固定不动，人工制造一股匀直气流流过物体，以便观察流动现象，测量模型受到的力，从而进行实验空气动力学研究。此外，当我们在理论上对物体的绕流现象和受力情况进行分析研究时，可以用图 1－17(b)代替(a)，这样只要远前方气流的速度 V 是常数，空气绕过物体的绕流图就是不随时间变化的，这就好像我们坐在飞机里观察空气流动一样(假如空气是看得见的)。

空气动力学的学科范围通常包括飞行器空气动力学和工业空气动力学两大类。前者就是我们要介绍的飞行器在大气中飞行时的空气动力学问题；后者是涉及诸如涡轮机、鼓风机中的气动力问题，以及房屋、坑道通风、高层建筑的风压、车辆的阻力等方面的空气动力学问题。

按速度的大小可以把空气动力学分为低速空气动力学和高速空气动力学。当气流速度足够低时，空气的密度变化可以忽略，这个速度范围内的空气动力学称为低速空气动力学。例如，当飞行器在海平面（飞行高度 $H=0$）飞行时，若飞行速度 $V<500$ km/h（飞行速度大约小于音速的 0.4 倍），就可近似把绕飞行器的流动视为不可压流，即认为空气密度是常数。当飞行速度较高时，由空气流动所引起的空气密度的变化必须考虑，这就是高速空气动力学的主要特征。

高速空气动力学又可分为亚音速空气动力学（流体速度小于音速，当然，低速空气动力学也是属于亚音速范围的，有时为了区别这种情况，把考虑密度变化的亚音速称为高亚音速）、跨音速空气动力学（流速跨在音速附近）和超音速空气动力学（流速大于音速）。在各个不同的速度范围内，空气有不同的流动规律，因而研究和计算方法也有区别。

1.4.1　空气的物理属性及标准大气

1. 空气的连续性假设

实际的空气是由一个个分子组成的，分子之间存在间隙，它们不断地做随机运动。在这种运动中，分子在两次连续碰撞之间所走过的平均路程叫作分子的平均自由行程，以 λ 表示。在标准大气条件下，空气的平均自由行程约为 0.6×10^{-5} cm。由于飞行器的特征长度（表示飞行器尺寸大小的有代表性的长度，如两翼尖之间的距离）往往远大于空气平均自由行程，因此研究飞行器与空气做相对运动和它们之间的相互作用力时，可以忽略空气的微观结构，而只考虑它的宏观特性，也就是把空气看成是连绵的、没有间隙的流体。这种假设叫作连续性假设。只有在这样的假设条件下，我们才能把空气的密度、压强和温度等状态参数看成是空间的连续函数，才能利用连续函数的微分和积分等数学工具进行分析研究。因为分子平均自由行程 λ 和压强成反比，所以在大气里，随着高度的增加，λ 的值也增大，在 80 km 的高空，λ 约为 0.5 cm，而在 120 km 高度上，λ 长达 3 m，这时连续性假设就不成立了。

2. 空气的密度

为了求空气内部某一点 P 处的密度，围绕 P 点画取一块微小空间，如图 1-18 所示。设这块空间的体积为 Δv，其中所含的空气质量为 Δm，则该空间内空气的平均密度为

$$\bar{\rho}=\frac{\Delta m}{\Delta v}$$

设 $\Delta v\to0$，此时 $\Delta m/\Delta v$ 的极限值定义为 P 点的空气密度，即

$$\rho=\lim_{\Delta v\to0}\frac{\Delta m}{\Delta v} \tag{1-23}$$

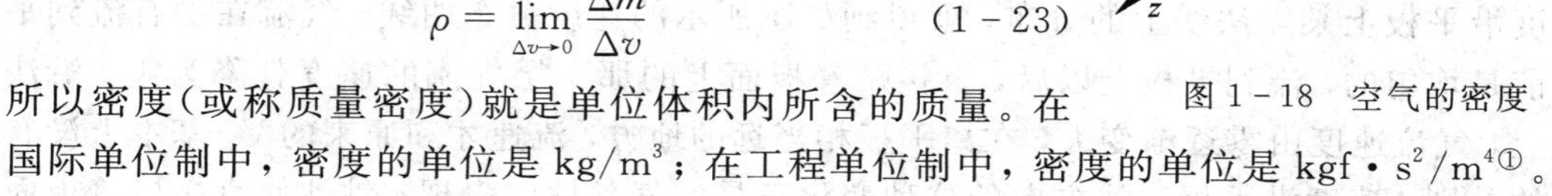

图 1-18　空气的密度

所以密度（或称质量密度）就是单位体积内所含的质量。在国际单位制中，密度的单位是 kg/m^3；在工程单位制中，密度的单位是 $kgf\cdot s^2/m^4$①。

① 在国际单位制中，采用法定计算单位，kg（千克或公斤）是质量的单位；而在工程单位制中，以“公斤”作为力和重量的单位。为了避免混淆，后者最好写成 kgf 或公斤力，1 kgf = 9.806 65 N。

3. 空气的压强和温度

对于一个受力的固体元件，在它内部任意切出一个剖面，在这个剖面上，一般既有法向力又有切向力。同样，在流动着的流体内部任意取出一个面积为 $\Delta\omega$ 的剖面来看，剖面上一般也有法向力 ΔP 和切向力 ΔT，如图 1-19 所示。这里切向力完全是由黏性产生的，而流体的黏性又只有在流动时才会表现出来。法向力总是有的，不论流体是静止的还是流动的。

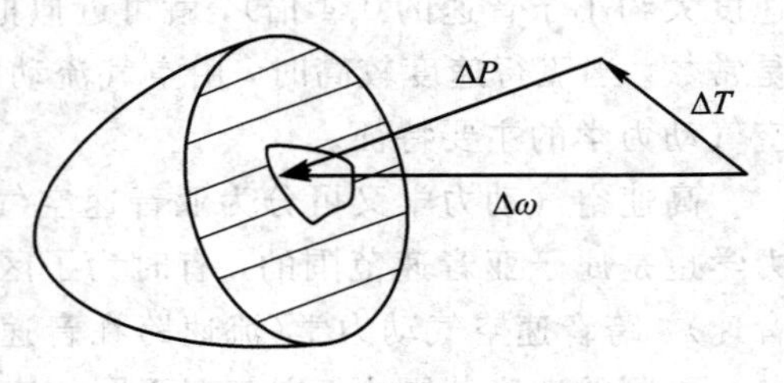

图 1-19　空气的压强

法向应力定义为

$$p = \lim_{\Delta\omega \to 0} \frac{\Delta P}{\Delta\omega} \tag{1-24}$$

流体中的法向应力 p，即垂直作用在单位表面积上的力称为压强。压强以压迫力(箭头指向流体中某点)为正，吸引力为负。

压强的单位在国际单位制中是 N/m^2 或 Pa，在工程单位制中为 kgf/m^2，$1\ kgf/m^2 = 9.806\ 65\ Pa$。

切向应力的定义为

$$\tau = \lim_{\Delta\omega \to 0} \frac{\Delta T}{\Delta\omega} \tag{1-25}$$

流体中的切向应力 τ 叫作摩擦应力。前面讲到，在静止流体中，不存在黏性摩擦应力 τ。有些运动流体的黏性摩擦力 τ 也很小，可以忽略不计，这种忽略黏性应力的流体叫作理想流体。在理想流体中，任一点的压强大小与方向无关，即流体从任一方向压向该点的压强在数值上是一样的。

气体的状态方程把气体的三个基本参数(压强、密度和温度)联系了起来，根据气体分子运动论的基本原理，气体的状态方程可写成

$$p = \rho RT \tag{1-26}$$

式中：R 为气体常数。一般情况下，空气的气体常数 $R = 287.053\ m^2/(s^2K)$；气体的温度 T 是用绝对温度(单位：K)来度量的。

4. 空气的黏性

实际流体都是有黏性的。空气也有黏性，只是因为它的黏性小，在日常生活中人们不大注意而已。下面给出一个能突出表现空气黏性的实验。

如图 1-20(a)，假设有一股均匀直线气流，其速度是 V_∞(下标∞表示物体的远前方)，在气流里顺着流向放置一块很薄的平板，用尺寸十分小的测风速的仪器去测量平板附近气流速度沿平板上某点法线上的分布，就得到如图所示的速度分布曲线。气流在没有流到平板以前是均匀的，流到平板上以后，直接贴着板面上的那一层气流的速度就降为零；沿法线往上，气流速度由零逐渐变大，在离平板相当远的地方，流速才和原来的 V_∞ 基本上没有显著的差别。速度沿平板法线方向的这种变化正是空气黏性的表现。黏性使直接挨着板面的一层空气完全粘在板上，和平面没有相对速度。此后一层牵扯一层，离板面越远，受到的牵扯作用越小。严格地说，只有当 $y \to \infty$ 时，流速才能和 V_∞ 相等。然而，如果 V_∞ 相当大(如像普通飞机的飞行速度那样，由每秒几十米到几百米)，由于空气的黏性较小，因此流

速由零增加到与 V_∞ 没有显著差别的距离也很小。若板长以米计，则这个距离以毫米计。

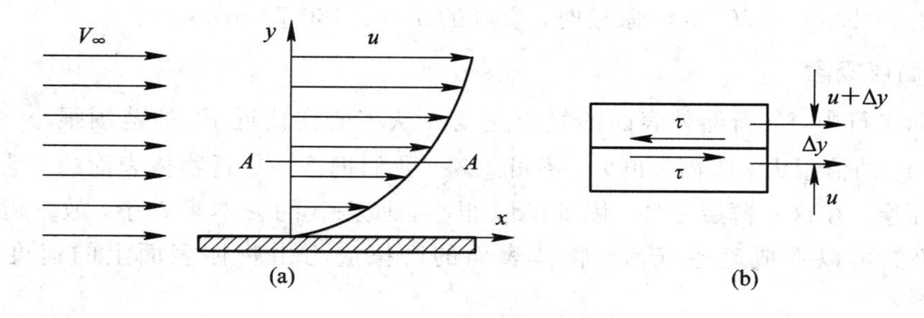

图 1－20　空气黏性的表现

上面的事实说明，由于黏性的作用，气流的速度就变成不均匀的了，速度 u 是与板的距离 y 的函数，即

$$u = f(y) \tag{1-27}$$

由于相邻两层的气流速度有差别($du/dy \neq 0$)，故两者之间必有摩擦力在起作用。单位面积上的摩擦力称为摩擦应力，记为 τ。这个力对于较快的那一层气流来说，是一个阻止流动的后拽力；而对于下层速度较慢的气流来说，是一个顺流向的前拉力(参看图 1－20(b))。当然，紧挨板面的那一层气流对板面也有一个牵扯力的作用，这就是板面的摩擦力；对于平板而言，这个摩擦力的指向便是向右的，是阻碍平板向左运动的，故称这个摩擦力为摩擦阻力。

牛顿(Newton)指出，流体内部的摩擦应力 τ 和速度的梯度 du/dy 的关系为

$$\tau = \mu \frac{du}{dy} \tag{1-28}$$

式(1－28)称为牛顿黏性摩擦定律，其中 μ 称为粘度或粘度系数。在国际单位制中，粘度的单位是 $N \cdot s/m^2$ 或 $kg/(m \cdot s)$。不同的流体介质的 μ 值各不相同，同一介质的 μ 值随温度而变化。这里需注意：粘度 μ 是反映流体本身固有特性的系数，而摩擦应力 τ 则取决于粘度 μ 和当地的速度梯度 du/dy。我们所说的理想流体是指 μ 和 du/dy 都小，因而 $\tau \approx 0$ 的流体不是指流体的粘度 μ 等于零。

现在分析气流各层之间的摩擦力的本质。由物理学知识可知，不论气体处于静止状态还是处于运动状态，气体的分子总是不停顿地进行着不规则的热运动，这种热运动使不同流层中的气体动量进行交换，而如果各层气流的速度不相等，那么相邻两层中的气体分子的动量必然不相同，因而就有动量交换。单位时间内通过相邻两层分界面的单位面积上的动量交换便是摩擦应力 τ。如果流体不是一层一层地流动(一层一层流动称为层流)，而是紊乱地流动(称为紊流)，则相邻两层不仅有分子运动带来的动量交换，而且有由于流体微团的乱动带来的动量交换，后者比前者大得多，所以紊流比层流的摩擦阻力要大得多(关于紊流和层流的概念以后还要详细讲)。

由上面的分析可知，若要计算和空气做相对运动的物体的摩擦阻力，一定要把空气看成是黏性流体；以后还会看到，在分析计算除阻力以外的空气动力和力矩时，可以忽略黏性应力的作用，即把空气视为理想流体。

当 $t = 15℃(T = 288.15\ K)$ 时，空气的 $\mu = 1.7894 \times 10^{-5}\ N \cdot s/m^2$(或 $Pa \cdot s$)。

在许多空气动力学问题里，黏性力和惯性力同时存在，往往把 μ 和 ρ 写成组合参数

μ/ρ，并以符号 υ 表示，即 $\upsilon=\mu/\rho$ (m^2/s)，υ 称为运动粘度。对应地，把 μ 称为动力粘度。当 $T=288.15$ K，$p=760$ mm 汞柱时，空气的 $\upsilon=1.460\ 75\ m^2/s$。

5. 附面层概念

在实际飞行中，飞行器外表面的气流速度 u 从零变到接近 V_∞ 的范围很小。但在该范围内，du/dy 的值很大，因而 τ 也大，不可忽略。我们把这一靠近物体表面的非常薄的黏性层叫作附面层。在这一薄层之外，因 du/dy 很小，而空气的 μ 本来就小，故 τ 可以忽略不计，气流仍然可以看成理想气流。物体表面的摩擦应力由物体表面上的速度梯度来决定，即

$$\tau_0=\mu\left(\frac{dy}{du}\right)_{y=0} \tag{1-29}$$

沿物面上任一点法线上的速度分布规律 $u(y)$ 叫作速度型，而速度型又与附面层内的流态有关。

图 1-21 是匀直线流过翼型时，其表面附面层内流态的放大情况。在翼型前面一段的附属面层内，气流是规规矩矩地一层一层地流动的，各层之间只有分子热运动带来的气体分子的交换，没有流体微团的交换，故各层之间的动量交换不大，因而速度从表面上的零值增大也较慢，即表面附近速度梯度较小。我们把具有上述按层次流动的流态的附面层叫作层流附面层，层流附面层经过转捩点之后就变成紊流附面层。紊流的特点是流体微团不是保持在一层内流动，而是一边前进一边不规则地横向乱窜，流动没有层次。在紧靠物面和它附近的空气层之间，由于微团乱窜带来的动量交换比起分子运动带来的动量交换大得多，因此速度由物面的零值迅速增大，这就使得紊流附面层靠近物面的速度梯度较大，因而紊流附面层表面摩擦应力也比层流的大。这些速度型在理论上都可以求出，因而 τ_0 也可以求出。

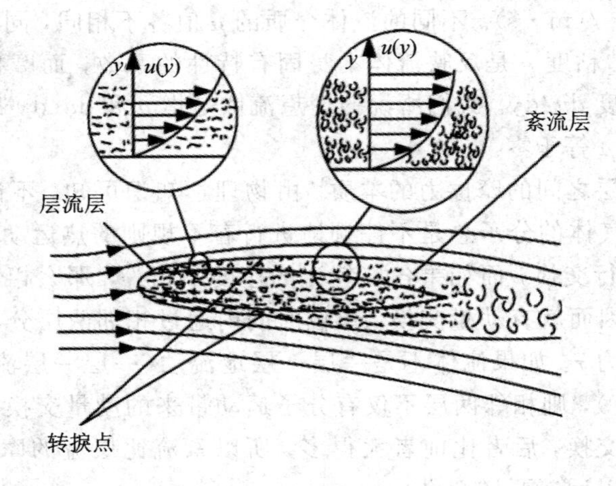

图 1-21　附面层

6. 空气的可压缩性

对空气施加压力，其体积或密度会发生变化，这种性质叫作可压缩性，或称为弹性。一般气流流过物体时，因受到物体的影响，气流中各点的速度和压强会发生变化。若流速不大，则引起的密度变化也很小。在一定的速度范围内，其密度的变化可以忽略不计。因

此，这里所说的空气的压缩性不是指静止空气在外加压力的作用下的压缩性，而是指空气在流动过程中由于本身的压强变化所引起的密度变化。通常我们用 $\mathrm{d}p/\mathrm{d}\rho$ 来衡量空气流可压缩性的大小(以后会证明 $\mathrm{d}p/\mathrm{d}\rho$ 等于音速的平方，所以压缩性与音速有直接的关系)。

7. 空气热力学特性

把一定量的气体加热(或冷却)，使其绝对温度 T 增高(或降低)1 K 所需的(或所放出的)热量称为热容。若用 C 表示热容，上述定义可用如下微分式表示：

$$C = \frac{\mathrm{d}Q}{\mathrm{d}T} \tag{1-30}$$

式中：Q 为热量。

为了了解气体的热容量和外部过程之间的关系，我们写出单位质量气体的能量守恒定律(热力学第一定律)：

$$\mathrm{d}q = \mathrm{d}u + p\mathrm{d}v \tag{1-31}$$

式中：$\mathrm{d}q$ ——单位质量气体热量的变化；

$\mathrm{d}u$ ——单位质量气体的内能变化；

$p\mathrm{d}v$——单位质量气体所做的功(若 $\mathrm{d}v<0$，则 $-p\mathrm{d}v$ 为外力对气体所做的功)；

v——单位质量气体的容积，称为比容，$v=1/\rho$。

由式(1-31)可见，热量的变化等于气体内能的变化和气体所做的功之和。当气体在体积保持不变的条件下加热(或冷却)时，$\mathrm{d}q=\mathrm{d}u$，而气体内能的变化 $\mathrm{d}u$ 和温度的变化 $\mathrm{d}T$ 成正比，因此有

$$(\mathrm{d}q)_{v=\mathrm{const}} = \mathrm{d}u = c_v\mathrm{d}T \tag{1-32}$$

式中：

$$c_v = \left(\frac{\mathrm{d}q}{\mathrm{d}T}\right)_{v=\mathrm{const}}$$

是单位质量气体在体积不变时的热容量，称为比定容热容。

把 $\mathrm{d}u=c_v\mathrm{d}T$ 代入式(1-31)得

$$\mathrm{d}q = c_v\mathrm{d}T + p\mathrm{d}v \tag{1-33}$$

或

$$\frac{\mathrm{d}q}{\mathrm{d}T} = c_v + p\frac{\mathrm{d}v}{\mathrm{d}T} \tag{1-34}$$

现在我们来分析压强保持不变时的气体变化过程。气体状态方程(1-26)可以改写成

$$pv = RT \tag{1-35}$$

因此，当 p 不变时有

$$\left(p\frac{\mathrm{d}v}{\mathrm{d}T}\right)_{p=\mathrm{const}} = R \tag{1-36}$$

将式(1-36)代入式(1-34)中，可得

$$\left(\frac{\mathrm{d}q}{\mathrm{d}T}\right)_{p=\mathrm{const}} = c_v + R \tag{1-37}$$

若用 c_p 表示比定压热容 $(\mathrm{d}q/\mathrm{d}T)_{p=\mathrm{const}}$，则有

$$c_p = c_v + R \tag{1-38}$$

比值

$$k=\frac{c_p}{c_v} \tag{1-39}$$

称为比热容比，对于空气，$k=1.4$。在高速空气动力学中，k 是一个重要的物理量。

最后，我们介绍绝热过程。如果气体装在外壳不传热的容器里，或在快速的运动中气体状态的变化过程异常迅速，以至来不及和周围介质进行热交换，则这样的过程称为绝热过程，这时 $\mathrm{d}q=0$。在这种情况下，气体内能的变化 $\mathrm{d}u$ 与机械能的变化 $p\mathrm{d}v$ 之和为零，即

$$\mathrm{d}u+p\mathrm{d}v=0 \tag{1-40}$$

在绝热过程中，压强和体积(或密度)之间的变化关系式为绝热方程。将 $\mathrm{d}u=c_v\mathrm{d}T$ 代入式(1-40)得

$$p\mathrm{d}v=-c_v\mathrm{d}T \tag{1-41}$$

把气体状态方程 $p=RT/v$ 代入式(1-41)可得

$$RT\frac{\mathrm{d}v}{v}=-c_v\mathrm{d}T$$

或

$$\frac{R}{c_v}\frac{\mathrm{d}v}{v}+\frac{\mathrm{d}T}{T}=0 \tag{1-42}$$

由式(1-38)和式(1-39)可得

$$\frac{R}{c_v}=\frac{c_p-c_v}{c_v}=k-1$$

将上式代入式(1-42)，可得

$$(k-1)\ln v+\ln T=\text{const}$$

所以

$$Tv^{k-1}=\text{const}$$

再用 $pv=RT$ 的两边分别乘上式的两边，得

$$pvv^{k-1}T=\text{const}\cdot RT$$

两边消去 T，即得绝热方程为

$$pv^k=\text{const}$$

或

$$p=C\rho^k \tag{1-43}$$

式中：C 为常数。

在热力学中还定义了另一个称为焓的参数，以符号 h 表示，h 定义如下：

$$h=u+pv \tag{1-44}$$

热焓 h 表示静止气体的总能量，即内能和压力位能之和，由此有

$$\mathrm{d}h=\mathrm{d}u+\mathrm{d}(pv) \tag{1-45}$$

考虑状态方程(1-35)，则有

$$\mathrm{d}h=\mathrm{d}u+R\mathrm{d}T$$

或

$$\frac{\mathrm{d}h}{\mathrm{d}T}=\frac{\mathrm{d}u}{\mathrm{d}T}+R \tag{1-46}$$

而 $\mathrm{d}u/(\mathrm{d}T)=c_v$ 及 $c_v+R=c_p$，所以式(1-46)可变成

$$\frac{\mathrm{d}h}{\mathrm{d}T}=c_p \tag{1-47}$$

在高速流中，不管是理想流还是黏性流，其参数变化过程都可看成绝热过程。即使是

黏性高速流，由于摩擦损失的机械能（压强 p 所表征的位能和速度的平方 V^2 所表征的动能）变成热量，在这种绝热过程中，这些增加的热量仍保留在气体内，以增加其内能，总的能量仍保持不变，但机械能必然减少，不能保持不变。所以用式（1-43）来建立高速流中任意两点间的 p 和 ρ 的关系式时，对于

$$\frac{p_1}{\rho_1^k} = \frac{p_2}{\rho_2^k} \tag{1-48}$$

还应加上理想流的条件。在热力学中，理想绝热流称为等熵流，只有在等熵流中，气流的总机械能才保持不变。

8. 音速和马赫数

音速就是弱扰动（气体压强和密度的微弱变化）在气体中的传播速度。凡是有弹性的介质，给它一个任意的扰动，这个扰动就会自由地传播出去，而且只要扰动不是太强，其传播速度都是一定的，这个速度的大小就反映该介质弹性（或者说可压缩性）的大小。

必须注意的是，扰动的传播速度是指扰动波的传播速度，而不是流体微团的流动速度。例如，我们向平静的湖面扔块石头，会看到扰动波很快地传播开，而石块击中处附近水的流速却是很小的。

空气或任何一种气体都是弹性介质，在其中微弱扰动的传播速度只取决于介质的状态参数，而与扰动幅度无关（在小扰动范围之内），也不因扰源是什么物体而有所不同。在空气动力学里，把一般的微弱扰动传播速度称为音速（这只是借用人们所熟悉的名称而已）。

为了简单起见，下面用一维的例子来推导音速公式。

假定有如图 1-22 所示的一根十分长的管子，它的左端有一个活塞。设想，将活塞向右轻轻推动一下，使它对管内空气产生一个压缩的微弱扰动，这个扰动就以一定的速度 a 向右传播，并且扰动是以一个界面 AA 的形式向右推进的。AA 的右边是未经扰动的气体，其压强、密度、温度和流体微团的运动速度分别是 p_1、ρ_1、T_1 和 V_1（$V_1=0$）；AA 的左边是已经扰动过的气体，其参数都有了变化，成为 p_2、ρ_2、T_2 和 V_2（$V_2 \neq 0$）。

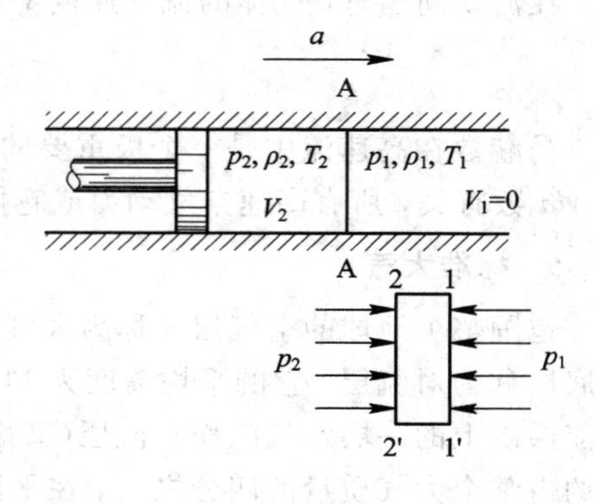

图 1-22　微弱扰动的传播

设

$$p_2 = p_1 + \mathrm{d}p$$
$$\rho_2 = \rho_1 + \mathrm{d}\rho$$
$$T_2 = T_1 + \mathrm{d}T$$
$$V_2 = V_1 + \mathrm{d}V = \mathrm{d}V$$

假若扰动是微弱的，则因扰动所引起的气体参数的变化量是可以忽略不计的小量，即 $\mathrm{d}p \ll p_1$，$\mathrm{d}\rho \ll \rho_1$，$\mathrm{d}T \ll T_1$，$\mathrm{d}V \ll a$。

我们采用一个活动坐标来看问题。设想观察者和界面 AA 一起运动。在观察者看来，未经扰动的气体以速度 $V_1'=a$ 由右向左运动，气体不断地越过界面 AA 进入受扰区（AA 的左侧），而已受扰气体则以 $V_2'=a-\mathrm{d}V$ 的速度相对于 AA 向左流去。为了应用动量方程，我们在界面 AA 的左右近邻划两个面 1-1′和 2-2′，再连上这一小段的管壁组成一个控制区，则质量方程是

$$\rho_1 V_1{}' = \rho_2 V_2{}'$$

即

$$\rho_1 a = (\rho_1 + \mathrm{d}\rho)(a - \mathrm{d}V)$$

展开上式，并略去二阶小量，得

$$a\mathrm{d}\rho = \rho_1 \mathrm{d}V \tag{1-49}$$

根据动量方程，并取参考轴 x 平行于管道轴线，向左为正，又取管道截面为单位面积，则动量方程为

$$p_1 - p_2 = \rho_1 a(V_2{}' - V_1{}')$$

即

$$\mathrm{d}p = \rho_1 a \mathrm{d}V \tag{1-50}$$

合并式(1-49)和式(1-50)，消去 $\mathrm{d}V$，可得

$$a^2 = \frac{\mathrm{d}p}{\mathrm{d}\rho} \tag{1-51}$$

应用式(1-43)可求得

$$a^2 = k\frac{p}{\rho} \tag{1-52}$$

再应用状态方程 $p=\rho RT$，可求得

$$a^2 = kRT \tag{1-53}$$

对于空气，$k=1.4$，$R=287.05\ \mathrm{m^2/(s^2K)}$，于是得到近似式：

$$a \approx 20\sqrt{T} \tag{1-54}$$

例如，对于海平面标准大气，$T_0=288\ \mathrm{K}$，则 $a_0=340\ \mathrm{m/s}$。

在流动问题里，气体的流动速度 V 与当地音速 a 之比称为马赫(Mach)数，记为 Ma：

$$Ma = \frac{V}{a} \tag{1-55}$$

马赫数在高速流中是一个极重要的参数，也是一个相似准则，所有高速流动的规律都与 Ma 数有关，所有高速空气动力或它们的系数都是 Ma 数的函数。

9. 标准大气

包围整个地球的空气层总称为大气。按其特征，大气可以划分为几层。从海平面算起，最底层称为对流层，它的平均高度为 11 km。对流层集中了整个大气质量的四分之三左右。对流层以上的一层空气叫作平流层(又称同温层)，它的高度平均可取 11 km～32 km，其质量约占整个大气质量的四分之一。在平流层里，大气只有水平方向的运动，没有雷雨气象变化。32 km～80 km 的高度称为大气层，这一层的空气质量仅占整个大气的三千分之一，再往外就是高温层和外层大气。

普通飞机主要是在对流层或平流层飞行，低层大气参数(p，ρ，T)很不稳定，在地球的不同地方或不同时间，其值也不同。而进行飞行器设计或是进行空气动力学试验研究都要用到大气条件，因此，为了便于比较，国际上一致采用空气的压强、温度和密度等参数随高度变化的假定关系式，这一关系式所表征的大气就是所谓的“标准大气”。

标准大气用平均海平面作为零高度，规定在海平面上，大气温度 $T_0=288.15\ \mathrm{K}$，压强 $P_0=101\ 325\ \mathrm{Pa}$，密度 $\rho_0=1.225\ \mathrm{kg/m^3}$，并且还规定了不同大气层内温度 T 随高度 H 变

化的梯度，其他参数（p，ρ 等）随 H 的变化关系式则可以相应地推导出来。然后进行计算，制成表格，称为标准大气表，如表 1－5 所示。

表 1－5　标准大气简表（0～32 km）

H	T	p		ρ		a	μ	g
m	K	Pa(＝N/m^2)	kgf/m^2	kg/m^3	kgf・s^2/m^4	m/s	10^{-4} N・s/m^2	m/s^2
0	288.15	101 320	10 332	1.2250	0.124 92	340.29	0.178 94	9.8067
1000	281.65	89 875	9164.7	1.1116	0.113 36	336.43	0.175 78	9.8036
2000	275.15	79 495	8106.3	1.0065	0.102 63	332.53	0.172 60	9.8005
3000	268.65	70 109	7149.1	0.909 12	0.092 705	328.58	0.169 37	9.7974
4000	262.15	616 40	6285.6	0.819 13	0.083 528	324.58	0.166 11	9.7943
5000	255.65	54020	5508.5	0.736 12	0.075 063	320.53	0.162 81	9.7912
6000	249.15	47 181	4811.1	0.659 70	0.067 270	316.43	0.159 47	9.7881
7000	242.65	41 061	4187.0	0.589 50	0.060 112	312.27	0.156 10	9.7851
8000	236.15	35 600	3530.2	0.525 17	0.053 552	308.06	0.152 68	9.7820
9000	229.65	30 724	3134.9	0.466 35	0.047 554	303.79	0.149 22	9.7789
10 000	223.15	26 436	2695.7	0.412 71	0.047 554	299.46	0.145 71	9.7758
11 000	216.65	22 632	2307.8	0.363 92	0.037 109	295.07	0.142 16	9.7727
12 000	216.65	19 330	1971.2	0.310 83	0.031 696	295.07	0.142 16	9.7697
13 000	216.65	16 510	1683.6	0.265 48	0.027 072	295.07	0.142 16	9.7666
14 000	216.65	14 102	1438.0	0.226 75	0.023 122	295.07	0.142 16	9.7635
15 000	216.65	12 045	1228.2	0.193 67	0.019 749	295.07	0.142 16	9.7604
16 000	216.65	10 287	1049.0	0.165 42	0.016 868	295.07	0.142 16	9.7573
17 000	216.65	8786.7	895.99	0.141 29	0.014 407	295.07	0.142 16	9.7543
18 000	216.65	7504.8	765.28	0.120 68	0.012 306	295.07	0.14216	9.7512
19 000	216.65	6410.0	653.64	0.103 07	0.010 510	295.07	0.142 16	9.7481
20 000	216.65	5474.9	558.28	0.088 03	0.008 977	295.07	0.14 216	9.7450
21 000	217.65	4677.9	477.01	0.074 87	0.007 635	295.75	0.142 71	9.7420
22 000	218.65	3999.8	407.86	0.063 72	0.006 498	296.43	0.143 26	9.7389
23 000	219.65	3422.4	348.99	0.054 28	0.005 535	297.11	0.143 81	9.7358
24 000	220.65	2930.5	298.83	0.046 26	0.004 717	297.78	0.144 35	9.7327
25 000	221.65	2511.0	256.05	0.039 46	0.004 024	298.46	0.144 90	9.7297
26 000	222.65	2153.1	219.55	0.033 68	0.003 435	299.13	0.145 44	9.7266
27 000	223.65	1847.5	188.39	0.028 77	0.002 934	299.80	0.145 98	9.7235
28 000	224.65	1586.3	161.76	0.024 59	0.002 508	300.47	0.146 52	9.7204
29 000	225.65	1363.0	138.98	0.021 04	0.002 145	301.14	0.147 06	9.7174
30 000	226.65	1171.9	119.50	0.018 01	0.001 836	301.80	0.147 60	9.7143
31 000	227.65	1008.2	102.81	0.015 42	0.001 573	302.47	0.148 14	9.7112
32 000	228.65	868.02	88.513	0.013 22	0.001 348	303.13	0.148 68	9.7082

1.4.2 流体运动学

1. 流场及其描述

空气是连续介质，它是由无限多流体微团组成的。当然，我们可以把每个微团作为研究对象，沿用描述刚体运动的办法来描述它们的运动，求其压强、密度、温度等物理量参数的变化规律。这种方法称为拉格朗日(Lagrange)法，因它使用不方便，一般都不采用。

通常描述流体运动的办法不是抓住一个个流体微团，而是看空间中不同的瞬时(t)各点的流动情况。空间点是不动的，我们说空间某点的速度和加速度等，指的是当时位于该点的微团的速度、加速度等，至于哪个微团并不重要。选定一个参考坐标系$Oxyz$之后，空间一点的速度在三个坐标轴上的分速是V_x、V_y、V_z。一般情况下各点的速度是不同的，同一点的速度又可以随时间变化，速度可以表示如下

$$\left.\begin{aligned} V_x &= V_x(x,\ y,\ z,\ t) \\ V_y &= V_y(x,\ y,\ z,\ t) \\ V_z &= V_z(x,\ y,\ z,\ t) \end{aligned}\right\} \tag{1-56}$$

如果有了式(1-56)的具体表达式，那么就完全确定了整个流体运动，这种描述方法称为欧拉(Euler)法。

一个布满了某种物理量的空间称为场。式(1-56)描述的是一个速度场。除速度之外，伴随流动的还有压强的变化，所以还有压强的分布，即压强场。在高速流里，气流的密度和温度也随流动变化，因而还有密度场和温度场。我们把一个充满流动的空间称为流场，它包含所有流动参数的场。

在一个流场里，速度、压强等都会发生变化。在飞行的情况下，这是由飞行器的运动造成的；在风洞实验里，则是由于在均匀直线气流里放进了模型，模型对气流产生扰动造成的。

2. 定常流

如果流场中每点的速度、密度和压强等参数均不随时间变化，则这样的流动称为定常流。在定常流中，速度分布与时间无关，即

$$\left.\begin{aligned} V_x &= V_x(x,\ y,\ z) \\ V_y &= V_y(x,\ y,\ z) \\ V_z &= V_z(x,\ y,\ z) \end{aligned}\right\} \tag{1-57}$$

同样，压强分布、密度分布等也与时间无关。在以后的讨论中全属定常流范围，不另说明。

3. 流线与流管

某瞬间看流场，从某点出发，顺着这点的速度矢量的指向画一个微小的距离到达邻点，再按邻点在同一瞬时的速度矢量的指向画一个微小的距离，一直画下去，便得到一条曲线。这条曲线上任何一点的切线都和该点上的微团速度指向一致，这种曲线称为流线，这种流线可以画无数条。

在定常流中，因各点流速的方向和大小均不随时间变化，故流线的形状也不随时间变

化。定常流中的两条流线不能相交，假若相交，其交点处的速度必定存在两个指向，而这是不可能的。

在三维空间流动里，经过某一条封闭曲线(非流线)(如图 1-23 中的 $ABCD$)的所有流线围成的一条管子叫作流管。同样，在定常流中，流管形状保持不变，流体不能穿越管壁流入或流出。就这一点来说，流管就像一根真正的管道一样。

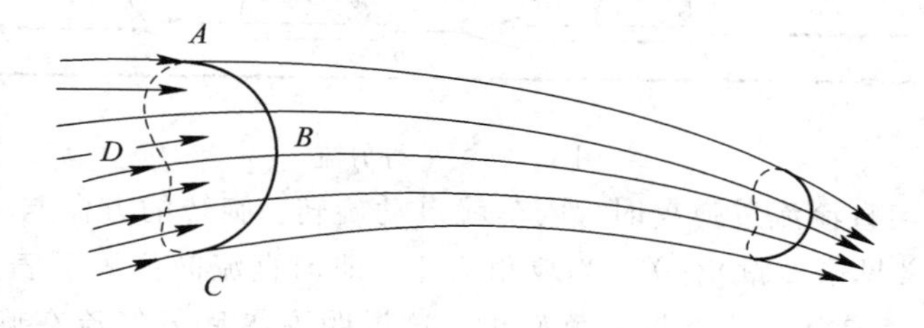

图 1-23　流管

4. 旋涡流

一般来说，流体微团的运动可以看成是由平移、旋转和变形组成的，如图 1-24 所示。如果流体微团在流动中只做平移和变形运动，而没有旋转，就称这种运动为无旋流或位流；若流体微团同时还旋转(具有角速度)，就称其为旋涡流或涡流。

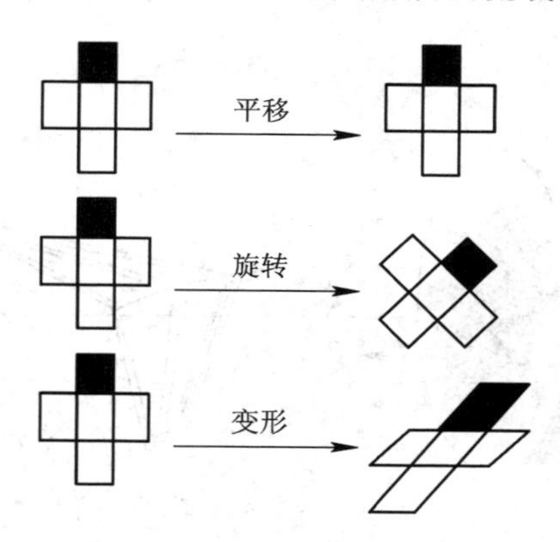

图 1-24　流体微团的平移、旋转和变形

现在来看几个简单的例子。首先，匀直流就是无旋流最简单的例子，因为其中流体既无旋转又无变形，所有的微团都平行前进。其次，来看一个二维的平行剪流，其中所有微团的速度都相互平行，但是垂直于流动方向截面上的速度分布是不均匀的。我们在具有线性流速分布的平行流动中取一点 A 点，在 A 点放置两个箭头，如图 1-25 所示，一个放在流动方向上，另一个与这个方向垂直。当流体从 A 点运动到 B 点时，第一个箭头沿着自身方向平移，第二个箭头随着流动旋转。微团的方位可以用两个箭头间夹角平分线的方位来表示。从图中可以看到，这个平分线有旋转，所以微团有旋转。必须注意，旋涡流的基本特征是微团的旋转，至于整个流动是不是曲线流动，则无关紧要。因为对于所有的流动，其流线虽然是弯曲的，但微团无旋转(角速度为零)，所以这样的流动依然是无旋流。

现在来观察三维弹翼后面形成涡流的例子。将一个单独的弹翼安置在风洞试验段的匀直流里，在弹翼后缘靠近翼尖处安放两个风车，风车的桨叶轴顺气流方向，如图 1-26 所

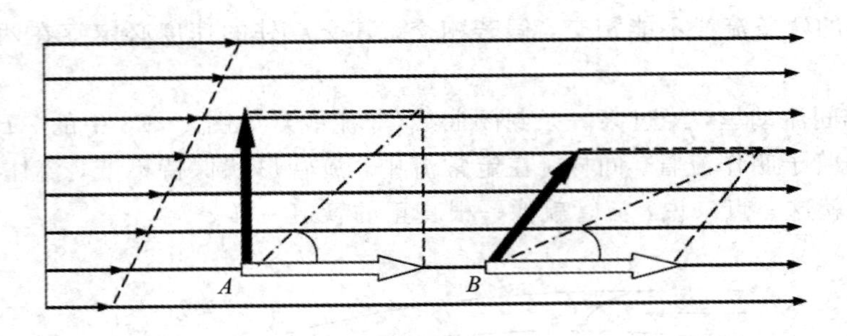

图 1-25 平行剪流

示。观察发现，当匀直流流过弹翼时，风车就自动旋转。旋转的方向与弹翼相对气流的攻角(攻角的严格定义见第 2 章)有关。当攻角为正，即匀直流向弹翼下表面吹时，从翼内侧看，两风车都是由上弹翼面往下翼面旋转的，这说明弹翼后方气流在旋转，有旋涡运动。当攻角增大时，风车旋转加快，说明漩涡的强度随攻角增大而增大。如果我们将风车沿翼展方向移动，则发现在两翼尖后缘旋转最快，越往翼中间移动，旋转越慢，这说明翼尖拖出的旋涡最强，翼中段的最弱。对于翼展尺寸较大的弹翼，可近似用翼尖处拖出的两条涡代替整个弹翼后面的涡系(叫作尾涡系)，通常把这种尾涡称为自由涡。理论上讲，如果没有黏性耗散，自由涡自翼后缘可一直拖到无限远，但实际上由于黏性作用，只能拖到有限距离。

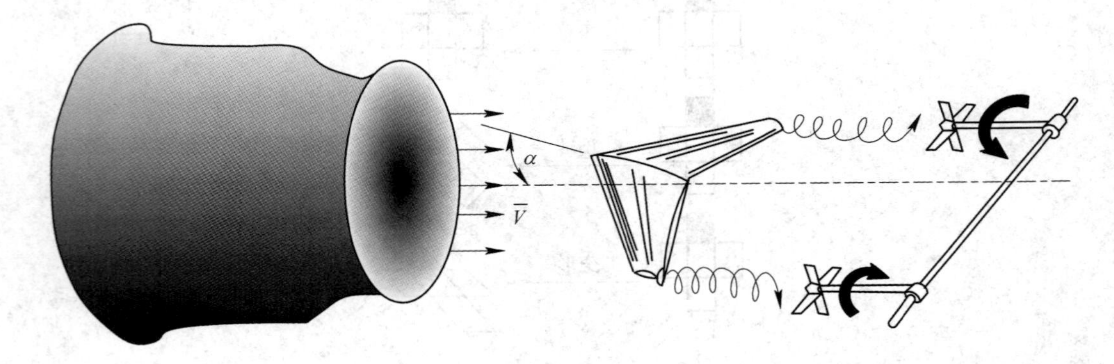

图 1-26 弹翼涡流的实验

类似载流导线在其周围会感应出磁场，涡线在其周围也会感应出速度场，称为诱导速度场。可以设想，诱导速度是旋转的涡心通过黏性作用带动周围空气运动的速度。我们把垂直于自由涡系向下的诱导速度分量叫作下洗流，或简称下洗。下洗速度 V_y 与来流速度 V_∞ 的合速度 V 与 V_∞ 的夹角 ε 叫作下洗角。对于鸭式导弹来说，由于弹翼安装在舵翼的尾涡区，因此，弹翼的升力受到舵翼洗流的影响，这点对以后分析弹翼的升力是很重要的。

1.4.3 低速一维流的基本方程

1. 连续方程

质量守恒是自然界的基本规律之一，它表明物质既不能创造也不能消失。

在一般的空间流动中，我们可以将整个流场划分成许多基元流管(见图 1-27)。由于这些流管的截面积无限小，因而在其每个横截面积上的气流参数都可以认为是均匀分布的，所以各流动参数（速度、压强等）都只是沿基元管轴线的坐标的函数，这样的流动称为一维流。质量守恒定律在一维流管中的具体形式就是流过任何截面的流量是相等的。下面取图 1－28 的两个横截面 1、2 来看。设截面 1 的管截面积是 A_1，流速是 V_1，密度是 ρ_1；截面 2 的管截面积是 A_2，流速是 V_2，密度是 ρ_2。若流动是定常的，各截面所有参数都不随时间变化，那么每秒钟通过截面 1、2 的质量分别是 $\rho_1 V_1 A_1$ 和 $\rho_2 V_2 A_2$，而流过其他任一截面的质量是 ρVA。

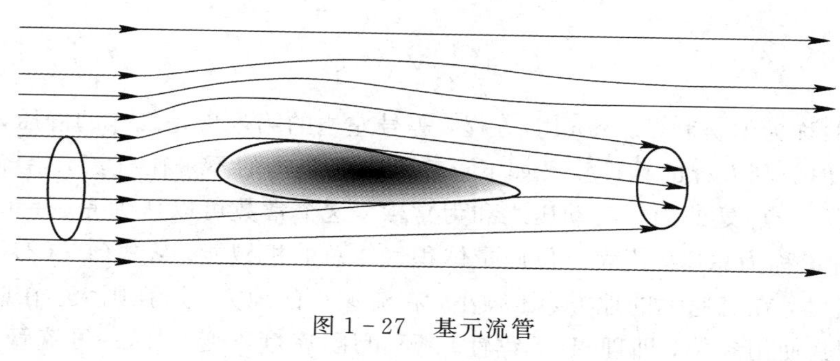

图 1－27　基元流管

图 1－28　一维流的连续性

按质量守恒定律可得如下等式：

$$\rho_1 V_1 A_1 = \rho_2 V_2 A_2 = \rho VA \tag{1-58}$$

式(1－58)称为连续方程。对于不可压流，ρ 为常数，式(1－58)即

$$V_1 A_1 = V_2 A_2 = VA \tag{1-59}$$

式(1－59)表明，在一维定常不可压流里，流管沿路程各截面上的流速是与横截面积成反比例变化的。凡在横截面积较小处，流速必较大；反之亦然。

2. 低速不可压流的能量方程——伯努利方程

在低速流动中，由于流体的温度不变，内能不变，因而流体微团的总能量就是动能和压力位能之和（由于空气密度小，不考虑高度位能；对液体则还应考虑高度位能），动能和位能之和称为机械能。

下面按机械能守恒的原理来推导低速气流沿流管运动时的能量方程。

参看图 1－28，单位时间内通过截面 1 的气体质量为 m，其动能为 $mV_1^2/2$；当通过截面 2 时，其动能为 $mV_2^2/2$，而压力位能则等于单位时间内压力在流体经过的路程上所做的功，所以截面 1 上的压力位能等于 $p_1 V_1 A_1$，截面 2 上的压力位能等于 $p_2 V_2 A_2$。按机械能守恒定律可得

$$\frac{1}{2}mV_1^2 + p_1V_1A_1 = \frac{1}{2}mV_2^2 + p_2V_2A_2 \tag{1-60}$$

由式(1-58)可得

$$m = \rho_1V_1A_1 = \rho_2V_2A_2$$

将上式代入式(1-60)消去 m，再应用式(1-59)消去 A_1 和 A_2，最后可得

$$p_1 + \frac{1}{2}\rho_1V_1^2 = p_2 + \frac{1}{2}\rho_2V_2^2 \tag{1-61}$$

或

$$p + \frac{1}{2}\rho V^2 = C \tag{1-62}$$

式(1-62)称为伯努利(Bernoulli)方程，等号左边的第一项是气体的静压，第二项称为动压或速压。伯努利方程的物理意义如下：对于理想流体的不可压气流，沿流管(或流线)任一截面(或任一点)处的静压与动压之和为常数。这个常数可以认为是 $V=0$ 时的气体压强，用 p_0 表示，称为总压，代表单位质量体积气体总的机械能。从式(1-62)可以看出，对一低速定常流动，在流速大的地方，压强小，在流速小的地方，压强则大。在应用伯努利方程时，应注意其使用条件，即理想(无黏性)、不可压(密度不变)、沿一维流管(或流线)。

1.4.4 高速一维流的基本方程

1. 动量方程

理论力学中关于动量定理的一种说法是，作用在物体上的力在微元时间内的冲量等于在该时间内物体动量的微元变化。现在把这个定理应用到流体的运动中。

取图1-28所示的由流管两个截面积1、2和该两截面之间流管的侧表面组成的控制区，以该区内的流体作为研究对象。设经过时间 dt 以后，这块流体流到一个新的位置 $1'-2'$。现在我们来计算这块流体在时间 dt 内动量的变化。由于是定常流，在 $1'-2$ 之间流体的动量不变，因而所研究的流体的动量的变化就等于 $2-2'$ 和 $1-1'$ 两块流体动量之差。注意到动量是矢量，则很容易写出动量变化量在 x 坐标轴方向的投影为

$$(\rho_2V_2A_2\mathrm{d}t)V_{2x} - (\rho_1V_1A_1\mathrm{d}t)V_{1x} = m(V_{2x} - V_{1x})\mathrm{d}t$$

式中：$m=\rho_1V_1A_1=\rho_2V_2A_2$ 是质量流量。

设流体所受控制区边界给它的合作用力在 x 轴方向的分量为 P_x，则其微元冲量为 $P_x\mathrm{d}t$。根据动量定理有

$$P_x\mathrm{d}t = m(V_{2x} - V_{1x})\mathrm{d}t$$

所以得到

$$\begin{cases} P_x = m(V_{2x} - V_{1x}) \\ P_y = m(V_{2y} - V_{1y}) \\ P_z = m(V_{2z} - V_{1z}) \end{cases} \tag{1-63}$$

式(1-63)表明，单位时间经截面2流出的动量和经截面1流入的动量之差，等于控制区边界作用在两截面1、2之间这块流体上的外力，该外力可由控制区边界给流体的分布压力积分而来，重力可忽略不计。

下面应用动量方程来求一维流管中参数变化的微分关系式。

沿图1-29中流管的 S 轴取一微段 $\mathrm{d}s$，设截面 a 的面积为 A，压强为 p，流速为 V，截

的，所以各流动参数(速度、压强等)都只是沿基元管轴线的坐标的函数，这样的流动称为一维流。质量守恒定律在一维流管中的具体形式就是流过任何截面的流量是相等的。下面取图1-28的两个横截面1、2来看。设截面1的管截面积是A_1，流速是V_1，密度是ρ_1；截面2的管截面积是A_2，流速是V_2，密度是ρ_2。若流动是定常的，各截面所有参数都不随时间变化，那么每秒钟通过截面1、2的质量分别是$\rho_1 V_1 A_1$和$\rho_2 V_2 A_2$，而流过其他任一截面的质量是ρVA。

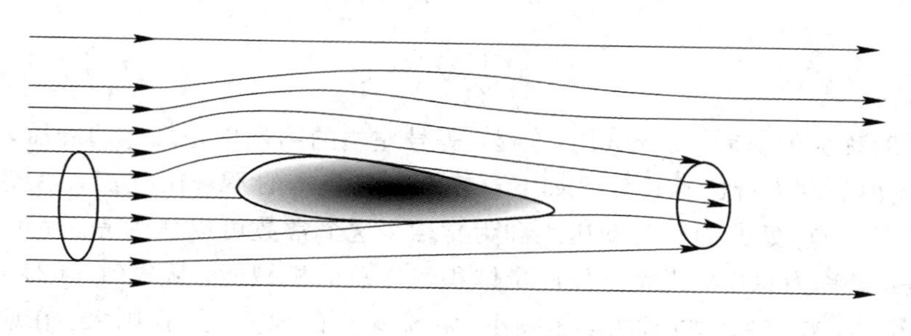

图1-27　基元流管

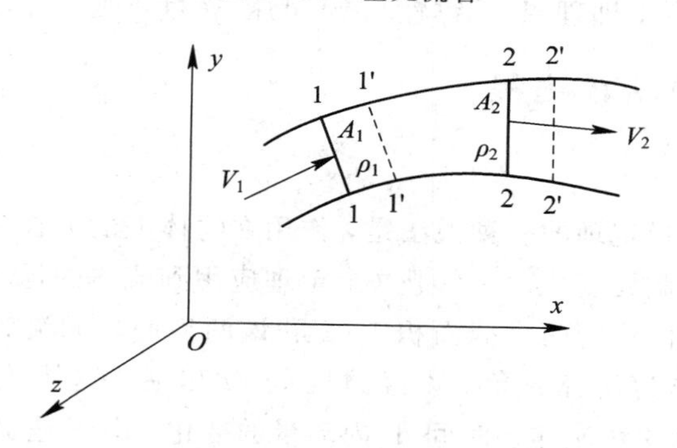

图1-28　一维流的连续性

按质量守恒定律可得如下等式：

$$\rho_1 V_1 A_1 = \rho_2 V_2 A_2 = \rho VA \tag{1-58}$$

式(1-58)称为连续方程。对于不可压流，ρ为常数，式(1-58)即

$$V_1 A_1 = V_2 A_2 = VA \tag{1-59}$$

式(1-59)表明，在一维定常不可压流里，流管沿路程各截面上的流速是与横截面积成反比例变化的。凡在横截面积较小处，流速必较大；反之亦然。

2. 低速不可压流的能量方程——伯努利方程

在低速流动中，由于流体的温度不变，内能不变，因而流体微团的总能量就是动能和压力位能之和(由于空气密度小，不考虑高度位能；对液体则还应考虑高度位能)，动能和位能之和称为机械能。

下面按机械能守恒的原理来推导低速气流沿流管运动时的能量方程。

参看图1-28，单位时间内通过截面1的气体质量为m，其动能为$mV_1^2/2$；当通过截面2时，其动能为$mV_2^2/2$，而压力位能则等于单位时间内压力在流体经过的路程上所做的功，所以截面1上的压力位能等于$p_1 V_1 A_1$，截面2上的压力位能等于$p_2 V_2 A_2$。按机械能守恒定律可得

$$\frac{1}{2}mV_1^2 + p_1V_1A_1 = \frac{1}{2}mV_2^2 + p_2V_2A_2 \tag{1-60}$$

由式(1-58)可得

$$m = \rho_1V_1A_1 = \rho_2V_2A_2$$

将上式代入式(1-60)消去 m，再应用式(1-59)消去 A_1 和 A_2，最后可得

$$p_1 + \frac{1}{2}\rho_1V_1^2 = p_2 + \frac{1}{2}\rho_2V_2^2 \tag{1-61}$$

或

$$p + \frac{1}{2}\rho V^2 = C \tag{1-62}$$

式(1-62)称为伯努利(Bernoulli)方程，等号左边的第一项是气体的静压，第二项称为动压或速压。伯努利方程的物理意义如下：对于理想流体的不可压气流，沿流管(或流线)任一截面(或任一点)处的静压与动压之和为常数。这个常数可以认为是 $V=0$ 时的气体压强，用 p_0 表示，称为总压，代表单位质量体积气体总的机械能。从式(1-62)可以看出，对一低速定常流动，在流速大的地方，压强小，在流速小的地方，压强则大。在应用伯努利方程时，应注意其使用条件，即理想(无黏性)、不可压(密度不变)、沿一维流管(或流线)。

1.4.4 高速一维流的基本方程

1. 动量方程

理论力学中关于动量定理的一种说法是，作用在物体上的力在微元时间内的冲量等于在该时间内物体动量的微元变化。现在把这个定理应用到流体的运动中。

取图1-28所示的由流管两个截面积1、2和该两截面之间流管的侧表面组成的控制区，以该区内的流体作为研究对象。设经过时间 $\mathrm{d}t$ 以后，这块流体流到一个新的位置 $1'-2'$。现在我们来计算这块流体在时间 $\mathrm{d}t$ 内动量的变化。由于是定常流，在 $1'-2$ 之间流体的动量不变，因而所研究的流体的动量的变化就等于 $2-2'$ 和 $1-1'$ 两块流体动量之差。注意到动量是矢量，则很容易写出动量变化量在 x 坐标轴方向的投影为

$$(\rho_2V_2A_2\mathrm{d}t)V_{2x} - (\rho_1V_1A_1\mathrm{d}t)V_{1x} = m(V_{2x} - V_{1x})\mathrm{d}t$$

式中：$m=\rho_1V_1A_1=\rho_2V_2A_2$ 是质量流量。

设流体所受控制区边界给它的合作用力在 x 轴方向的分量为 P_x，则其微元冲量为 $P_x\mathrm{d}t$。根据动量定理有

$$P_x\mathrm{d}t = m(V_{2x} - V_{1x})\mathrm{d}t$$

所以得到

$$\begin{cases} P_x = m(V_{2x} - V_{1x}) \\ P_y = m(V_{2y} - V_{1y}) \\ P_z = m(V_{2z} - V_{1z}) \end{cases} \tag{1-63}$$

式(1-63)表明，单位时间经截面2流出的动量和经截面1流入的动量之差，等于控制区边界作用在两截面1、2之间这块流体上的外力，该外力可由控制区边界给流体的分布压力积分而来，重力可忽略不计。

下面应用动量方程来求一维流管中参数变化的微分关系式。

沿图1-29中流管的 S 轴取一微段 $\mathrm{d}s$，设截面 a 的面积为 A，压强为 p，流速为 V，截

面 b 的对应量分别为 $A+\mathrm{d}A$，$p+\mathrm{d}p$，$V+\mathrm{d}V$。因 $\mathrm{d}s$ 很小，可认为两截面上的流速方向不变，压强方向正好相反，取微段 $\mathrm{d}s$ 的侧面积和两端截面 aa、bb 为控制区。因两截面 a、b 十分接近，侧表面上的压强近似等于两截面 a、b 上压强的平均值，即 $(p+\mathrm{d}p+p)/2$。侧表面上的压力在 S 轴上的投影等于此平均压强乘以侧表面面积在垂直于 S 轴的平面上的投影面积 $\mathrm{d}A$，即 $(p+\mathrm{d}p/2)\mathrm{d}A$。

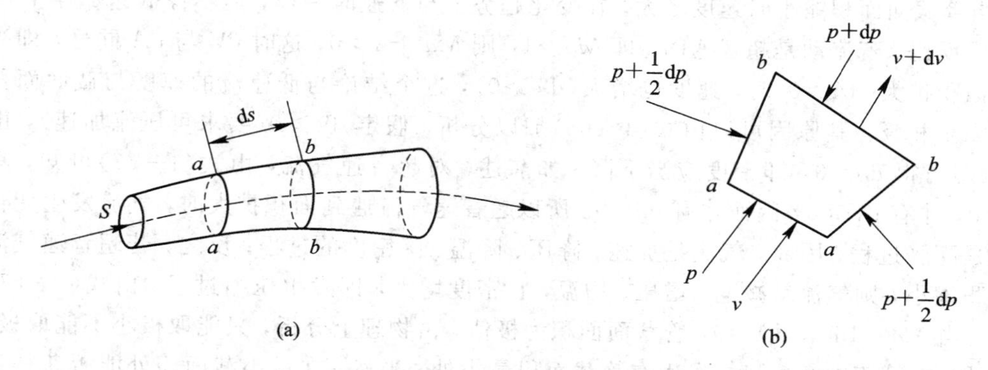

图 1-29　一维流管的压强与速度的微分关系

因为假设是理想流体，所以不存在摩擦力，此外还忽略了气体的重力，因此正 S 方向上的合外力为

$$P_S = pA-(p+\mathrm{d}p)(A+\mathrm{d}A)+\left(p+\frac{1}{2}\mathrm{d}p\right)\mathrm{d}A$$

展开上式右边并略去二阶小量可得

$$P_S=-A\mathrm{d}p$$

如前所述，a、b 两截面上的流速方向不变，因而它们的动量的方向都与管轴 S 的正向一致，按 S 方向应用动量方程(1-34)，则有

$$P_S = m(V_{2S}-V_{1S}) = m(V_2-V_1) = m\mathrm{d}V = \rho VA\mathrm{d}V$$

故

$$-\mathrm{d}p = \rho V\mathrm{d}V \tag{1-64}$$

2. 高速一维管流中流速与管截面面积的关系

在低速一维流中，连续方程是 $VA=$常数，由此可以看出流速与管截面面积成反比。但在高速流中，质量方程是 $\rho VA=$常数，其中 ρ、V、A 三者都是变量。在 $\rho VA=C$ 的两边取对数，然后微分得

$$\frac{\mathrm{d}\rho}{\rho}+\frac{\mathrm{d}V}{V}+\frac{\mathrm{d}A}{A}=0 \tag{1-65}$$

再应用式(1-64)和式(1-51)，即

$$V\mathrm{d}V=-\frac{1}{\rho}\mathrm{d}p$$

$$\frac{\mathrm{d}p}{\mathrm{d}\rho}=a^2$$

可得

$$\frac{\mathrm{d}p}{\mathrm{d}\rho}=-\frac{V^2}{a^2}\frac{\mathrm{d}V}{V}=-Ma^2\frac{\mathrm{d}V}{V} \tag{1-66}$$

式中：a 为音速，$Ma=V/a$ 称为马赫数。将式(1-66)代入式(1-65)得

$$(Ma^2-1)\frac{\mathrm{d}V}{V}=\frac{\mathrm{d}A}{A} \tag{1-67}$$

这就是可压流的速度变化与管截面面积变化之间的关系。由上式可以看出，若流动是亚音速的，即 $Ma<1$，则 $Ma^2-1<0$，这时 $\mathrm{d}V$ 与 $\mathrm{d}A$ 反号，即当管截面面积扩大时速度减小，当管截面面积缩小时速度增大。在变化趋势上与低速时一样，但不像低速那样 V 与 A 正好成反比。若流动是超音速的，即 $Ma>1$，则 $Ma^2-1>0$，这时 $\mathrm{d}V$ 与 $\mathrm{d}A$ 同号，即当管截面面积扩大($\mathrm{d}A>0$)时，速度也增大($\mathrm{d}V>0$)，这个结论与低速流的速度与截面面积的关系完全相反。其原因可以由式(1-66)加以分析，假定 $\mathrm{d}V>0$(要求可压流加速)，由式(1-66)可得 $\mathrm{d}\rho<0$，即密度应当下降。如前述，对超音速气流，由式(1-67)可知，只有 $\mathrm{d}A>0$，才有 $\mathrm{d}V>0$，因而才有 $\mathrm{d}\rho<0$。所以超音速气流遇到面积扩大时，气流发生变化的过程是膨胀过程，因此，气流是加速、降压、降温、降密度的过程；反之，若超音速气流遇到面积缩小，则气流就减速、增压、增温，且密度增大，即发生压缩过程。由式(1-67)还可知，当 $Ma=1$ 时，$\mathrm{d}A=0$，管截面面积为极值，由物理上分析，只能取极小不能取极大。这表明，在管流中音速只能发生在管截面积最小处。当然，在最小截面积处能否获得音速还要看其他条件。对于一个先收缩后扩张的管道，若两端压强差足够大，则气流先在收缩段作亚音速加速，流到面积最小的喉管处，流速刚好达到音速，然后在扩张段又作超音速加速。理解这种流动规律对于分析音速附近的气流流过弹翼时，弹翼所受的气动力和力矩的特性很有帮助。

3. 能量方程、总参数和静参数

单位质量的静止气体的总能量用热焓 h 表示。那么，单位质量的运动气体的总能量就应当是热焓 h 加上单位质量气体的动能 $V^2/2$，即 $h+V^2/2$。在绝热情况下，$\mathrm{d}q=0$，总能量为常数，即

$$h+\frac{1}{2}V^2=C \tag{1-68}$$

或

$$c_pT+\frac{1}{2}V^2=C \tag{1-69}$$

式中：C 为常数。式(1-69)与低速流中的伯努利方程一样，可用于同一流管的任何两个截面上，即

$$c_pT_1+\frac{1}{2}V_1^2=c_pT_2+\frac{1}{2}V_2^2 \tag{1-70}$$

如果在式(1-69)中应用状态方程 $p=\rho RT$ 消去 T，可得能量方程的另一形式为

$$\frac{1}{2}V^2+\frac{k}{k-1}\frac{p}{\rho}=C \tag{1-71}$$

所谓总参数是指在无黏性摩擦的情况下，气流速度减小到零时的各气流参数，如伯努利方程中的总压 p_0 即是。同样，在式(1-68)中，当气流无摩擦地减速到速度为零时，焓达到最大值，记为 h_0，称为总焓。这时相应的温度、压强和密度都达到最大值，分别称为总温 T_0、总压 p_0 和总密度 ρ_0，于是式(1-69)又可写成

$$\frac{1}{2}V^2+c_pT=c_pT_0 \tag{1-72}$$

式中：总温 T_0 代表气流的总能量，由式(1－72)可知，无论是理想流还是黏性流，只要是绝热的，流场各处的总温为同一常数。

流动过程中任何一点的当地参数 p、ρ、T 等称为静参数，流场中任意一点的静温 T 和总温 T_0 的关系可通过式(1－72)得到，即

$$\frac{T_0}{T}=1+\frac{1}{2}\frac{V^2}{c_pT}=1+\frac{1}{2}\frac{Rk}{c_p}\frac{V^2}{kTR}=1+\frac{1}{2}\frac{c_p-c_v}{c_v}\frac{V^2}{kRT}$$

利用式(1－53)和式(1－55)，即 $a^2=kRT$，$Ma=V/a$，上式可变成

$$\frac{T_0}{T}=1+\frac{k-1}{2}Ma^2 \tag{1-73}$$

再利用绝热方程(1－43)，可建立理想流流管中任意两点静参数之间的关系为

$$\frac{p_1}{\rho_1^k}=\frac{p_2}{\rho_2^k}$$

或

$$\frac{\rho_2}{\rho_1}=\left(\frac{p_2}{p_1}\right)^{1/k} \tag{1-74}$$

同样，应用 $p=\rho RT$ 和 $p=C\rho^k$ 可得

$$\frac{T_2}{T_1}=\left(\frac{p_2}{p_1}\right)^{\frac{k-1}{k}}=\left(\frac{\rho_2}{\rho_1}\right)^{k-1} \tag{1-75}$$

应用式(1－63)和式(1－65)，可得总压与静压之比 p_0/p 和总密度与静密度之比 ρ_0/ρ 的公式为

$$\frac{p_0}{p}=\left(1+\frac{k-1}{2}Ma^2\right)^{\frac{k}{k-1}} \tag{1-76}$$

$$\frac{\rho_0}{\rho}=\left(1+\frac{k-1}{2}Ma^2\right)^{\frac{-1}{k-1}} \tag{1-77}$$

因为 p_0 代表流体的总机械能，当遇到黏性摩擦时(如气流通过激波或在附面层里流动)，p_0 就要下降，T_0 不变，因而 ρ_0 也要下降。因此，在粘流中的任意两点或激波前后就不能应用式(1－74)～式(1－77)。

1.4.5　高速流中的物理现象和基本概念

1. 微弱扰动的传播区与马赫锥(或马赫线)

导弹在空气中飞行时，导弹外表的每一部分对大气都产生扰动，都可以看作是一个扰源。下面我们以一个假想的扰源间断地发出有限个扰动来分析这些扰动波传播的情况。导弹在空中飞行，相当于扰源在静止不动的空气中以速度 V 前进。根据运动的相对性原理，为了方便分析，我们可以假想扰源固定不动，每过一个时间间隔(如 1 秒钟)发出一个扰动，而空气以速度 V(如从左向右)吹过扰源，这样来看扰动的传播。我们考虑以下四种情况(参看图 1－30)：

(a) $V=0$；

(b) $V<a$；

(c) $V=a$；

(d) $V>a$。

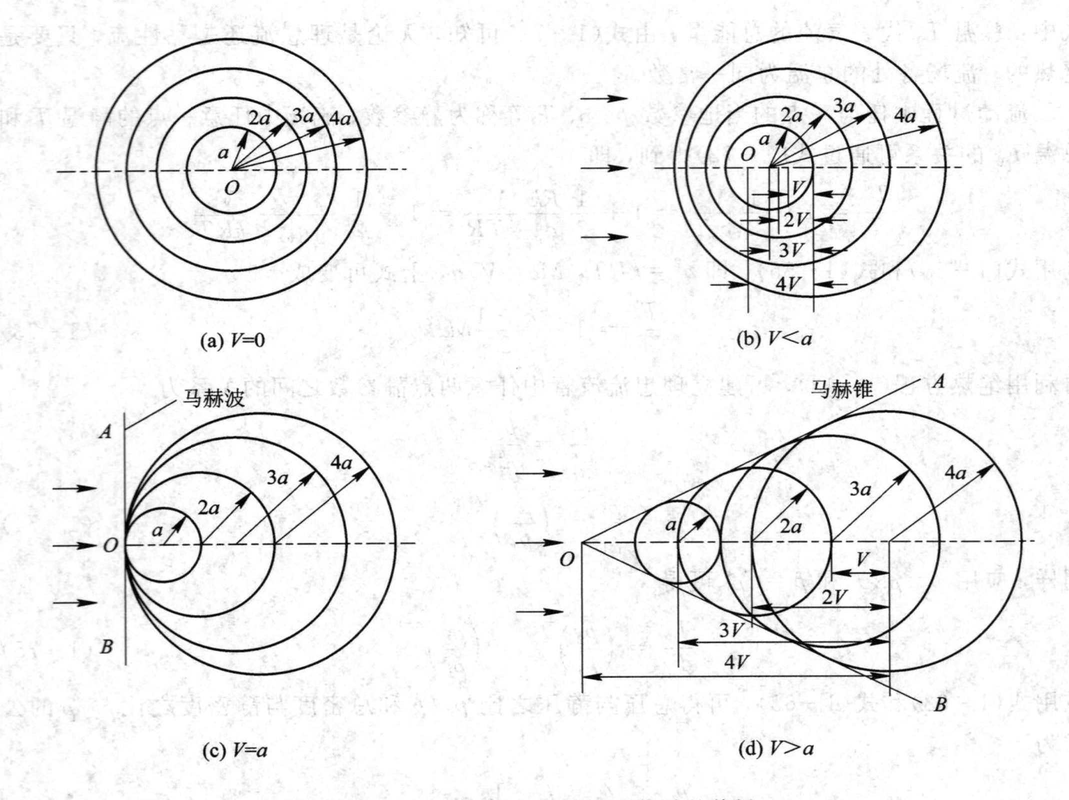

图 1-30　不同气流速度下弱扰动的传播

图 1-30(a)中 $V=0$，即在静止空气中扰动波传播的情况。由于流速为零，每个扰动向四面八方传播时都是以 O 点(扰源所在点)为球心进行的。半径为 $4a$ 的球面(或平面流动中的圆)，表示 4 秒前发出的第一个扰动现在到达的前峰。在该球之外，尚未受到扰动。半径为 a 的球面是 1 秒前发出的扰动现在到达的位置。显然，经过足够长时间之后，扰动会遍及全流场。

图 1-30(b)是气流有向右的速度 V，但 $V<a$ 的情况，即亚音速情况。这时每次发出的扰动在向四面八方传播的同时，还跟随气流以速度 V 向右移动。既然流速 V 小于音速 a，那么扰动波向左传播就比气流把它向右冲走快，所以扰动的左边界总在 O 点以左，随着时间的延续，左边界会无限地向左延伸，直到无限远。因此，在亚音速流里的扰动也要遍及全流场。

图 1-30(c)是 $V=a$ 的情况，这时每次发出的扰动仍以音速 a 向四面八方(包括左方)传播，但扰动波同时被气流以 $V=a$ 的速度向右冲。因而扰动波实际上只能向右传而不能向左传，所以扰动的传播是有界的，这个界限就是通过 O 点垂直于流动方向的平面 AOB(在平面流动里就是一条直线)。AOB 以左是扰动永远达不到的地方，称为寂静区或未扰区。

图 1-30(d)是流速 $V>a$ 的情况。图中半径为 $4a$ 的球面(或平面流动里的圆)是 4 秒前扰源 O 发出的扰动现在到达的位置，在这段时间内，整个扰动波被气流向右冲走了 $4V$ 的距离，当然球心也要移到扰源 O 点右边 $4V$ 处。由于 $4V>4a$，所以扰动左传所能达到之处永远在扰源 O 点的右侧。依此类推，1 秒钟前发出的一个扰动现在传到了半径为 a 的球面，

而球心被流体带到了下游距扰源 O 点距离为 V 处。我们通过 O 点作不同时刻发出的扰动波所形成的球面的公切面，这个公切面必是一个母线为 OA 的圆锥面，显然扰动只能达到此锥面之内的地区，锥面之外是扰动所不能触及的地区。母线 OA 和来流之间的夹角 μ 为

$$\mu=\arcsin\left(\frac{a}{V}\right)=\arcsin\left(\frac{1}{Ma}\right) \tag{1-78}$$

角 μ 称为马赫角。各扰动球的公切圆锥称为马赫锥，母线 OA 称为马赫线。在平面流动中马赫线 OA 就是各扰动源的公切线。因为马赫锥或马赫线是超音速流中微弱扰动所能达到的边界线，所以也称为马赫波或波前阵。在分析超音速问题时，马赫波是很重要的，而那些球形(或平面流动中的圆形)波只是为了讨论马赫波的形成而画的形象图形。实际上扰动是连续发生的，扰动圆也有无穷多，在以后的分析讨论中只画最后形成的马赫波即可，如图 1－31 中的实线。

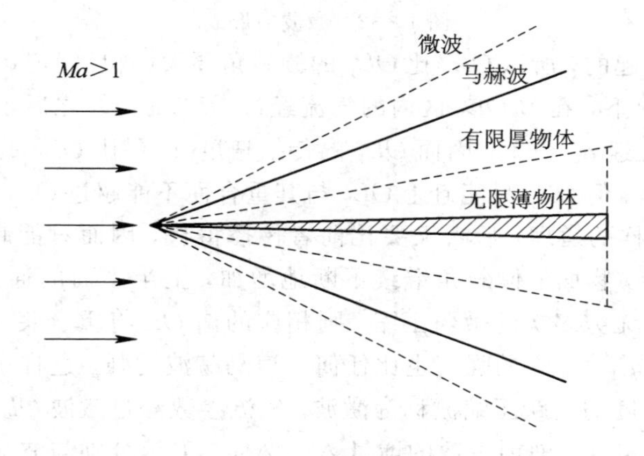

图 1－31　马赫波与激波

上面所说的超音速气流里的扰动以马赫锥或马赫线为界，只限于微弱扰动(如无限薄的平板或无限细的尖头针状物体所产生的扰动，就像图 1－31 中实线所示)的情况；强扰动(如图 1－31 中虚线所示的有一定厚度的物体所产生的扰动)的情况就有所不同了，这时扰动的界限超前于马赫波，这个界限就是后面要讲的激波。

2. 激波

下面介绍超音速气流遇到流管面积变窄时，受到突然压缩的过程。正如图 1－31 实线所画，当超音速气流平行地流过一块很长的顶角为 $\Delta\delta_1$ 的楔形薄板时，板的头部将产生两道微弱的扰动波，将其画在图 1－32 中，并以 OL_1 和 OL_1'表示这两道波。若以上半平面的流动进行分析，则 OL_1 就是气流受到平板扰动的分界线。如果气流仅受到这一道波的微弱扰动，则波后气流参数的变化可以忽略不计。OL_1 与来流的夹角 μ_1 是由 Ma_∞ 决定的马赫角，$\mu_1=\arcsin(1/Ma_\infty)$。

现在假设将薄板的上壁面 OA 以顶点 O 为轴转至 OA_1，使$\angle A_1OA=\Delta\delta_2$，结果上半平面的气流通道变窄了 $\Delta\delta_2$，超音速气流遇到面积变窄就要受到压缩，我们假设 $\Delta\delta_2$ 与 $\Delta\delta_1$ 相似(也非常小)，它对气流产生小扰动，扰动的界限是 OL_2。由于 L_1OA_1 区内的气体经过 $\Delta\delta_1$ 的第一次微弱压缩后速度略有下降，温度略有上升(因而音速也略有上升)，故 Ma 数略有下降。设 Ma 降为 Ma_1，则 $Ma_1<Ma_\infty$，根据 $\mu_2=\arcsin(1/Ma_1)$，则有 $\mu_2>\mu_1$。又由

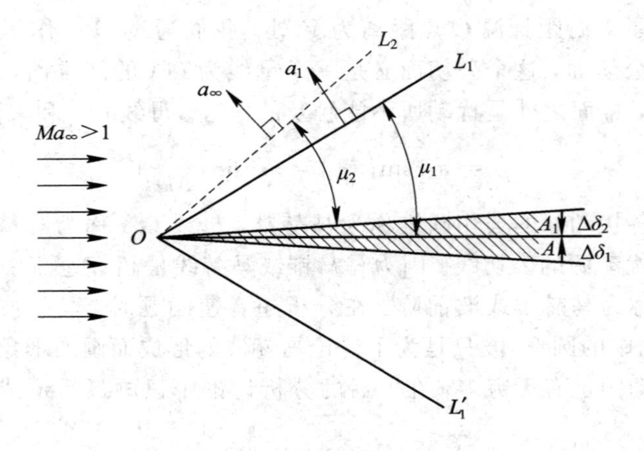

图 1－32　激波的形成

于 μ_2 是从边界 A_1 量起的，所以 OL_2 比 OL_1 的倾斜角要大（暂且假定 OL_2 能超过 OL_1 变得更陡）。但在这种情况下，在 L_2OL_1 区内的气流经过 OL_2 的压缩之后，其音速 a_1 要比未经压缩的 OL_2 之前的音速 a_∞ 稍大，因而 OL_1 的传播速度 a_1 要比 OL_2 的传播速度 a_∞ 快，所以 OL_1 总会赶上 OL_2。但 OL_1 只能赶上 OL_2 与其重合而不能超过 OL_2，这是因为一旦它超过 OL_2，根据上述同样的道理，后者又要比前者传播得快，因而只能赶上而不能超过。若 OA_1 继续不断地旋转，物面的倾斜角继续不断地增加，上半平面的通道继续不断地变窄，气流受到连续发出的无穷多次的微弱压缩，则相应的诸 OL 将重合集中成一道波，这道波的倾斜角 β 比马赫角 μ_1 大，它的强度也比任何一道马赫波的强。这样由许多微弱压缩波集中而成的一道有限强度的突跃压缩波称为激波。气流参数经过激波 OL_n 要发生有限量的突跃变化，即波后参数相对于波前参数的增量 Δp、$\Delta\rho$、ΔT 等分别与波前的 p_1、ρ_1、T_1 等相比不再是微量，而是有限量。图 1－33 画出了沿流线 ABC 的压强在 B 点处突然增加的变化曲线。

图 1－33 所画的激波叫作附体斜激波，因为激波的一头附在物体的顶端而斜挂在物体上。如果相对于一定的马赫数来说，物体斜面角 δ 太大，或物体不是尖头而是钝头，则激波将离开物体头部，这种激波叫作离体激波，如图 1－34 所示。离体激波中有一小段与气流方向基本垂直，这段波叫作正激波。在同样的 Ma 数下，正激波前后气流参数的变化比斜激波前后参数的变化更大，正激波后流速一定变成亚音速。

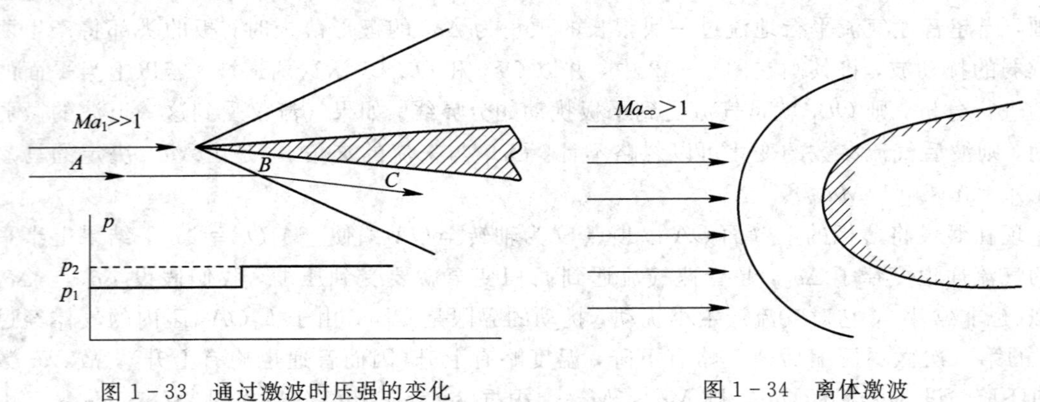

图 1－33　通过激波时压强的变化

图 1－34　离体激波

由于激波后面气流的压强比波前突然增高，这种较高的压力作用在物体的头部阻止物体前进，这样的阻力称为激波阻力或简称波阻。

3. 膨胀波

设有马赫数为 Ma_1 的定常匀直超音速气流沿平板 AOB 由左向右运动，见图 1-35(a)。略去壁面摩擦作用，设在壁面 O 点处有一个小毛疵，它对气流产生一个极微弱的扰动，扰动传播的界限是马赫线 OL_1，OL_1 和壁面的夹角是对应于 Ma_1 的马赫角 μ_1。由于扰动极端微弱，且仅此一次扰动，故气流经过 OL_1 之后，流动参数都没有什么变化。现在设想，让壁面 OB 绕 O 点向右下方折转一个小角度，见图 1-35(b)。对气流而言，这相当于通道面积扩大了，而超音速气流遇到面积扩大时，就发生膨胀：密度减小，压强下降，温度下降，流速增加。当匀直超音速气流沿 AO 壁面流到 O 点时，受到 OB 外折的扰动，设 $\angle BOB_1 = \Delta\delta_1$ 是一个很小的角度，它对气流产生一个微弱的扰动，扰动的界限是马赫线 OL_1，在 OL_1 的右边气流发生了微弱膨胀，称 OL_1 为第一道膨胀波。它是在未扰气流中传播的，所以它和未扰气流的夹角是 $\mu_1 = \arcsin(1/Ma_1)$。设想 OB_1 向外折转一个小的角度 $\angle B_1OB_2 = \Delta\delta_2$，气流经过第二次膨胀，在 B_1OL_1 范围内的气体已经过第一次膨胀，在该区中的马赫数 $Ma_1 > Ma_2$，所以第二次膨胀的扰动界限的 OL_2 倾斜角 $\mu_2 < \mu_1$，同时 OL_1 后的气流速度 V_2 也相对于 V_1 外折了一个角度 $\Delta\delta_1$，而 OL_2 的倾角 μ_2 是从 V_2 量起的，故 OL_2 比 OL_1 更为后倾(向右倾斜)，所以它们不会重合。假若让 OB_2 再连续不断地外折，同样的膨胀过程就会连续不断地发生，设 OB 最后折转到 OB_n 位置，只要 $\angle BOB_n$ 这个总外折角不是太大，膨胀后的气流总是沿 OB_n 流动。L_1OL_n 扇形区是膨胀区，在膨胀区里气流是连续变化的，通过 OL_n 后气流膨胀完毕，OL_n 以后的气流又是匀直流，这股匀直流的压强、密度、温度都比来流的低，而 $Ma_n > Ma_1$。包括 Ma_n 在内的波后参数可根据总折转角 $\angle BOB_n$ 和 Ma_1 由有关数据表查到，OL_n 相对 OB_n 的倾斜角 $\mu_1 = \arcsin(1/Ma_n)$。

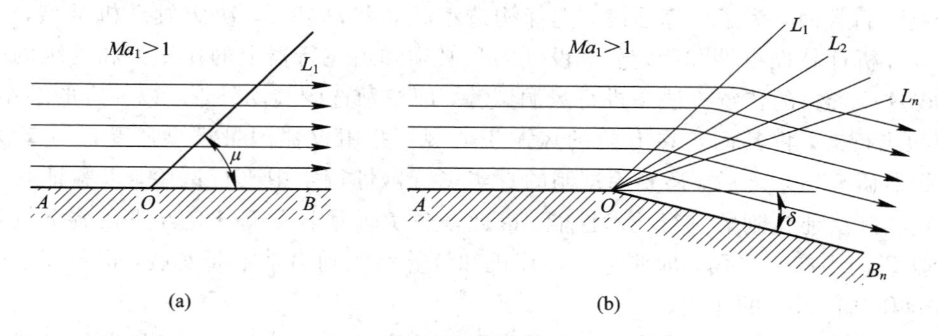

图 1-35　膨胀波

4. 临界马赫数

流经弹翼表面上各点的当地速度与导弹的飞行速度(或当弹翼固定不动时的来流速度)是不一样的。很明显，当 $V_\infty < a_\infty$ 时，沿弹翼上表面基元流管的截面面积减小，气流做亚音速膨胀，流速逐渐增大(当地的局部流速大于 V_∞)，温度逐渐降低，因而当地音速也逐渐降低，结果使当地 Ma 数增加。当弹翼表面上某点处当地 Ma 数刚好达到 1(当地流速等于当地音速)时，对应的飞行马赫数(或来流马赫数)称为临界马赫数，以 Ma_{lj} 表示。显然 $Ma_{lj} < 1$。随着飞行速度进一步增大，部分弹翼表面上的气流速度就要达到超音速，形成一

个所谓局部超音速区(参看图 1-36)。在超音速区里的气流只有通过局部激波才能变成亚音速气流，因此在局部超音速区的后界必然有局部激波出现。另外，也可以用翼面压强变化来解释：由于在超音速区气流大大加速的结果，气体发生过度的膨胀，压强变得比超音速区后面的压强低许多，超音速气流唯有通过激波，其压强才可能提高到与它下游的压强相适应。气流膨胀得最厉害的地方是从靠近物面开始逐渐向外伸展的。当飞行 Ma 数继续增大时，局部超音速区继续扩大，局部激波继续增强，并向翼后缘移动。这种现象会使导弹的空气动力和力矩发生急剧的变化，激波将使气流的能量发生不可逆的损耗，使机械能(压力位能和动能)转化为热能。这种由于激波引起的能量损失需要发动机的推力来补偿，它表现为一种阻力，也归纳在波阻里面。在临界马赫数附近飞行时，导弹的波阻会急剧增加。临界马赫数的大小与弹翼的剖面形状和攻角大小有关，为了提高临界马赫数，高速导弹常采用较薄的对称翼型(上下翼面对称，弯度为零)，一般导弹的临界马赫数大致在 0.8 左右。

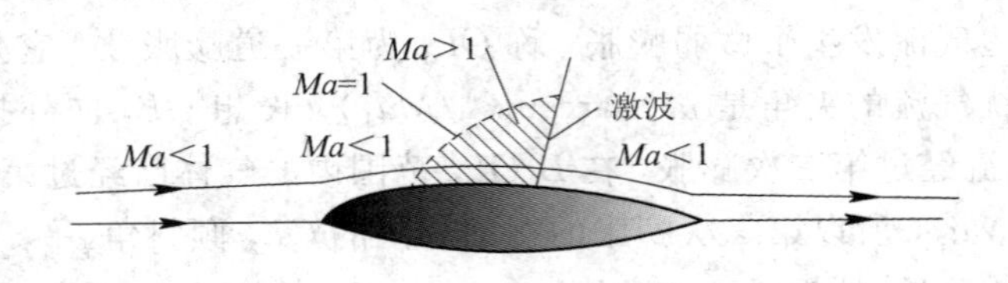

图 1-36　弹翼上的局部超音速区

1.4.6　空气动力实验

1. 空气动力实验研究的目的和原理

空气动力学实验研究的目的在于确定飞行器飞行时，作用在飞行器上的空气动力和力矩的大小与规律以及绕流的流动规律。

研制飞行器时，为了计算强度，选择构造型式和气动外形，决定发动机类型，确定飞行性能，分析计算操纵性和稳定性，设计人员必须知道飞行器上的作用力和力矩的变化规律。获得这些资料的传统方法是进行风洞试验，即按预选的气动外形，以一定的缩小比例，做成模型飞行器，将其固定在专门的风洞里吹风，并用仪器测量模型所受的气动力和力矩。飞行器研究出来之后，还要用试制的真实飞行器进行空中飞行试验，以验证其气动特性，确定实际所能达到的飞行技术性能。因此，空气动力学实验研究方法在航空航天科学和飞行器研制中广为采用，即使电子计算机和计算空气动力学不断发展，也不能完全代替风洞试验和飞行试验的作用。

风洞试验的基本原理是相似性。把描述物理现象的方程式化成无因次形式，然后由无因次系数相等就可确定现象的相似。这些无因次系数称为相似准则，并在模拟实现物理现象时要加以使用。

2. 空气动力和力矩及其系数

飞行器运动时，作用在它上面的空气动力和力矩与它的几何参数(尺寸和形状)、飞行速度、飞行高度以及飞行器相对于飞行速度的夹角等有关。

在空气动力学的分析、计算和实验中，往往要利用空气动力合力矢量 $\boldsymbol{R}$ 和合力矩矢量 $\boldsymbol{M}$ 在某个参考系中的分量。常用的参考系有弹体坐标系 $Ox_ty_tz_t$ 和气流坐标系 $Ox_qy_qz_q$，这两种坐标系的定义和它们之间的关系见图 1－37。

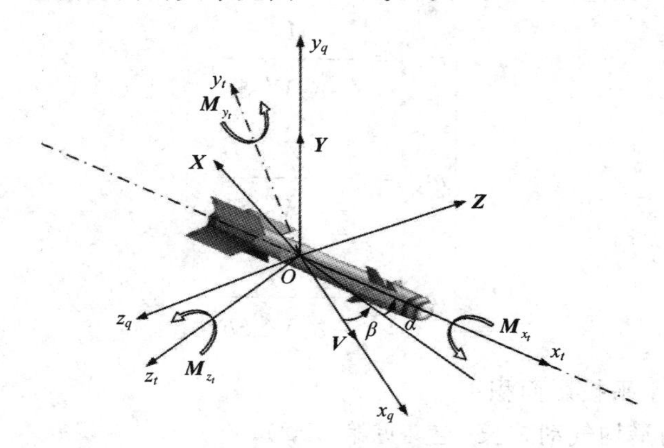

图 1－37　气流坐标系和弹体坐标系

气流坐标系(又称速度坐标系)$Ox_qy_qz_q$ 的原点 O 取在导弹的质心上；Ox_q 轴与速度矢量 **V** 重合；Oy_q 轴位于弹体纵向对称面内，且与 Ox_q 轴垂直，指向上为正；Oz_q 轴垂直于 x_qOy_q 平面，其方向按右手坐标系确定。此坐标系与导弹速度矢量固连，是一个动坐标系。

弹体坐标系 $Ox_ty_tz_t$ 的原点 O 取在导弹的质心上；Ox_t 轴与弹体纵轴重合，指向头部为正；Oy_t 轴在弹体纵向对称平面内，垂直于 Ox_t 轴，指向上为正；Oz_t 轴垂直于 x_tOy_t 平面，其方向按右手坐标系确定。此坐标系与弹体固连，也是动坐标系。

由上述坐标系的定义可知，气流坐标系与弹体坐标系的关系可由两个角度确定，分别定义如下：

攻角 α——速度矢量 **V** 在纵向对称平面 x_tOy_t 上的投影与 Ox_t 轴的夹角。若 Ox_t 轴位于投影线的上方，则攻角 α 为正，反之为负。

侧滑角 β——速度矢量 **V** 与纵向对称平面 x_tOy_t 之间的夹角。若来流从右侧(沿飞行方向观察)流向弹体，则所对应的侧滑角为正，反之为负。

气动力合力 **R** 通常按气流坐标系分解：沿 Ox_q 轴负方向的分量 X 称为阻力，指向飞行速度矢量的反方向为正；沿 Oy_q 轴的分量 Y 称为升力，指向上为正；沿 Oz_q 轴方向的分量 Z 称为侧力，指向右为正。通常把空气动力合力矩 **M** 沿弹体坐标系分解：沿 Ox_t 轴的分量 M_{x_t} 称为滚转力矩，使导弹向右滚转时为正；沿 Oy_t 轴的分量 M_{y_t} 称为偏航力矩，使弹头向左偏转时为正；沿 Oz_t 轴的分量 M_{z_t} 称为俯仰力矩，使导弹抬头时为正。

为了求得无因次系数，必须把 X、Y、Z 用某些物理参数的组合来除，而这一组合必须具有力的因次；同样，对 $\boldsymbol{M}_{x_t}$、$\boldsymbol{M}_{y_t}$、$\boldsymbol{M}_{z_t}$ 用有力矩因次的参数组合来除。这样，把 X、Y、Z 用具有相同因次的 $\rho_\infty V_\infty^2 S/2$ 除之，即得无因次空气动力系数：

$$\left\{\begin{aligned} C_x &= \frac{X}{\frac{1}{2}\rho_\infty V_\infty^2 S} \\ C_y &= \frac{Y}{\frac{1}{2}\rho_\infty V_\infty^2 S} \\ C_z &= \frac{Z}{\frac{1}{2}\rho_\infty V_\infty^2 S} \end{aligned}\right. \tag{1-79}$$

类似地，可得出无因次的空气动力矩系数：

$$\begin{cases} m_{x_t} = \dfrac{M_{x_t}}{\dfrac{1}{2}\rho_\infty V_\infty^2 Sl} \\ m_{y_t} = \dfrac{M_{y_t}}{\dfrac{1}{2}\rho_\infty V_\infty^2 SL} \\ m_{z_t} = \dfrac{M_{z_t}}{\dfrac{1}{2}\rho_\infty V_\infty^2 Sb_A} \end{cases} \tag{1-80}$$

式中：S——弹翼的水平投影面积；

b_A——弹翼的平均气动弦长(定义见第 2 章)；

l——弹翼的展长；

L——特征长度(面对称导弹 $L=l$；轴对称导弹 $L=b_A$)；

ρ_∞——来流密度；

V_∞——来流速度。

这些参数均为已知量。此外，还定义压强系数：

$$\bar{p} = \frac{p - p_\infty}{\dfrac{1}{2}\rho_\infty V_\infty^2} \tag{1-81}$$

3. 相似准则

如果进行风洞试验时的流动与飞行器在空中飞行时的流动是完全相似的，则两种情况下的无因次气动系数是对应相等的，即

$$c_x(\text{模}) = c_x(\text{飞})$$
$$c_y(\text{模}) = c_y(\text{飞})$$
$$c_z(\text{模}) = c_z(\text{飞})$$
$$M_{x_t}(\text{模}) = M_{x_t}(\text{飞})$$
$$M_{y_t}(\text{模}) = M_{y_t}(\text{飞})$$
$$M_{z_t}(\text{模}) = M_{z_t}(\text{飞})$$

此外，对应点的压强系数也相等，即

$$\bar{p}_i(\text{模}) = \bar{p}_i(\text{飞})$$

于是，只要在风洞试验中测量作用在模型上的气动力和力矩，并把它们化成气动系数，就能得到在真实飞行条件下作用在飞行器上的力和力矩。

根据相似性理论和因次(量纲)分析，为了使风洞试验中的流动与真实飞行中的流动相似，必须满足以下三方面的条件；

(1) 模型和实物的几何相似；

(2) 模型和实物与气流的相对方位相同；

(3) 动力相似。

其中，(1) 是要保证模型与实物的几何形状完全一样；(2)是保证运动学相似。模型或真实飞行器与空气的相对方位可用两个方位角(攻角与侧滑角)确定。

因此，模型和实物与气流的相对方位相同就意味着模型的 α 和 β 与真实飞行器的 α 和 β 分别相等。

最重要的两个动力学相似准则是马赫数和雷诺(Reynolds)数。下面我们分析这两个相似准则的物理意义。

式(1-77)给出了可压流中气体密度的比值：

$$\frac{\rho}{\rho_0}=\left(1+\frac{k-1}{2}Ma^2\right)^{\frac{-1}{k-1}}$$

对于空气来说，$k=1.4$，上式可改写为

$$\frac{\rho}{\rho_0}=(1+0.2Ma^2)^{-2.5} \tag{1-82}$$

若 Ma 数很小，可按牛顿二项式把右边展开，并只取前两项，则有

$$\frac{\rho}{\rho_0}=1-0.2\times 2.5Ma^2=1-\frac{Ma^2}{2} \tag{1-83}$$

由式(1-82)可以看出，Ma 数的物理实质就是反映气体的压缩性。当速度在低亚音速范围时，认为空气是不可压的，不会带来大的误差。例如，设 $Ma=0.1$，可得 $\rho/\rho_0=1-0.005$，与把空气视为不可压的情况 $\rho/\rho_0=1$ 相比，只有 0.5%的误差。若 $Ma=0.4$，可得 $\rho/\rho_0=1-0.08$，则有 8%的误差。可见，如果百分之十以内的误差是可接受的，则 $Ma=0.4$ 以下的低亚音速都可以近似认为是不可压缩的，这时 Ma 数这一相似准则就不必考虑。由式(1-82)可以看出，Ma 数越大，则密度的变化就越大，压缩性的影响也就越大，所以在 $Ma\geqslant 0.5$ 的情况下，必须满足 Ma 数相等这一相似准则。

在研究黏性气体的流动时，由于黏性摩擦力的影响，在模拟试验中必须满足雷诺数相等的相似条件，雷诺数取决于气体的惯性力和黏性摩擦力之比，即

$$Re=\frac{\rho Vl}{\mu}\quad 或\quad Re=\frac{Vl}{\upsilon}$$

式中：V——流动速度；

l——物体的特征长度；

υ——运动粘度，$\upsilon=\mu/\rho$。

若雷诺数很小，则表示惯性力相对较小，而黏性内摩擦力则相对较大。低雷诺数主要描述黏性流体缓慢流动的特点，如液体在管内的流动。对于飞行来说，其雷诺数的范围一般是十几万到几百万，甚至上千万。若雷诺数很大，则表示惯性力相对较大，而黏性内摩擦力则相对较小。因此，在分析计算飞行器的空气动力时，大部分情况下可以不考虑黏性内摩擦的作用，而把空气视为理想流体，这时可不必保证雷诺数相等的条件。但是在求与黏性有关的阻力和分析与黏性有关的绕流分离现象时，则必须保证雷诺数相等。进行风洞试验时，往往由于模型尺寸过小使得吹风试验的雷诺数比真实飞行器飞行时的雷诺数小许多，结果测得的阻力不准。因此，人们研究了可以用 1∶1 的模型进行试验的所谓全尺寸低速风洞。

4. 空气动力试验的基本工具——风洞

风洞是进行空气动力试验的基本设备。试验时把模型固定在风洞的试验段，并造成一股均匀、平直的气流吹向模型，同时测量作用在模型上的气动力和力矩。

风洞的形式、尺寸、速度大小、用途和作用原理是多种多样的。

图 1－38 给出了一种典型的开口回流式低速风洞的构造示意图。这种风洞主要由试验段、扩散段、风扇、回流段和收缩段等组成。

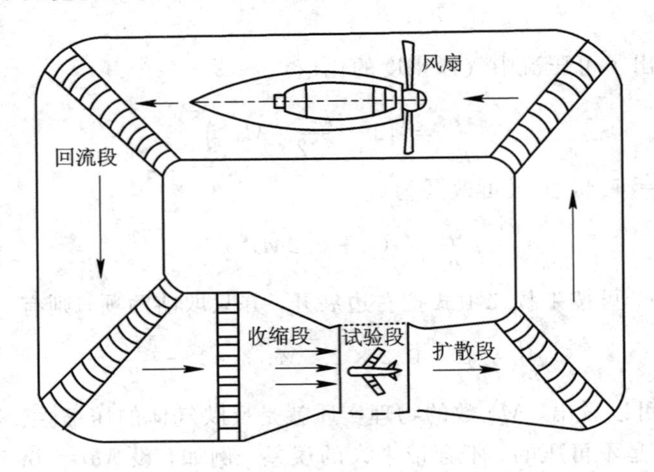

图 1－38　开口回流式低速风洞示意图

图 1－38 中各部分的主要功用如下：

(1) 试验段：图中试验段是开口的，试验模型就能安装在试验段，以便进行吹风试验和测量。

(2) 扩散段：该段用来把气流的动能转变成位能，即使气流平滑地减速，并提高风扇前的压强。

(3) 风扇：由电机带动风扇旋转，用以在风洞里造成气流。电动机和风扇的转速可在一定范围内调节，从而在试验段获得需要的气流速度。

(4) 回流段：该段的作用是消除气流的不均匀性，如紊流、旋涡等。为了改善回流段的速度场，减少气流的转弯损失，在风洞的转弯拐角处装有导流片。

(5) 收缩段：该段是用来减小气流的不均匀度的，并使气流加速到试验段所需的速度。为了消除气流的横向脉动和小旋涡，在收缩段的进口截面之前安装有整流栅，它是由壁厚约为 1 mm 的许多蜂窝所组成的。

为了获得导弹的超音速特性，就需要超音速风洞。从前面的介绍可知，获得超音速气流的方法与获得低速气流的方法是不同的。为获得一股低速气流，只需用收缩管道即可(如前面介绍的低速风洞)。但要获得超音速气流，就必须使用先收缩后扩张的喷管才行。超音速风洞的工作原理见图 1－39。当气流以亚音速气流($Ma<1$)从管道的左端流入时，在第一喉道处，Ma 数为 1，气流再继续向前流动，由于管道的截面积加大，这时气流继续加速而形成超音速气流。当气流进入试验段时，由于管道的截面积不再发生变化，就形成了一股有一定 Ma 数的气流。试验段处的 Ma 数大小与左端的管道形状有关。试验段的右端还装一个先收缩而后又扩散的管道，这是因为在试验段内的气流是超音速气流，当它继续向前流动时，由于第二喉道左端管道的截面积是逐渐减小的，这样超音速气流就会逐渐减速，在第二喉道处气流的 Ma 数为 1。气流流经第二喉道后，就变成了亚音速气流，随着管道截面积的不断扩大，气体的流速不断下降，最后以低速流流出管道(减少了气流的动

能损失）。除了具有这种管道以外，要想在试验段得到超音速气流，还有一个重要条件是使管道的两端具有一定的压强比。为此，在超音速风洞中就需要一个能产生高压气体的装置，这种装置是压气机与高压储气罐。这些高压气体就是风洞内产生超音速流动的能源。图 1－40 是一个暂冲式超音速风洞的简图，利用这个风洞只能进行短暂时间的实验（如几分钟）。在这个风洞中，储气罐用来储存高压气体，以保证在试验段产生超音速气流的足够的压强比；快速阀是为了保证储气罐的气体能立即充满安定段；安定段的作用是为试验段产生超音速气流准备好条件，例如，使气流均匀且具有足够的压强；整流格的作用是使气体进一步均匀化，整流格的右侧紧接着的就是一个典型的超音速气流管道。

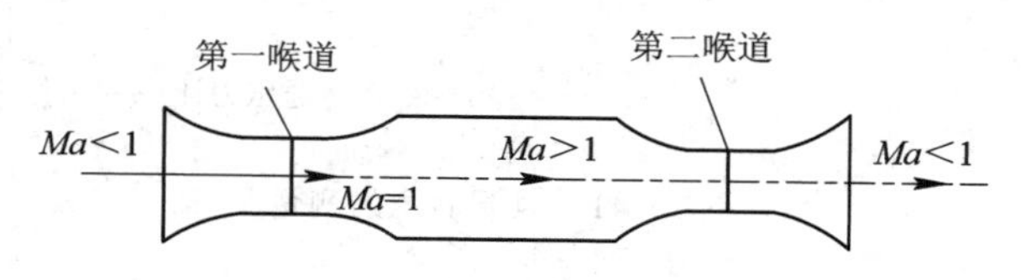

图 1－39　超音速风洞示意图

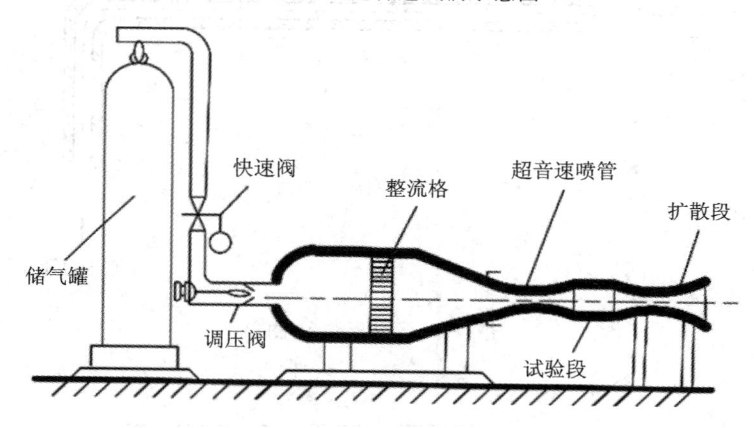

图 1－40　暂冲式超音速风洞简图

5. 风洞试验的测量方法

1）静压的测量

风洞气流可以近似为一维管流，其任何横断面处的静压沿直径是近似均匀分布的。因而测量所得洞壁处的静压就是该截面的静压。为此，可在沿壁上开出与表面相垂直的小孔，并且用气密的导管把它与测量仪器相连。孔的直径应当很小，以便不对气流产生扰动，如图 1－41 所示。另外，也可用静压管测量静压，静压管上感受静压的小孔开在管子的侧表面上，测压时管轴与气流平行放置，故受压孔与气流垂直，测得的是静压。

2）总压的测量

气流的总压可用总压管测量。总压管平行于气流安放，其头部开口并与气压计相连，如图 1－42 所示。因为管子里的气体是静止的，所以在亚音速气流里，气压计的读数就是总压。

模型表面的压强分布是用专门的开孔模型进行风洞吹风试验时测量的。如图1－43 所示，孔与壁面垂直，孔的直径应小于 1 mm，每个孔都用细导管和压力计相连接。如果采用酒精排管压力计，则可形象地表示出各点相对压强的分布。

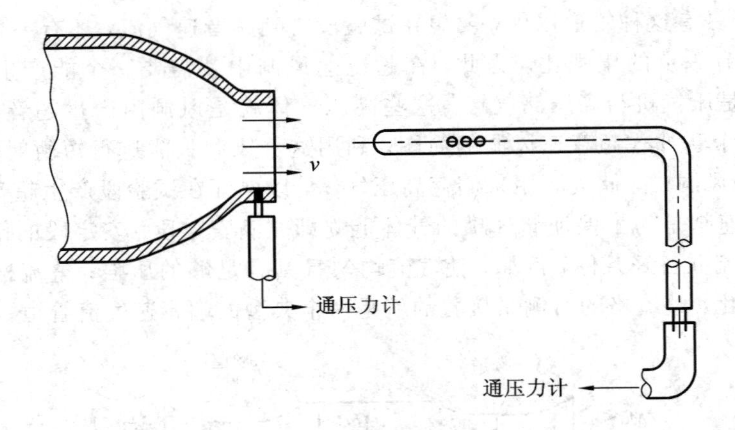

图 1-41　风洞静压的测量

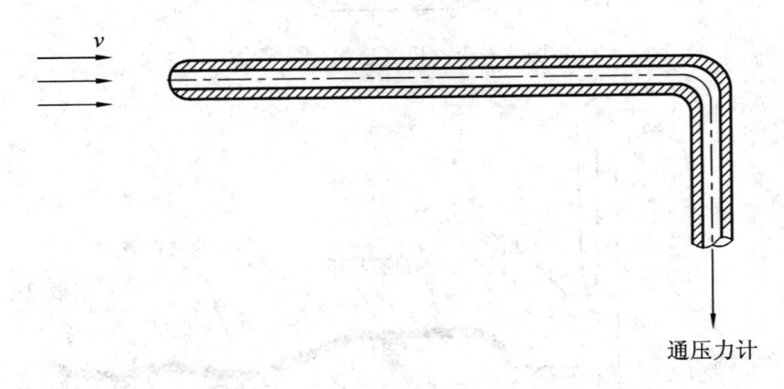

图 1-42　总压管示意图

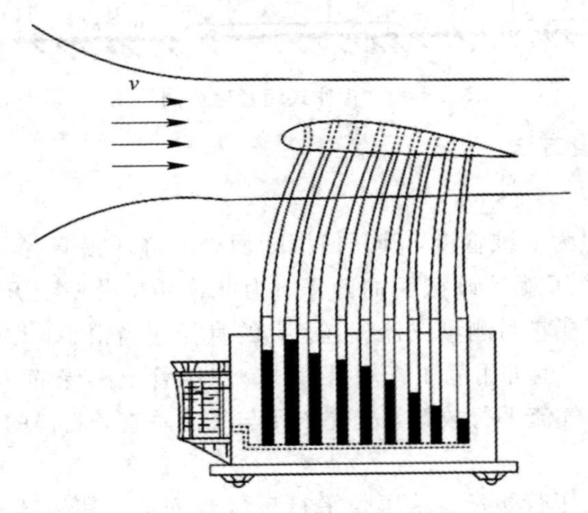

图 1-43　测量压强分布示意图

3）风速的测量

测量风速通常使用风速管（或称皮托管）。将风速管的轴线与流速平行安放，如图 1-44 所示，利用头部的总压孔和侧壁上的静压孔同时测得总压和静压，然后根据伯努利方程(1-62)即可计算出风速。风速管在航空和民用部门应用广泛。严格地说，风速管只能

测量均匀流场(或非均匀流场中一点)的流速。许多场合需要精确测量非均匀流场的速度分布规律，这时可借助于热线风速仪、激光测速仪和微处理机等现代化设备来完成。

模型上的气动力和力矩的测量可用电阻丝片应变天平、机械式天平等仪器来进行。

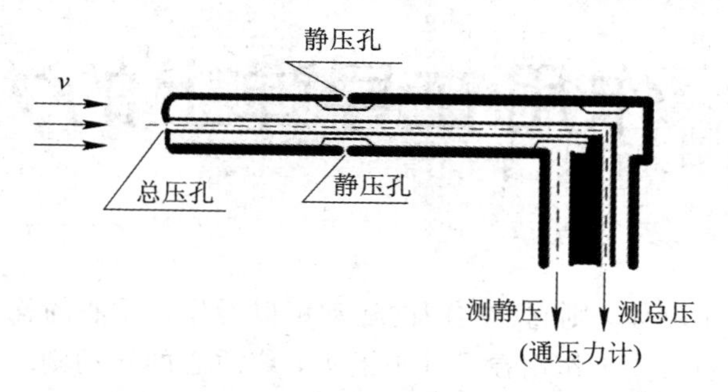

图 1-44　风速管示意图

思考题与习题

1. 导弹飞行力学的定义是什么？它研究的内容是什么？
2. 什么是空气动力学？
3. 什么是层流附面层？它的特点是什么？
4. 标准大气有什么规定？
5. 什么是定常流？什么是非定常流？
6. 推出低速不可压流的能量方程——伯努利方程。
7. 利用高速一维流中流速和管截面积的关系，论述拉瓦尔喷管的工作原理。
8. 论述足球运动中香蕉球的飞行原理。
9. 什么是激波？什么是膨胀波？
10. 为什么激波角比马赫角大？
11. 相似准则是什么？风洞试验中的流动与真实飞行中的流动相似，必须满足什么条件？
12. 写出风洞的工作原理。

第2章 作用在导弹上的力和力矩

若把导弹看成一个刚体，则它在空间的运动可以看作是质心的移动和绕质心的转动的合成运动。质心的移动取决于作用在导弹上的力，绕质心的转动则取决于作用在导弹上相对于质心的力矩。在飞行中，作用在导弹上的力主要有总空气动力、发动机的推力和重力等。作用在导弹上的力矩有空气动力引起的空气动力矩、由发动机推力(若推力作用线不通过导弹质心)引起的推力矩等。下面分别研究它们的有关特性。

2.1 作用在导弹上的总空气动力

把总空气动力沿速度坐标系分解为三个分量，分别称之为阻力 X、升力 Y 和侧向力(简称侧力)Z。习惯上，把阻力 X 的正向定义为 Ox_3 轴(V)的负向，而升力 Y 和侧向力 Z 的正向则分别与 Oy_3 轴、Oz_3 轴的正向一致。

实验分析表明，作用在导弹上的空气动力与来流的动压 q($q=\frac{1}{2}\rho V^2$，其中 ρ 为导弹所处高度的空气密度)以及导弹的特征面积 S 成正比，可表示为

$$\begin{cases} X = c_x qS \\ Y = c_y qS \\ Z = c_z qS \end{cases} \tag{2-1}$$

式中：c_x、c_y、c_z——无量纲的比例系数，分别称为阻力系数、升力系数和侧向力系数；

S——特征面积，对于有翼式导弹，常用弹翼的面积作为特征面积；对于无翼式导弹，则常用弹身的最大横截面积作为特征面积。

在导弹气动外形及其几何参数、飞行速度和高度给定的情况下，研究导弹在飞行中所受的空气动力，可简化为研究这些空气动力系数。

2.2 升力和侧向力

全弹的升力可以看成是弹翼、弹身、尾翼(或舵面)等各部件产生的升力之和加上各部件间相互干扰的附加升力。而在各部件中，弹翼是提供升力的最主要部件。

2.2.1 单独弹翼升力

由空气动力学可知，对于二元(维)机翼的升力，若略去空气的黏性和压缩性的影响，

按照儒可夫斯基公式可得

$$c_{yW0} = 2\pi(\alpha - \alpha_0) \tag{2-2}$$

式中：α_0——零升攻角(升力为零时的攻角)，对于轴对称的导弹，$\alpha_0 = 0$。

由上式看出，c_{yW0}与α呈线性关系，c_{yW0}随α的增大而单调增加，其斜率c_{yW0}^{α}(升力系数对攻角的导数)为2π(如图 2-1 中的 a)。但是气流流过实际弹翼时都是三元流动的，当正攻角飞行时，下翼面的高压气流在翼端处会“卷”到上翼面上去，减小上下翼面的压力差，从而使升力比二元流动的情况要小些，这种现象称为翼端效应。此外，由于黏性的影响，当攻角增大时，气流会从翼面分离。因此，c_{yW0}对α的线性关系只能保持在不大的攻角范围内。若攻角超过线性关系范围，则随着攻角的增大，升力线斜率通常会下降。当攻角增至一定值时，升力系数将达到极值点$(c_{yW0})_{max}$，其对应的攻角α_{cr}称为临界攻角。过了临界攻角以后，由于上翼面的气流分离迅速加剧，随着攻角的增大，升力系数不但不会增大，反而会急剧下降，这种现象称为“失速”(如图 2-1 中的 b、c)。

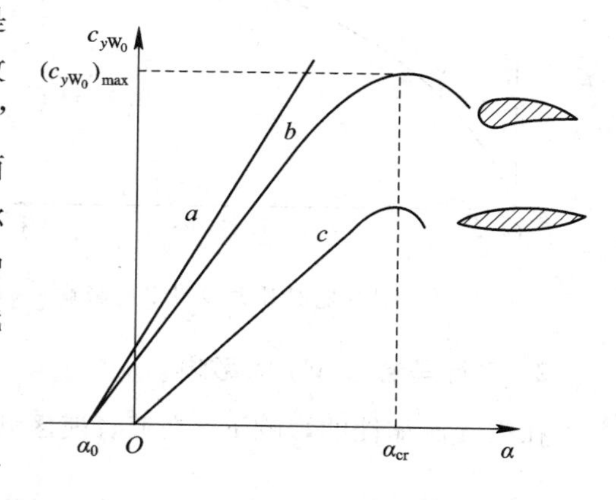

图 2-1　升力曲线示意图

对于各种不同的弹翼，由于翼型、翼平面形状的不同，升力曲线是不一样的，但是大体上都有如图 2-1 中 c 那样的曲线。另外，飞行马赫数 Ma($Ma=V/C$，C 为声速，马赫数表征高速流动中气体微团的惯性力与压力之比)和雷诺数 Re($Re=\rho VL/\mu$，μ 为空气动力黏性系数，雷诺数表征惯性力与黏性力之比，它是区别流动呈层流或紊流状态的一个重要指标)等都对升力曲线形状有影响。

下面简要分析弹翼几何形状和马赫数 Ma 对弹翼升力曲线的影响。

1. 弹翼几何形状的影响

低速飞行常用有弯度的翼型，高速飞行则因阻力的矛盾显得突出而用对称的、相对厚度较小的翼型。低速翼型(如图 2-1 中的 b)比高速翼型(如图 2-1 中的 c)具有更大的最大升力系数$(c_{yW0})_{max}$和较大的升力线斜率 c_{yW0}^{α}。

展弦比 λ 对c_{yW0}^{α}的影响如图 2-2 所示。当 λ 增大时，c_{yW0}^{α}随之增大。展弦比趋于无穷大的极限情况就是二元弹翼。

减小相对厚度$\bar{c}$和增大后掠角 χ 都可提高临界马赫数 Ma_{cr}(流动中局部速度达到声速的来流马赫数称为临界马赫数)，这对于改善导弹在跨音速区域的气动性能有很大意义。图 2-3 表示相对厚度$\bar{c}$和后掠角 χ 对临界马赫数 Ma_{cr}的影响。当相对厚度$\bar{c}$降低时，临界马赫数 Ma_{cr}上升。在具有相同的$\bar{c}$时，后掠翼比平直矩形翼的 Ma_{cr}要大；且当$\bar{c}$较大时，后掠角 χ 对 Ma_{cr}的影响更为显著些。因此，导弹上广泛采用薄翼、有大后掠角的弹翼和三角形弹翼。

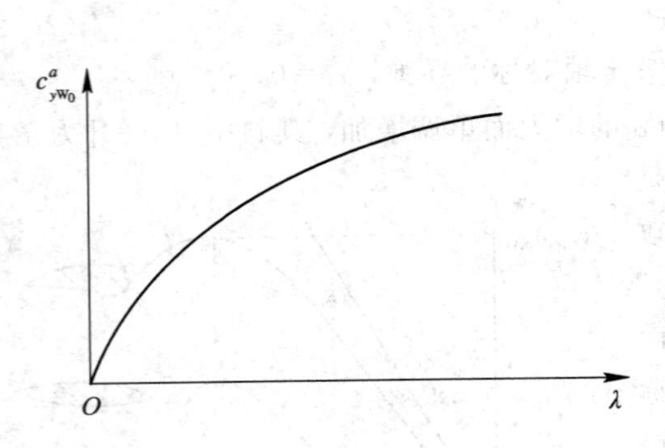

图 2-2　展弦比对升力线斜率的影响

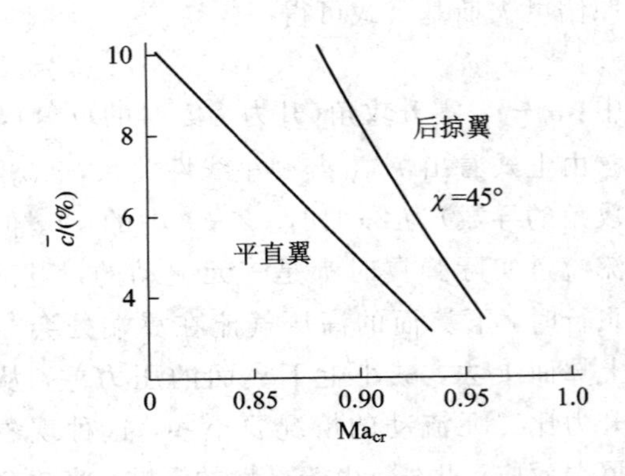

图 2-3　相对厚度和后掠角对临界马赫数的影响

2. 飞行马赫数 Ma 的影响

在空气压缩性的影响下，在亚音速区域，翼型的 c_{yW0}^{α} 是随 Ma 的增大而增大的，且有

$$c_{yW0}^{\alpha} = \frac{2\pi}{\sqrt{1-Ma^2}}\eta \tag{2-3}$$

式中：η——校正系数，它与 $\bar{c}$ 有关，$\eta<1$。

在超音速区域，翼型的 c_{yW0}^{α} 随 Ma 的增大而减小，对于薄翼，有

$$c_{yW0}^{\alpha} = \frac{4}{\sqrt{Ma^2-1}} \tag{2-4}$$

在跨音速区域，翼面上既有超音速流动，又有亚音速流动。由于激波(由导弹上强扰动源激起的扰动波不断密集，导致流场的气流参数突变，由这种突变形成的界面就是激波，气流通过激波，波后 Ma 降低，压力变大)和气流分离的迅猛发展，翼面压力分布变化激烈，升力大幅度下降，阻力急剧增加，气动力矩特性变坏，导致导弹气动性能变坏。

图 2-4 表示升力系数 c_{yW0} 随 Ma 的变化曲线。从图中可以看到，在 Ma_{cr} 以后 c_{yW0} 出现猛跌的现象。图 2-5 给出了超音速飞行情况不同后掠角的弹翼，Ma 对 c_{yW0}^{α} 的影响曲线。由图可见，Ma 对 c_{yW0}^{α} 的影响，平直矩形翼要比后掠翼大，增大弹翼的后掠角，可以减缓 c_{yW0}^{α} 值随 Ma 增大而下降的趋势。

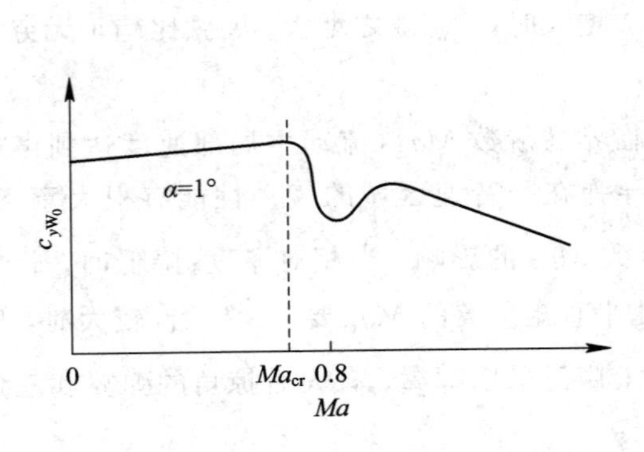

图 2-4　Ma 对 c_{yW0} 的影响

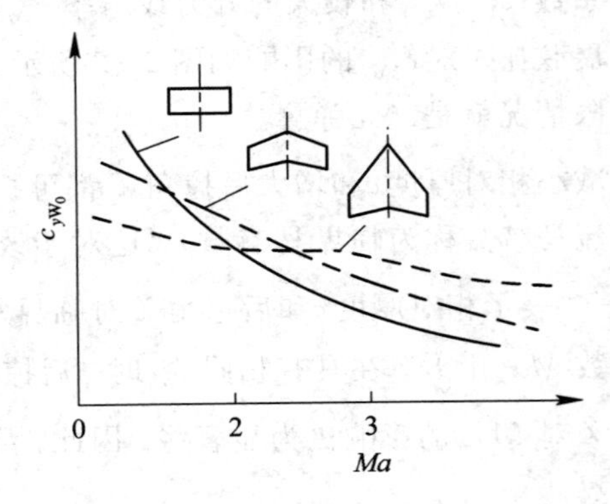

图 2-5　Ma 对 c_{yW0}^{α} 的影响

2.2.2　单独弹身的升力

导弹的弹身通常是轴对称的。图 2-6 所示为具有圆锥形头部和锥台形尾部的弹身产生升力的原理。在攻角不为零的情况下，流经弹身的气流可分解为互相垂直的两个分量：一个为平行于弹身轴线的分量，即 $V\cos\alpha$；另一个分量为 $V\sin\alpha$。对于圆柱形的中段而言，由于沿柱体母线的流动是对称的，如不考虑黏性的影响，这段的升力将为零。当导弹以正攻角飞行时，考察绕锥形头部的流动，就其沿头部表面流动的速度而言，头部下表面的速度为两分速相减，上表面则相加。可见，上表面的速度大于下表面，因而下表面的压力大于上表面，由此产生头部正升力。对于具有收缩段的尾部而言，情况与头部相反，尾部产生的升力是负的。

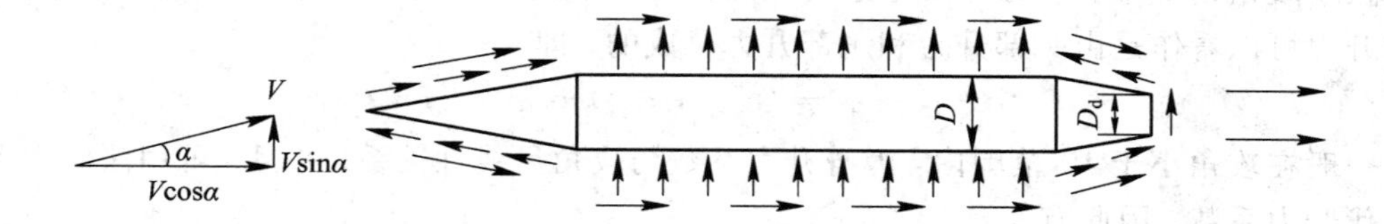

图 2-6　弹身产生升力的原理图

按照细长体理论，锥形头部在垂直于弹身纵轴方向的法向力系数 $c_{y_1\mathrm{n}}$ 为

$$c_{y_1\mathrm{n}} = \sin 2\alpha \approx 2\alpha \tag{2-5}$$

对攻角求导数有

$$c_{y_1\mathrm{n}}^{\alpha} = \frac{2}{57.3} = 0.035\ (1/(^\circ)) \tag{2-6}$$

实际上，由于头部上下表面的压力差对圆柱段有影响，靠近头部的圆柱段也将产生一小部分与攻角成正比的法向力。通常把这一部分力归并在头部法向力中。于是，头部的法向力系数斜率 $c_{y_1\mathrm{n}}^{\alpha}$ 比由式(2-6)计算出的理论值要大些。风洞试验结果表明，$c_{y_1\mathrm{n}}^{\alpha}$ 值取决于头部的长细比 λ_n、圆柱段的长细比 λ_c 以及 Ma，同时，还与旋成体头部的母线形状有关。对于锥形头部，$c_{y_1\mathrm{n}}^{\alpha}$ 可查图 2-7。

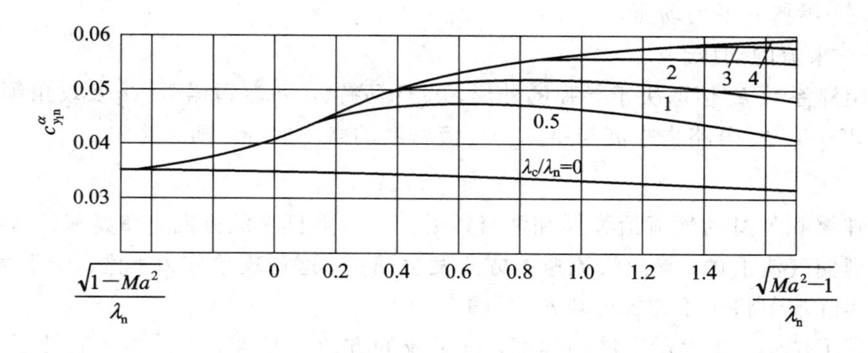

图 2-7　计算锥形头部 $c_{y_1\mathrm{n}}^{\alpha}$ 的图线

由细长体理论可知，收缩段尾部的法向力系数 $c_{y_1\mathrm{t}}$ 为

$$c_{y_1\mathrm{t}} = -\left[1-\left(\frac{D_\mathrm{d}}{D}\right)^2\right]\sin 2\alpha \tag{2-7}$$

式中：D_d——弹身底部直径；

D——弹身直径。

然而，由于尾部附面层厚度的增厚和气流分离等因素，尾部法向力系数的绝对值要比理论值小得多。因此，在计算尾部法向力系数时，常引进一个修正系数ξ，其值约为0.15～0.20，于是

$$c_{y_1\mathrm{t}} = -\xi\left[1-\left(\frac{D_d}{D}\right)^2\right]\sin 2\alpha \tag{2-8}$$

对攻角求导数，有

$$c_{y_1\mathrm{t}}^{\alpha} \approx -0.035\xi\left[1-\left(\frac{D_d}{D}\right)^2\right]\ (1/(°)) \tag{2-9}$$

在小攻角情况下，弹身中段考虑气流黏性的影响而产生的升力可以略去不计，单独弹身的升力可以看作是由头部升力和尾部升力合成的，即

$$c_{y\mathrm{B}} = (c_{y_1\mathrm{n}} + c_{y_1\mathrm{t}})\cos\alpha \tag{2-10}$$

一般在攻角小于10°范围内，弹身升力系数与攻角呈线性关系。并且，可用法向力系数来取代升力系数，因此有

$$c_{y\mathrm{B}} = c_{y\mathrm{B}}^{\alpha}\cdot\alpha \approx (c_{y_1\mathrm{n}}^{\alpha} + c_{y_1\mathrm{t}}^{\alpha})\alpha \tag{2-11}$$

2.2.3 尾翼的升力

尾翼产生升力的机理与弹翼是相同的。但是流经弹翼和弹身到达尾翼区的气流，由于气流的黏性以及弹翼和弹身给予的反作用力，使得流速的大小和方向发生变化。于是，尾翼处的流动情况就和弹翼处的不一样，从而影响了尾翼的空气动力特性。这种现象就是弹翼和弹身对尾翼空气动力的干扰。

流经弹翼和弹身的气流给弹翼和弹身以阻力，沿气流方向，弹翼和弹身给气流的反作用力使气流速度降低，引起尾翼处动压损失，用速度阻滞系数k_q来表征，k_q定义为

$$k_q = \frac{q_t}{q} \tag{2-12}$$

式中：q_t——尾翼处平均动压；

q——来流的动压。

速度阻滞系数k_q值取决于导弹的外形、飞行马赫数Ma、雷诺数Re及攻角等因素，一般可取0.85～1.0。若略去来流与尾翼处气流密度的微小差异，则

$$V_t = \sqrt{k_q}V \tag{2-13}$$

流经弹翼和弹身的气流给弹翼和弹身以升力，沿垂直来流方向，弹翼和弹身给气流的反作用力则使气流下抛，导致气流速度方向发生偏斜，这种现象称为下洗。由于存在下洗，尾翼处的实际攻角将小于弹翼的攻角(见图2-8)。

我们用下洗角ε来表示下洗的程度，以来流的方向为基准，下洗角ε表征了实际有效气流对来流偏过的角度。在攻角不大时，下洗角与攻角的关系可以线性表示为

$$\varepsilon = \varepsilon^{\alpha}\cdot\alpha \tag{2-14}$$

其中，ε^{α}为单位攻角的下洗率，它与弹翼的升力线斜率$c_{y\mathrm{W}}^{\alpha}$成正比，与弹翼的展弦比λ成反比，还与飞行马赫数Ma、弹翼与弹身布局情况、尾翼的布局情况、弹翼与尾翼间的距离等

因素有关。下洗的影响最终将反映在尾翼升力系数的数值上。

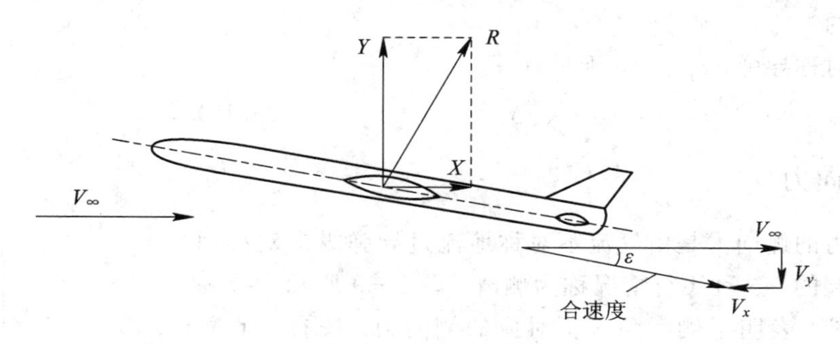

图 2-8　尾翼处气流的下洗

2.2.4　全弹升力

当把弹翼、弹身、尾翼(或舵面)等部件组合到一起作为一个完整的导弹来研究它的空气动力时，可以发现，全弹总的空气动力并不等于各单独部件空气动力的总和，这个现象的物理本质在于部件组合在一起的绕流情况发生了变化。例如，对于安装在弹身上的弹翼，由于弹身的影响，绕该弹翼的流动就不同于绕单独弹翼的流动。于是弹翼上的压强分布、空气动力及空气动力矩都将发生变化。这种现象称为空气动力干扰，组合到一起的各部件之间的空气动力干扰主要是弹翼与弹身间的相互干扰，以及弹翼和弹身对尾翼的干扰。

弹翼对全弹升力的贡献除了单独弹翼提供的 Y_{W0} 以外，还有翼身干扰引起的干扰升力，它包括两部分，一部分是弹身对弹翼的干扰，这部分干扰升力以 $\Delta Y_{W(B)}$ 表示；另一部分则是弹翼对弹身的干扰，其干扰升力以 $\Delta Y_{B(W)}$ 表示。若以 Y_W 表示弹翼对全弹升力的贡献，则有

$$Y_W = Y_{W0} + \Delta Y_{W(B)} + \Delta Y_{B(W)} \tag{2-15}$$

因此，就升力来说，翼身之间的干扰是有利的。

对于正常式布局、水平平置翼(或+字型翼)的导弹来说，全弹的升力可表示可为

$$Y = Y_W + Y_B + Y_t \tag{2-16}$$

式中：Y_B——单独弹身的升力；

Y_t——尾翼的升力。

工程上通常用升力系数来表述全弹的升力。在写升力系数表达式时，各部件提供的升力系数都要折算到同一参考面积上，然后各部件的升力系数才能相加。若以正常式布局导弹为例，以弹翼的面积为参考面积，则有

$$c_y = c_{yW} + c_{yB}\frac{S_B}{S} + c_{yt}k_q\frac{S_t}{S} \tag{2-17}$$

式(2-17)等号右端的三项分别表示弹翼、弹身和尾翼对升力的贡献，其中 S_B/S 和 S_t/S 反映了弹身最大横截面积和尾翼面积对于参考面积(弹翼面积)的折算，k_q 为尾翼处的速度阻滞系数，反映了对尾翼处动压的修正。

当攻角 α 和升降舵偏角 δ_z 比较小时，全弹的升力系数还可表示为

$$c_y = c_{y0} + c_y^\alpha \alpha + c_y^{\delta_z}\delta_z \tag{2-18}$$

式中：c_{y0}——攻角和升降舵偏角均为零时的升力系数，它是由导弹外形相对于 Ox_1z_1 平面不对称引起的。

对于轴对称导弹，$c_{y0}=0$，于是有

$$c_y = c_y^{\alpha}\alpha + c_y^{\delta_z}\delta_z \tag{2-19}$$

2.2.5 侧向力

空气动力的侧向力是由气流不对称地流过导弹纵向对称面的两侧而引起的，这种飞行情况称为侧滑。图 2-9 所示为导弹的俯视图，图上表明了侧滑角 β 所对应的侧向力。按右手直角坐标系的规定，侧向力指向右翼为正。按侧滑角 β 的定义，图中侧滑角 β 为正，引起负的侧向力 z。

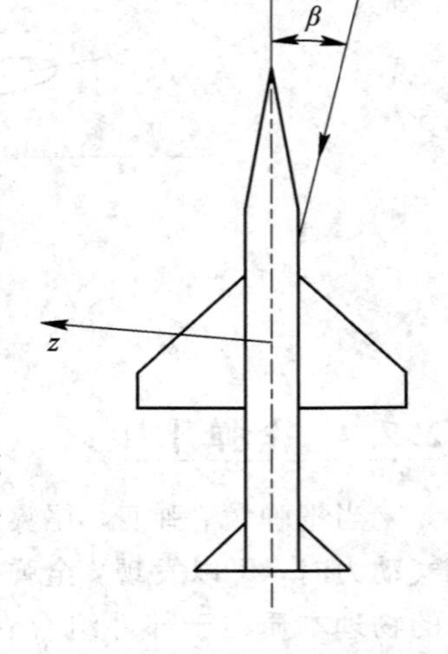

图 2-9 侧滑角与侧向力

对于轴对称导弹，若把弹体绕纵轴转过 90°，这时的 β 角就相当于原来 α 角的情况。所以轴对称导弹的侧向力系数的求法类似于升力系数的求法。因此，有等式：

$$c_z^{\beta} = -c_y^{\alpha} \tag{2-20}$$

式中的负号是由 α、β 的定义所致。对侧向力的研究这里就不再重复。

2.3 阻　　力

计算全弹阻力与计算全弹升力的方法类似，可以先求出弹翼、弹身和尾翼等各部件的阻力之和，然后加以适当地修正。考虑到各部件阻力计算上的误差，以及弹体上零星突起物的影响，往往把各部件阻力之和乘以 1.1 作为全弹的阻力值。

下面仅以弹翼为例，研究弹翼阻力的计算。

阻力受空气的黏性影响最为显著，用理论方法计算阻力时必须考虑空气黏性的影响。总的阻力通常分成两部分进行研究：一部分是与升力无关的，称为零升阻力，其阻力系数以 $c_{x_0\mathrm{W}}$ 表示；另一部分取决于升力的大小，称为诱导阻力或升致阻力，其阻力系数以 $c_{x_i\mathrm{W}}$ 表示，即

$$c_{x\mathrm{W}} = c_{x_0\mathrm{W}} + c_{x_i\mathrm{W}} \tag{2-21}$$

2.3.1 零升阻力

零升阻力又可分成摩擦阻力和压差阻力两部分。在低速流动中，它们都是由空气的黏性引起的，与 Re 数的大小和附面层流态有关。当攻角不大时，摩擦阻力的比重较大，随着攻角的增大，附面层开始分离，且逐渐加剧，压差阻力在零升阻力中也就成为主要部分。在超音速流动中，零升阻力的一部分是由黏性引起的摩擦阻力和压差阻力，其中摩擦阻力是主要的；零升阻力的另一部分是由介质的可压缩性引起的，介质在超音速流动时形成压缩波和膨胀波，导致波阻的产生，把这部分波阻称为零升波阻或厚度波阻。超音速流动中，零升波阻在零升阻力中是主要的，虽然摩擦阻力在 Ma 数增大时也有所增大，但比起零升波阻来说仍然是一小部分。

零升波阻 $C_{x\mathrm{Wd}}$ 与相对厚度 $\bar{c}$ 有关，按线性化理论有

$$c_{x\mathrm{Wd}}=\frac{4(\bar{c})^2}{\sqrt{Ma^2-1}} \tag{2-22}$$

如图 2-10 所示，采用薄翼可显著降低零升波阻。在相对厚度 $\bar{c}$ 相同的情况下，对称的菱形翼剖面具有最小的零升波阻系数。

有翼式导弹在超音速时的零升阻力系数与 Ma 数的关系曲线如图 2-11 所示。由图可见，$c_{x_0\mathrm{W}}$ 有两处达极值，第一个极值点通常发生在来流马赫数为 1 左右时，这也正是激波失速的结果；另一个极值点是当 Ma 数在弹翼前缘法向上的分量已超过 1 时。弹翼的主要部分发生和发展了的激波失速现象时才出现极值点。第二个极值点所对应的临界马赫数值随弹翼前缘后掠角 χ 而变化，χ 角增大，第二个极值点后移。

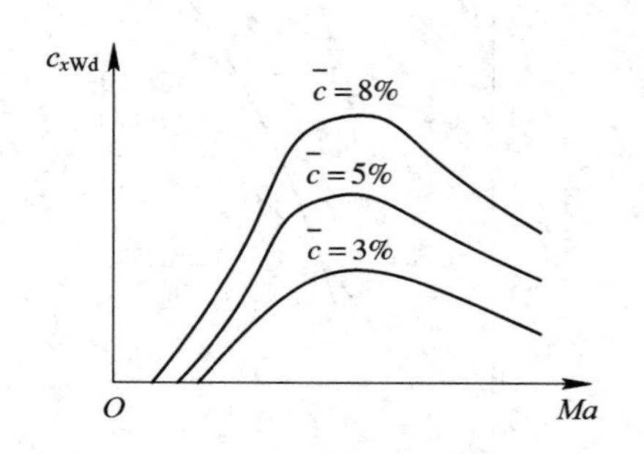

图 2-10　相对厚度与零升波阻的关系

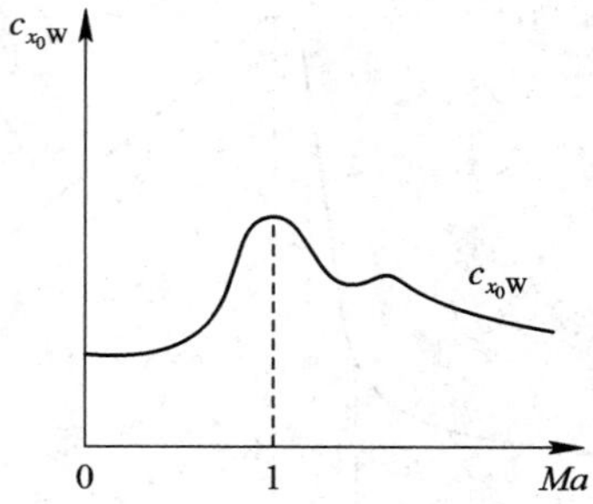

图 2-11　超音速时的零升阻力系数与马赫数示意图

2.3.2　诱导阻力

在亚音速流动中，弹翼的诱导阻力系数 $c_{x_i\mathrm{W}}$ 与升力系数 $c_{y\mathrm{W0}}$ 的关系可以用抛物线公式表示：

$$c_{x_i\mathrm{W}}=\frac{1+\delta}{\pi\lambda}c_{y\mathrm{W0}}^2 \tag{2-23}$$

式中：λ——弹翼展弦比；

δ——对弹翼平面形状的修正值，对于椭圆形弹翼，δ 的理论值为零，对于梯形弹翼及翼端修圆的矩形弹翼等，δ 值也近似为零。

由式(2-23)可见，在小攻角时，诱导阻力不大，随着攻角的增大，其值迅速上升，在总阻力中的比重也随之增加，逐渐成为主要部分。由于诱导阻力系数近似地正比于 $c_{y\mathrm{W0}}^2$，所以 $c_{x\mathrm{W}}$ 与 α 的关系曲线也很接近于一条抛物线(如图 2-12 所示)。

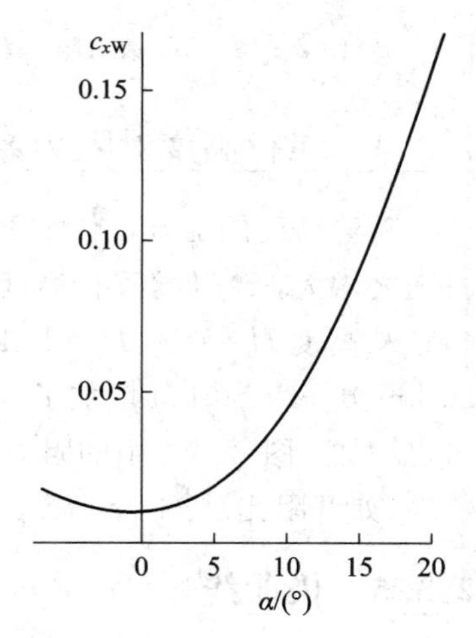

图 2-12　阻力系数与攻角的关系曲线

在超音速流动中，根据线化理论有

$$c_{x_i\mathrm{W}}=Bc_{y\mathrm{W0}}^2 \tag{2-24}$$

式中：B 应当看作是 Ma 数的函数(如图 2-11 所示)。

诱导阻力是与升力有关的那部分阻力 Bc_{yW0}^2，有时又称为升力波阻。

2.3.3　飞行马赫数对阻力系数的影响

通常，当来流 $Ma<0.3$ 时，把空气看作是不可压缩的介质。在 $Ma>0.3$ 以后，压缩性的影响就逐渐显著起来，阻力系数也随 Ma 数的增大而增大。由线化理论可知，考虑空气压缩性的阻力系数值要比不考虑压缩性的阻力系数值放大 $1/\sqrt{1-Ma^2}$ 倍。这个结论由大量实验证实是很接近实际情况的。对于跨音速区域，由于激波失速，阻力系数猛增，当 Ma 数为 1 左右时，c_x 值达到极值。在整个超音速区域，c_x 的变化逐渐趋于平缓（如图 2-13 所示）。

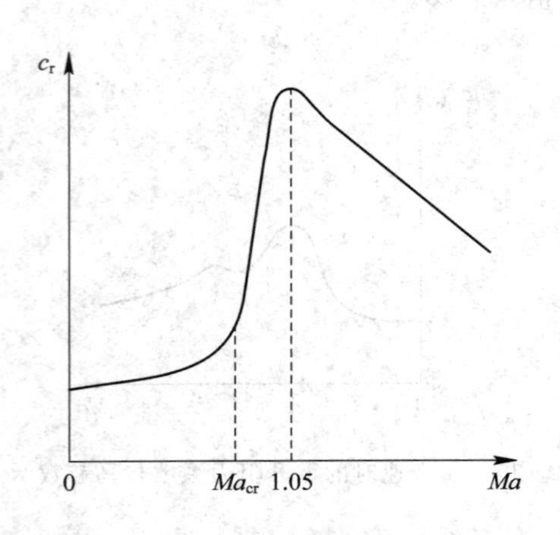

图 2-13　Ma 数对阻力系数的影响

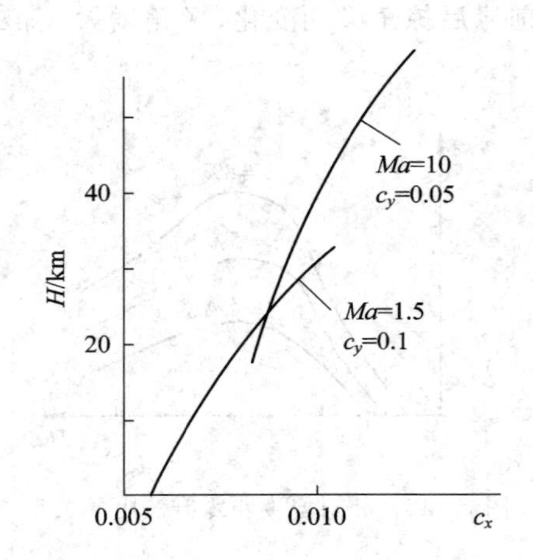

图 2-14　高度对阻力系数的影响

2.3.4　飞行高度对阻力系数的影响

随着高度的上升，空气密度剧烈下降，导致雷诺数 Re 也剧烈降低，于是摩擦阻力系数 c_{xf} 随之增大，c_x 随着飞行高度的上升而增大（如图 2-14 所示）。当 $Ma=1.5$、$c_y=0.1$ 时，c_x 值从高度 $H=0$ 到 $H=20$ km 增加了近乎 40%；当 $Ma=10$、$c_y=0.05$ 时，c_x 值从 $H=$ 20 km 到 $H=60$ km 增加了 50%。值得指出的是，阻力系数 c_x 随 H 增加，并不意味着阻力也增加，图 2-14 中的阻力是随高度上升而减小的，但是随着高度的上升，导弹的气动特性（如升阻比）要下降。

2.3.5　极曲线

前面分别讨论了影响升力、阻力的诸因素。为了研究导弹的飞行性能，通常用理论计算和实验的方法把升力系数和阻力系数的关系画成一条曲线，这条曲线称为极曲线。图 2-15 所示为在一定飞行高度和飞行马赫数情况下的极曲线，在极曲线的相应点上，飞行攻角值自下向上是逐渐增加的。极曲线过原点的切线斜率（图中 φ 角的正切）即为对应飞行状态下的最大升阻比。由于一条极曲线对应于一定的飞行高度和飞行马赫数，因此，对于某一外形确定的导弹而言，应针对它的不同飞行情况画出一系列极曲线。

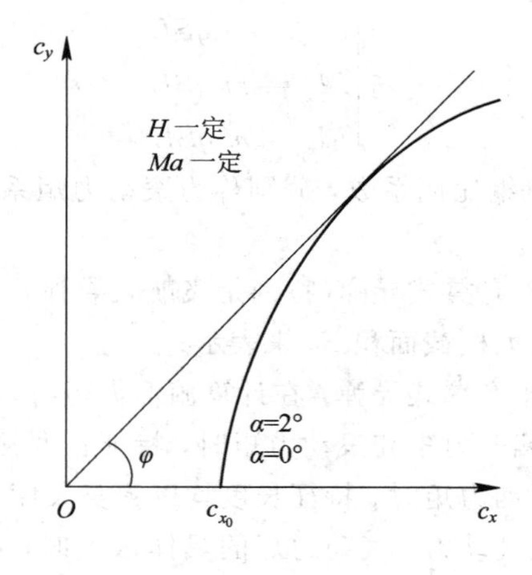

图 2－15　极曲线示意图

2.4　作用在导弹上的空气动力矩、压力中心和焦点

2.4.1　空气动力矩的表达式

为了便于分析研究导弹绕质心的旋转运动，可以把空气动力矩沿弹体坐标系分成三个分量 M_{x1}、M_{y1}、M_{z1}(为书写简便，以后书写省略脚注“1”)，分别称为滚动力矩(又称倾斜力矩)、偏航力矩和俯仰力矩(又称纵向力矩)。滚动力矩 M_x 的作用是使导弹绕纵轴 Ox_1 做转动。如图 2－16 所示，当副翼偏转角 δ_x 为正(右副翼后缘往下、左副翼的后缘往上)时，将引起负的滚动力矩。偏航力矩 M_y 的作用是使导弹绕立轴 Oy_1 做旋转运动。对于正常式导弹，当方向舵偏转角 δ_y 为正(方向舵的后缘往右偏)时，将引起负的偏航力矩。俯仰力矩 M_z 将使导弹绕横轴 Oz_1 做旋转运动。对于正常式导弹，当升降舵的偏转角 δ_z 为正(升降舵的后缘往下)时，将引起负的俯仰力矩。

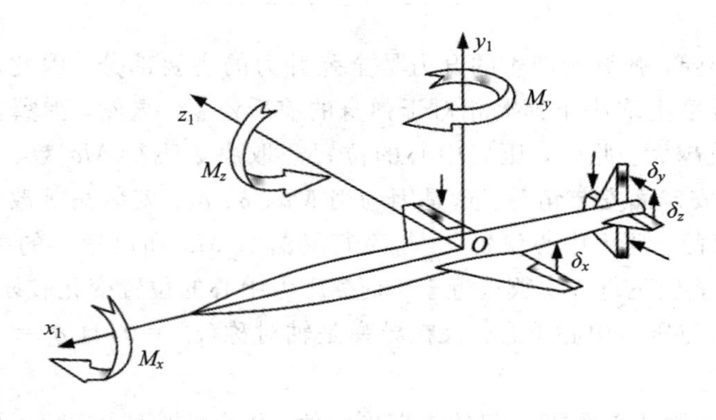

图 2－16　舵(副翼)偏转所产生的空气动力矩

研究空气动力矩与研究空气动力一样，可用对气动力矩系数的研究来取代对气动力矩的研究，空气动力矩的表达式为

$$\begin{cases} M_x = m_x qSL \\ M_y = m_y qSL \\ M_z = m_z qSL \end{cases} \tag{2-25}$$

式中：m_x、m_y、m_z——无量纲比例系数，分别称为滚动力矩系数、偏航力矩系数和俯仰力矩系数；

S——特征面积，对于有翼式导弹(特别是飞航式导弹)，常以弹翼面积 S 来表示，对于弹道式导弹，常以弹身最大横截面积 S_B 来表示；

L——特征长度，对于有翼式导弹，在计算俯仰力矩时，特征长度常以弹翼的平均气动力弦长 b_A 来表示，计算偏航力矩和滚动力矩时，特征长度常以弹翼的翼展 l 来表示。对于弹道式导弹，在计算空气动力矩时，特征长度均以弹身长度 L_B 来表示。

值得指出的是，当涉及气动力、气动力矩的具体数值时，必须弄清它们所对应的特征面积和特征长度。

在力的三要素中，除了力的大小和方向外，另一个要素就是力的作用点，在确定相对于质心的空气动力矩时，必须先求出空气动力的作用点。

2.4.2 压力中心和焦点

如前所述，作用在轴对称导弹上的升力可近似表示为

$$Y = Y^\alpha \alpha + Y^{\delta_z} \delta_z$$

总气动力的作用线与导弹纵轴的交点称为全弹的压力中心。在攻角不大的情况下，常近似地把总升力在纵轴上的作用点作为全弹的压力中心。

由攻角 α 所引起的升力 $Y^\alpha \alpha$ 在纵轴上的作用点称为导弹的焦点，由舵偏转所引起的升力 $Y^{\delta_z}\delta_z$ 作用在舵面的压力中心上。

从导弹头部顶点至压力中心的距离即为导弹压力中心的位置，用 x_p 来表示。如果知道导弹上各部件所产生的升力值及作用点位置，则全弹的压力中心位置可用下式求出：

$$x_p = \frac{\sum_{k=1}^{n} Y_k x_{Fk}}{Y} = \frac{\sum_{k=1}^{n} c_{yk} x_{Fk} \dfrac{S_k}{S}}{c_y} \tag{2-26}$$

对于有翼式导弹，弹翼所产生的升力是全弹升力的主要部分。因此，这类导弹的压力中心位置在很大程度上取决于弹翼相对于弹身的前后位置。显然，弹翼安装位置离头部顶点越远，x_p 值也就越大。此外，压力中心的位置还取决于飞行 Ma 数、攻角 α、舵偏转角 δ_z、弹翼安装角及安定面安装角等。这是因为当 Ma、α、δ_z、安装角等改变时，弹上的压力分布也改变了的缘故。压力中心位置 x_p 与飞行马赫数 Ma 和攻角 α 的关系如图 2-17 所示。由图可以看出，当飞行 Ma 数接近于 1 时，压力中心的位置变化较剧烈。

焦点一般并不与压力中心重合，仅在导弹是轴对称($c_{y_0}=0$)且 $\delta_z=0$ 时，焦点才与压力中心重合。

用 x_F 表示从导弹头部顶点量起的焦点坐标值，焦点的位置可以表示为

$$x_F = \frac{\sum_{k=1}^{n} Y_k^\alpha x_{Fk}}{Y^\alpha} = \frac{\sum_{k=1}^{n} c_{yk}^\alpha x_{Fk} \dfrac{S_k}{S}}{c_y^\alpha} \tag{2-27}$$

式中：Y_k^α——某一部件所产生的升力（并包括其他部件对它的影响）对攻角的导数；

x_{Fk}——某一部件由攻角所引起的升力的作用点坐标值。

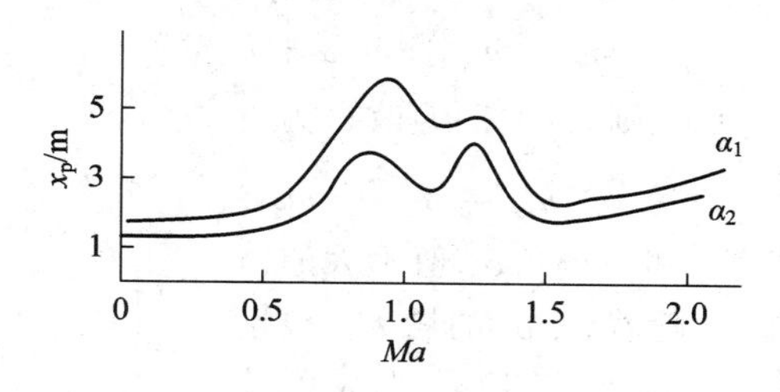

图 2-17　压力中心位置随 Ma 数、α 的变化

2.5　俯仰力矩

在导弹的气动布局和外形几何参数给定的情况下，俯仰力矩的大小不仅与飞行 Ma 数、飞行高度 H 有关，还与攻角 α、操纵面偏转角 δ_z、导弹绕 Oz_1 轴的旋转角速度 ω_z、攻角的变化率 $\dot{\alpha}$ 以及操纵面偏转角的变化率 $\dot{\delta}_z$ 等有关。因此，俯仰力矩可表示成如下的函数形式：

$$M_z = f(Ma, H, \alpha, \delta_z, \omega_z, \dot{\alpha}, \dot{\delta}_z)$$

严格地说，俯仰力矩还取决于某些其他参数，如侧滑角 β、副翼偏转角 δ_x、导弹绕纵轴的旋转角速度 ω_x 等。通常这些数值的影响不大，一般予以忽略。

当 α、δ_z、ω_z、$\dot{\alpha}$、$\dot{\delta}_z$ 较小时，俯仰力矩与这些量的关系是近似线性的，其一般表达式为

$$M_z = M_{z_0} + M_z^\alpha \alpha + M_z^{\delta_z}\delta_z + M_z^{\omega_z}\omega_z + M_z^{\dot{\alpha}}\dot{\alpha} + M_z^{\dot{\delta}_z}\dot{\delta}_z \tag{2-28}$$

为了方便研究，用无量纲力矩系数代替上式，即

$$m_z = m_{z_0} + m_z^\alpha \alpha + m_z^{\delta_z}\delta_z + m_z^{\bar{\omega}_z}\bar{\omega}_z + m_z^{\bar{\dot{\alpha}}}\bar{\dot{\alpha}} + m_z^{\bar{\dot{\delta}}_z}\bar{\dot{\delta}}_z \tag{2-29}$$

式中：$\bar{\omega}_z$——量纲为 1 的角速度，$\bar{\omega}_z = \dfrac{\omega_z L}{V}$；

$\bar{\dot{\alpha}}$、$\bar{\dot{\delta}}_z$——量纲为 1 的角度变化率，分别可表示为 $\bar{\dot{\alpha}} = \dfrac{\dot{\alpha}L}{V}$，$\bar{\dot{\delta}}_z = \dfrac{\dot{\delta}_z L}{V}$；

m_{z_0}——当 $\alpha=\delta_z=\omega_z=\dot{\alpha}=\dot{\delta}_z=0$ 时的俯仰力矩系数，它是由导弹外形相对于 Ox_1z_1 平面不对称引起的，m_{z_0} 主要取决于飞行 Ma 数、导弹的几何形状、弹翼或安定面的安装角等。

下面逐项研究俯仰力矩的各个组成部分。

2.5.1　定态直线飞行时的俯仰力矩及纵向平衡状态

所谓导弹的定态飞行，是指飞行过程中速度 V、攻角 α、侧滑角 β、舵偏转角 δ_z 和 δ_y 等均不随时间变化的飞行状态。实际上，导弹不会做严格的定态飞行，即使导弹做等速直线飞行，由于燃料的消耗使导弹质量发生变化，为保持等速直线飞行所需的攻角也要随之改

变。因此，只能说导弹在整个飞行轨迹中某一小段距离接近于定态飞行。

导弹在做定态直线飞行时，$\omega_z=\dot{\alpha}=\dot{\delta}_z=0$，俯仰力矩系数的表达式(2-29)则成为

$$m_z = m_{z_0} + m_z^\alpha \alpha + m_z^{\delta_z}\delta_z \tag{2-30}$$

对于轴对称导弹，$m_{z_0}=0$，则式(2-30)改写为

$$m_z = m_z^\alpha \alpha + m_z^{\delta_z}\delta_z \tag{2-31}$$

实验表明，只有在攻角 α 和舵偏角 δ_z 值不大的情况下，上述线性关系才成立，随着 α、δ_z 的增大，线性关系将被破坏。若把在某一固定 δ_z 值下 m_z 与 α 的关系画成曲线，可得如图 2-18 所示的曲线。由图可见，在攻角值超过一定范围以后，m_z 对 α 的线性关系就不再保持。

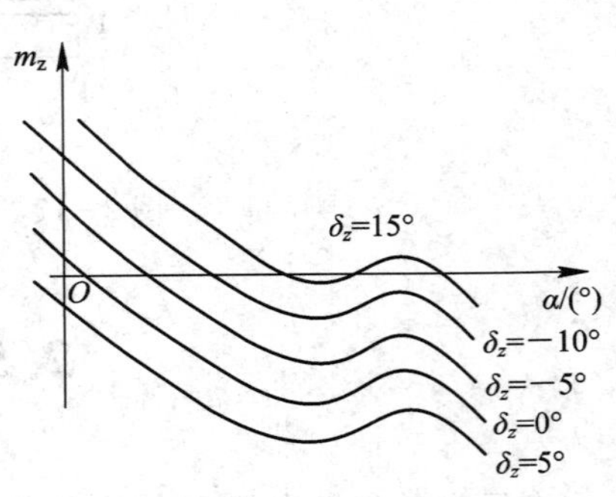

图 2-18　$m_z=f(\alpha)$曲线示意图

从图 2-18 中可以看到，这些曲线与横坐标轴的交点满足 $m_z=0$，这些交点称为静平衡点，这时导弹运动的特征就是 $\omega_z=\dot{\alpha}=\dot{\delta}_z=0$，而攻角 α 与舵偏角 δ_z 保持一定的关系，使作用在导弹上由 α、δ_z 产生的所有升力相对于质心的俯仰力矩的代数和为零，亦即导弹处于纵向平衡状态。

当导弹处于纵向平衡状态时，攻角 α 与舵偏角 δ_z 之间的关系可令式(2-31)的右端为零求得：

$$m_z^\alpha \alpha + m_z^{\delta_z}\delta_z = 0$$

即

$$\left(\frac{\delta_z}{\alpha}\right)_{\mathrm{B}} = -\frac{m_z^\alpha}{m_z^{\delta_z}}$$

或

$$\delta_{z\mathrm{B}} = -\frac{m_z^\alpha}{m_z^{\delta_z}}\alpha_{\mathrm{B}} \tag{2-32}$$

式(2-32)表明，为使导弹在某一飞行攻角下处于纵向平衡状态，必须使升降舵(或其他操纵面)偏转一个相应的角度，这个角度称为升降舵的平衡偏转角，以符号 $\delta_{z\mathrm{B}}$ 表示。换句话说，在某一升降舵偏转角下保持导弹的纵向平衡所需要的攻角就是平衡攻角，以 α_{B} 表示。

比值 $-m_z^\alpha/m_z^{\delta_z}$ 除了与飞行 Ma 数有关外，还随导弹气动布局的不同而不同。统计数据表明，对于正常式布局，$-m_z^\alpha/m_z^{\delta_z}$ 一般为 −1.2 左右；鸭式布局约为 1.0 左右；对于旋转弹翼式，则可高达 6.0～8.0。

平衡状态时的全弹升力即所谓平衡升力，平衡升力系数可由下式求得：

$$c_{y\mathrm{B}} = c_y^\alpha \alpha_{\mathrm{B}} + c_y^{\delta_z}\delta_{z\mathrm{B}} = \left(c_y^\alpha - c_y^{\delta_z}\frac{m_z^\alpha}{m_z^{\delta_z}}\right)\alpha_{\mathrm{B}} \tag{2-33}$$

由于上面讨论的是定态直线飞行的情况，在进行一般弹道计算时，若假设每一瞬时导弹都处于平衡状态，则可用式(2-33)来计算弹道每一点上的平衡升力系数。这种假设通常称为瞬时平衡，即认为导弹从某一平衡状态改变到另一平衡状态是瞬时完成的，也就是忽

略了导弹绕质心的旋转运动，此时作用在导弹上的俯仰力矩只有 $m_z^{\alpha}\alpha$ 和 $m_z^{\delta_z}\delta_z$ 两部分，而且此两力矩恒处于平衡状态，即

$$m_z^{\alpha}\alpha + m_z^{\delta_z}\delta_z = 0$$

在工程实践中，导弹初步设计阶段采用瞬时平衡假设，可大大减少计算工作量。

2.5.2 纵向静稳定性

导弹的平衡有稳定平衡和不稳定平衡，导弹的平衡特性取决于它自身的所谓静稳定性。静稳定性的定义如下：导弹受外界干扰作用偏离平衡状态后，外界干扰消失的瞬间，若导弹不经操纵能产生空气动力矩，使导弹有恢复到原平衡状态的趋势，则称导弹是静稳定的；若产生的空气动力矩使导弹更加偏离原平衡状态，则称导弹是静不稳定的；若既无恢复的趋势，也不再继续偏离原平衡状态，则称导弹是静中立稳定的。必须强调指出，静稳定性只是说明导弹偏离平衡状态那一瞬间的力矩特性，而并不能说明整个运动过程导弹是否具有稳定性。

判别导弹纵向静稳定性的方法是看偏导数$m_z^{\alpha}|_{\alpha=\alpha_B}$(力矩特性曲线相对于横坐标轴的斜率)的性质。若导弹以某个平衡攻角 α_B 处于平衡状态下飞行，由于某种原因(如垂直向上的阵风)使攻角增加了 $\Delta\alpha(\Delta\alpha>0)$，引起了作用在焦点上的附加升力 ΔY。当舵偏角 δ_z 保持原值不变(导弹不操纵)时，则由于这个附加升力引起的附加俯仰力矩为

$$\Delta M_z(\alpha) = m_z^{\alpha}|_{\alpha=\alpha_B}\Delta\alpha qSL \tag{2-34}$$

若$m_z^{\alpha}|_{\alpha=\alpha_B}<0$(见图 2-19(a))，则 $\Delta M_z(\alpha)$是负值，它将使导弹低头，力图使攻角由$(\alpha_B+\Delta\alpha)$值恢复到 α_B 值(消除攻角增量 $\Delta\alpha$)。导弹的这种物理属性称为静稳定性。静稳定的导弹在偏离平衡位置后产生的力使导弹恢复到原平衡状态的空气动力矩，称为静稳定力矩或恢复力矩。

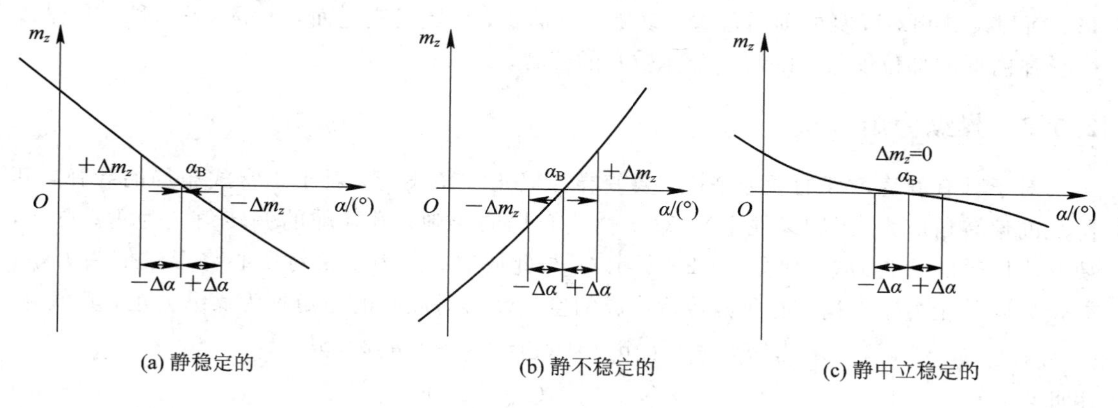

图 2-19 $m_z=f(\alpha)$的三种典型情况

若$m_z^{\alpha}|_{\alpha=\alpha_B}>0$(见图 2-19(b))，则 $\Delta M_z(\alpha)>0$，这个附加俯仰力矩将使导弹更加偏离平衡位置。这种情况称为静不稳定的，静不稳定的空气动力矩又形象地称为翻滚力矩。

若$m_z^{\alpha}|_{\alpha=\alpha_B}=0$ (见图 2-19(c))，则是静中立稳定的情况。当导弹偏离平衡位置后，由$\Delta Y(\alpha)$导致的附加俯仰力矩等于零，干扰造成的附加攻角既不再增大，也不能被消除。

偏导数 m_z^α 表示单位攻角引起的俯仰力矩系数的大小和方向，它表征着导弹的纵向静稳定品质。把纵向静稳定性的条件总结起来有

$$m_z^\alpha\Big|_{\alpha=\alpha_B}\begin{cases}<0，纵向静稳定的\\=0，纵向静中立稳定的\\>0，纵向静不稳定的\end{cases}$$

在大多数情况下，c_y 与 α 呈线性关系，所以在绘制 $m_z=f(\alpha)$ 曲线的同时，也常绘制出 $m_z=f(c_y)$ 曲线。有时用偏导数 $m_z^{c_y}$ 取代 m_z^α，作为衡量导弹是否具有静稳定的条件。

由于

$$m_z^\alpha\alpha = -Y^\alpha\alpha(x_F - x_G) = -c_y^\alpha\alpha(x_F - x_G)qS = m_z^\alpha\alpha qSL$$

于是

$$m_z^\alpha\alpha = -c_y^\alpha(\bar{x}_F - \bar{x}_G)$$

由此得

$$m_z^{c_y} = \frac{\partial m_z}{\partial c_y} = \frac{m_z^\alpha}{c_y^\alpha} = -(\bar{x}_F - \bar{x}_G) \tag{2-35}$$

式中：$\bar{x}_F$——全弹焦点的相对坐标，量纲为1；

$\bar{x}_G$——全弹质心的相对坐标，量纲为1。

显然，对于具有纵向静稳定性的导弹，$m_z^{c_y}<0$，这时焦点位于质心之后。当焦点逐渐向质心靠近时，静稳定性逐渐降低；当焦点移到与质心重合时，导弹是静中立稳定的；当焦点移到质心之前时($m_z^{c_y}>0$)，导弹是静不稳定的。因此，工程上常把 $m_z^{c_y}$ 称为静稳定度，焦点相对坐标与质心相对坐标之间的差值 $\bar{x}_F-\bar{x}_G$ 称为静稳定裕度。

导弹的静稳定度与飞行性能有关。为了保证导弹具有所希望的静稳定度，设计过程中常采用两种办法：一是改变导弹的气动布局，从而改变焦点的位置，例如，改变弹翼的外形、面积及其相对弹身的前后位置，改变尾翼面积，添置反安定面，等等；另一种办法是改变导弹内部的部位安排，以调整全弹质心的位置。

2.5.3 操纵力矩

对于具有静稳定性的导弹来说，要使导弹以正攻角飞行，对于正常式布局的导弹，升降舵的偏转角应为负(后缘往上)；对于鸭式布局的导弹，升降舵的偏转角应为正。总之，要产生所需的抬头力矩(如图 2-20 所示)。与此同时，升力 $Y^\alpha\alpha$ 对质心将形成低头力矩，并使导弹处于力矩平衡。舵面偏转后形成的空气动力对质心的力矩称为操纵力矩，其值为

$$M_z(\delta_z) = -c_y^{\delta_z}\delta_z qS(x_R - x_G) = m_z^{\delta_z}\delta_z qSL$$

由此得

$$m_z^{\delta_z} = -c_y^{\delta_z}(\bar{x}_R - \bar{x}_G) \tag{2-36}$$

式中：$\bar{x}_R=\dfrac{x_R}{L}$——舵面压力中心至导弹头部顶点距离的相对坐标，量纲为1；

$m_z^{\delta_z}$——舵面偏转单位角度时所引起的操纵力矩系数，称为舵面效率。对于正常式导弹，舵面总是在质心之后，所以总有 $m_z^{\delta_z}<0$，对于鸭式导弹，$m_z^{\delta_z}>0$；

$c_y^{\delta_z}$——舵面偏转单位角度所引起的升力系数，它随 Ma 数的变化规律如图 2-21 所示。

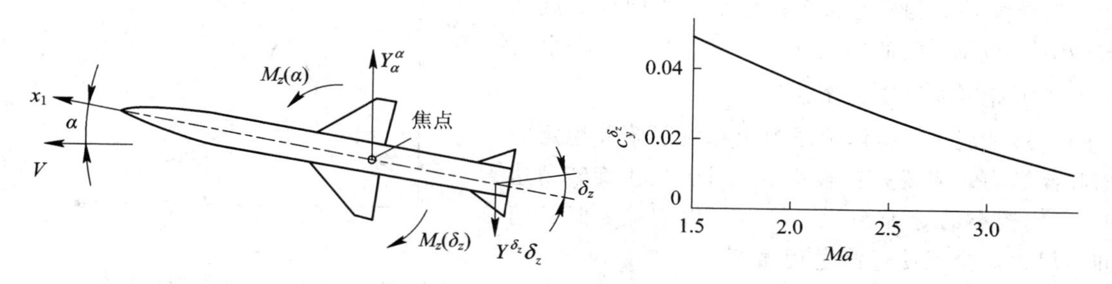

图 2-20　操纵力矩示意图

图 2-21　$c_y^{\delta_z}$ 与 Ma 数关系曲线示意图

2.5.4　俯仰阻尼力矩

俯仰阻尼力矩是由导弹绕 Oz_1 轴旋转运动所引起的，其大小和旋转角速度 ω_z 成正比，方向总与 ω_z 相反，其作用是阻止导弹绕 Oz_1 轴做旋转运动，故称为俯仰阻尼力矩(或称纵向阻尼力矩)。显然，导弹不做旋转运动时，也就没有阻尼力矩。

设导弹质心以速度 V 运动，同时，又以角速度 ω_z 绕 Oz_1 轴转动(如图 2-22 所示)，旋转使导弹表面上各点均获得附加速度，其方向垂直于连接质心与该点的矢径 $\boldsymbol{r}$，大小等于 $\omega_z r$。若 $\omega_z>0$，则质心之前的导弹表面上各点的攻角将减小 $\Delta\alpha(r)$，其值为

$$\tan\Delta\alpha(r)=\frac{r\omega_z}{V} \tag{2-37}$$

而处于质心之后的导弹表面上各点的攻角将增加 $\Delta\alpha(r)$。由于导弹质心前后各点处攻角都将有所改变，从而使质心前后各点处产生了附加的升力 $\Delta Y_i(\omega_z)$，且 $\Delta Y_i(\omega_z)$对导弹质心还将产生一个附加的俯仰力矩 $\Delta M_{zi}(\omega_z)$。当 $\omega_z>0$ 时，质心前各点均产生向下的附加升力，质心后各点均产生向上的附加升力，因此，质心前后各点的附加升力引起的附加俯仰力矩 $\Delta M_{zi}(\omega_z)$方向相同，均与 ω_z 方向相反。把所有各点的 $\Delta M_{zi}(\omega_z)$相加，得到作用在导弹上的总俯仰阻尼力矩 $M_z(\omega_z)$。由于导弹质心前后各点的附加升力 $\Delta Y_i(\omega_z)$的方向刚好相反，因此，总的 $Y(\omega_z)$可略去不计。

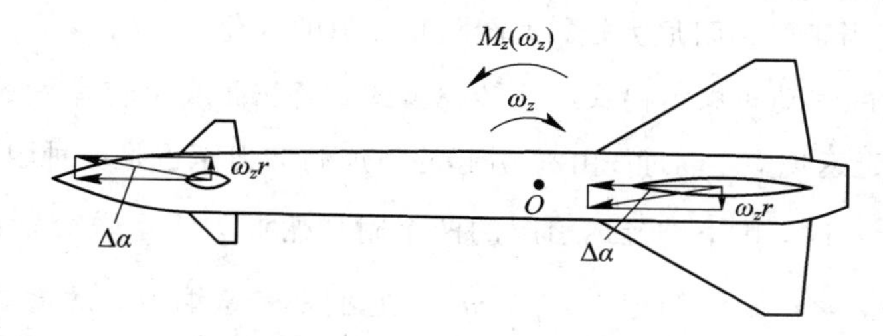

图 2-22　俯仰阻尼力矩

工程上，俯仰阻尼力矩常用量纲为 1 的俯仰阻尼力矩系数来表示，即

$$M_z^{\omega_z}=\frac{m_z^{\overline{\omega}_z}qSL^2\omega_z}{V} \tag{2-38}$$

$$\overline{\omega}_z=\frac{\omega_z L}{V}$$

式中：$m_z^{\overline{\omega}_z}$ 总是一个负值，它的大小主要取决于飞行 Ma 数、导弹的几何形状和质心的位

置。当导弹外形和质心位置确定后，俯仰阻尼旋转导数 $m_z^{\overline{\omega}_z}$ 与 Ma 数的关系如图 2-23 所示。为书写方便，通常将 $m_z^{\overline{\omega}_z}$ 简记作 $m_z^{\omega_z}$。

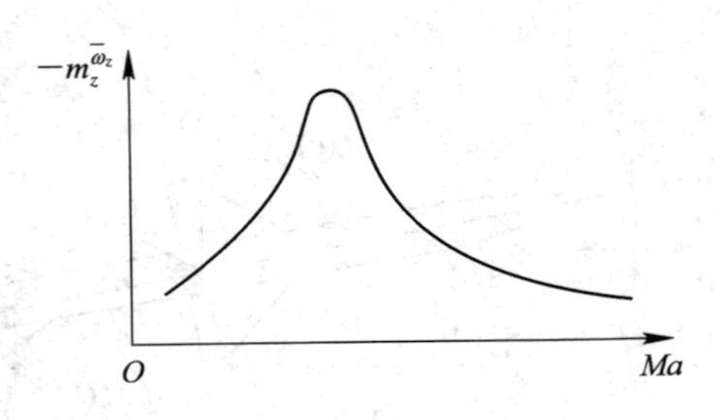

图 2-23　$m_z^{\omega_z}$ 随 Ma 数变化的示意图

一般情况下，俯仰阻尼力矩相对于俯仰稳定力矩和操纵力矩来说是比较小的，对于某些旋转角速度 ω_z 比较小的导弹来说，甚至可以忽略。但是俯仰阻尼力矩会促使过渡过程振荡的衰减，因此，它是改善导弹过渡过程品质一个很重要的因素，从这个意义上讲，它却是不能忽略的。

2.5.5　非定态飞行时由下洗延迟引起的附加俯仰力矩

前面所述计算升力和俯仰力矩的方法，严格地说，仅适用于导弹做定态飞行的特殊情况。但是在一般情况下，导弹的飞行是非定态的，各运动参数都是时间的函数。这时空气动力系数和空气动力矩系数不仅取决于该瞬时的 α、δ_z、ω_z、Ma 数及其他参数值，还取决于这些参数随时间而变化的特性。作为初步的近似计算，可以认为作用在非定态飞行的导弹上的空气动力系数和空气动力矩系数完全决定于该瞬时的运动学参数，这个假设通常称为定态假设。采用定态假设，不仅可以大大减少计算的工作量，而且由此求得的空气动力系数和空气动力矩系数也非常接近于实际值。

但是在某些情况下不能采用定态假设，下洗延迟就是其中的一种情况。

设正常式布局的导弹以速度 V 和随时间而变化的攻角 $\dot{\alpha}$ (如 $\dot{\alpha}>0$)做非定态飞行。由于攻角的变化，弹翼后下洗气流的方向也随之在改变。但是被弹翼偏斜了的气流并不能瞬时地到达尾翼，而必须经过某一段时间间隔 Δt，其值取决于弹翼和尾翼间的距离和气流速度，这就是所谓的下洗延迟现象。因此，尾翼处的实际下洗角将取决于 Δt 间隔前的攻角值。在 $\dot{\alpha}>0$ 的情况下，这个下洗角将比定态飞行时的下洗角要小些，而这就相当于在尾翼上引起一个向上的附加升力，由此形成的附加俯仰力矩使导弹低头，以阻止 α 值的增长。在 $\dot{\alpha}<0$ 时，下洗延迟引起的附加俯仰力矩将使导弹抬头，以阻止 α 值减少。总之，由 $\dot{\alpha}$ 引起的附加俯仰力矩相当于一种阻尼力矩，力图阻止 α 值的变化。

同样，若导弹的气动布局为鸭式或旋转弹翼式，当舵面或旋转弹翼的偏转角速度 $\dot{\delta}_z\neq0$ 时，也存在下洗延迟现象。同理，由 $\dot{\delta}_z$ 引起的附加俯仰力矩也是一种阻尼力矩。

当 $\dot{\alpha}\neq0$ 和 $\dot{\delta}_z\neq0$ 时，由下洗延迟引起的两个附加俯仰力矩系数分别以 $m_z^{\overline{\dot{\alpha}}}\overline{\dot{\alpha}}$ 和 $m_z^{\overline{\dot{\delta}}_z}\overline{\dot{\delta}}_z$ 表示，为书写简便，$m_z^{\overline{\dot{\alpha}}}$、$m_z^{\overline{\dot{\delta}}_z}$ 简记作 $m_z^{\dot{\alpha}}$、$m_z^{\dot{\delta}_z}$，它们都是量纲为 1 的量。

在分析了俯仰力矩的各项组成以后，必须强调指出，尽管影响俯仰力矩的因素有许多，但其中主要的是两项，即由攻角引起的 $m_z^{\alpha}\alpha$ 项和由舵偏转角引起的 $m_z^{\delta_z}\delta_z$ 项，它们分别称为导弹俯仰(纵向)静稳定力矩系数和俯仰(纵向)操纵力矩系数。

2.6　偏航力矩

偏航力矩是总空气动力矩在 Oy_1 轴上的分量，它使导弹绕 Oy_1 轴转动。对于轴对称导

弹，偏航力矩产生的物理原因与俯仰力矩是类似的。所不同的是，偏航力矩是由侧向力所产生的。偏航力矩系数的表达式可类似写成如下形式：

$$m_y = m_y^{\beta}\beta + m_y^{\delta_y}\delta_y + m_y^{\bar{\omega}_y}\bar{\omega}_y + m_y^{\bar{\dot{\beta}}}\bar{\dot{\beta}} + m_y^{\bar{\dot{\delta}}_y}\bar{\dot{\delta}}_y \tag{2-39}$$

式中：$\bar{\omega}_y = \omega_y l/V$；$\bar{\dot{\beta}} = \dot{\beta} l/V$；$\bar{\dot{\delta}}_y = \dot{\delta}_y l/V$。

所有导弹外形相对于 Ox_1y_1 平面总是对称的，m_{y0} 总是等于零。

m_y^{β} 表征导弹航向静稳定性。当 $m_y^{\beta}<0$ 时，导弹是航向静稳定的。但要注意，对于航向静稳定的导弹，$m_y^{c_z}$ 是正的(因为按 β 定义，$c_z^{\beta}<0$)。

对于飞机型的导弹，因它不是轴对称的，当它绕 Ox_1 轴转动时，安装在弹身上方垂直尾翼的各个剖面将产生附加的侧滑角 $\Delta\beta$(见图 2-24)，其对应的侧向力产生相对于 Oy_1 轴的偏航力 $M_y(\omega_x)$。附加侧滑角表示为

$$\Delta\beta \approx \frac{\omega_x}{V} y_t \tag{2-40}$$

式中：y_t——弹身纵轴到垂直尾翼所选剖面的距离。

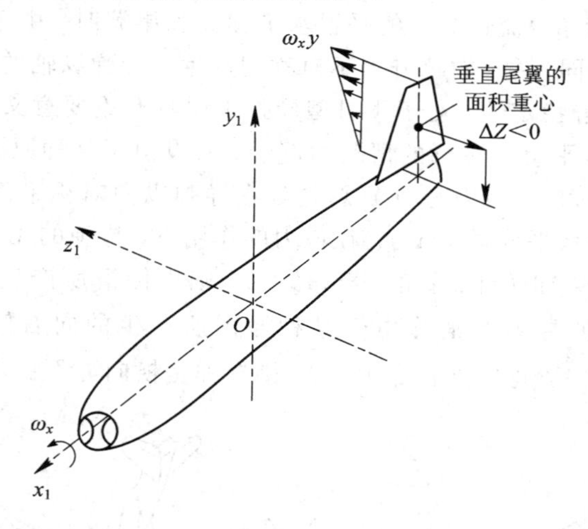

图 2-24　垂直尾翼产生的偏航螺旋力矩

对于飞机型导弹，偏航力矩 $M_y(\omega_x)$往往不容忽视，因为它的力臂大。由于绕纵轴的转动角速度 ω_x 引起的偏航力矩有使导弹 $M_y(\omega_x)$做螺旋运动的趋势，故称之为偏航螺旋力矩。因此，对于飞机型导弹，式(2-39)右端必须加上 $m_y^{\bar{\omega}_x}\bar{\omega}_x$ 这一项，其中$\bar{\omega}_x = \omega_x l/(2V)$，$m_y^{\bar{\omega}_x}$ 是量纲为 1 的旋转导数，又称交叉导数，其值是负的。为书写方便，$m_y^{\bar{\omega}_x}$ 简记为 $m_y^{\omega_x}$。

2.7　滚 动 力 矩

滚动力矩(又称倾斜力矩)M_x 是绕导弹纵轴 Ox_1 的空气动力矩，它是由于迎面气流不对称地绕流过导弹而产生的。当导弹有侧滑角，某些操纵面(如副翼)偏转，导弹绕 Ox_1 轴、Oy_1 轴转动时，均会使气流流动不对称；此外，生产的误差，如左、右(或上、下)弹翼(或安定面)的安装角和尺寸制造误差所造成的不一致，也会破坏气流流动的对称性，从而产生滚动力矩。因此，滚动力矩的大小取决于导弹的几何形状、飞行速度和高度、侧滑角 β、

舵面及副翼的偏转角 δ_y、δ_x、绕弹体的转动角速度 ω_x、ω_y 及制造误差等。

研究滚动力矩与其他空气动力矩一样，只讨论滚动力矩的量纲为 1 的系数，即

$$m_x = \frac{M_x}{qSl} \tag{2-41}$$

式中：l——弹翼的翼展。

若影响滚动力矩的上述参数值都比较小，且略去一些次要因素，则滚动力矩系数 m_x 可用如下线性关系近似地表示：

$$m_x = m_{x0} + m_x^{\beta}\beta + m_x^{\delta_x}\delta_x + m_x^{\delta_y}\delta_y + m_x^{\overline{\omega}_x}\overline{\omega}_x + m_x^{\overline{\omega}_y}\overline{\omega}_y \tag{2-42}$$

式中：m_{x0}——由生产误差引起的外形不对称所产生的力矩系数；

m_x^{β}、$m_x^{\delta_x}$、$m_x^{\delta_y}$——静导数；

$m_x^{\overline{\omega}_x}$、$m_x^{\overline{\omega}_y}$——量纲为 1 的旋转导数。

2.7.1 横向静稳定力矩

当气流以某个侧滑角 β 流过导弹的平置水平弹翼和尾翼时，由于左、右翼的绕流条件不同，压力分布也就不同，左、右翼升力不对称则产生绕导弹纵轴的滚动力矩。

m_x^{β} 表征导弹横向静稳定性，对于飞机型导弹来说具有重要意义。为了说明这一概念，举一个飞机型导弹做水平直线飞行的情况为例子。假设由于某种原因，导弹突然向右倾斜了某个角度 γ(见图 2-25)。因为升力 Y 总是处在导弹纵向对称平面 Ox_1y_1 内，故当导弹倾斜时，则产生升力的水平分量 $Y\sin\gamma$。在该力的作用下，导弹的飞行速度方向将改变，即进行带侧滑的飞行，产生正的侧滑角。若 $m_x^{\beta}<0$，则由侧滑所产生的滚动力矩 $M_x(\beta)=M_x^{\beta}\beta<0$，于是此力矩使导弹有消除由于某种原因所产生的向右倾斜的趋势。因此，若 $m_x^{\beta}<0$，则导弹具有横向静稳定性；若$m_x^{\beta}>0$，则导弹是横向静不稳定的。

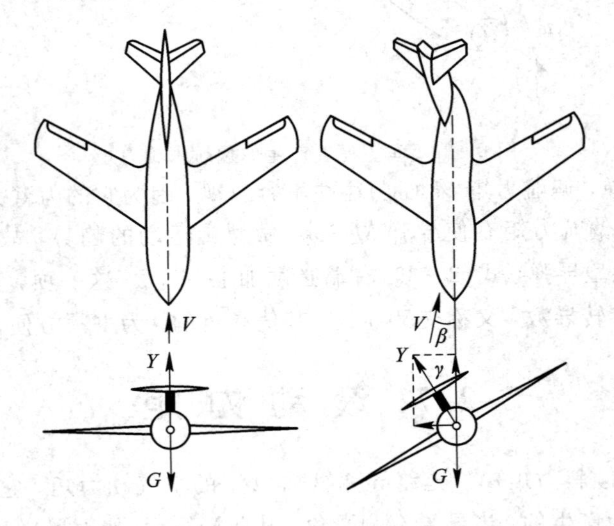

图 2-25　由倾斜引起的侧滑飞行

飞机型导弹的横向静稳定性主要由弹翼和垂直尾翼产生，而影响弹翼 m_x^{β} 值的主要因素是弹翼后掠角及上反角。

1. 弹翼后掠角的影响

有后掠角 χ 的平置弹翼在有侧滑飞行时，左翼的实际后掠角为 $\chi+\beta$，而右翼则为 $\chi-\beta$（如图 2-26 所示）。当 $\beta>0$ 时，右翼前缘的垂直速度分量（有效速度）$V\cos(\chi-\beta)$ 比左翼前缘的垂直速度分量 $V\cos(\chi+\beta)$ 大。另外，右翼的有效展弦比也比左翼大，右翼比左翼的 c_y^α 值也随之提高一些；且当 $\beta>0$ 时，右翼的侧缘变成前缘，而左翼的侧缘则变成了后缘。综合这些因素，右翼产生的升力大于左翼，这就导致弹翼产生负的滚动力矩，即 $m_x^\beta<0$。因此，后掠弹翼增加了横向静稳定性。

2. 弹翼上反角的影响

弹翼的上反角 ψ_W（翼弦平面与 Ox_1z_1 平面之间的夹角，翼弦平面在 Ox_1z_1 平面之上时 ψ_W 角为正）亦将产生负的 m_x^β（如图 2-27 所示）。当导弹做右侧滑（$\beta>0$）时，在右翼上由于上反角 ψ_W 的作用，将产生垂直向上的迎风速度 $V_y=V\sin\beta\sin\psi_W\approx V\beta\psi_W$，因而，右翼上将增大攻角 $\Delta\alpha\approx\beta\psi_W$。而左翼的迎风速度 V_y 向下，故左翼上将降低攻角 $\Delta\alpha\approx-\beta\psi_W$，于是就导致 $m_x^\beta<0$。因此，弹翼的上反角（$\psi_W>0$）增加了横向静稳定性。

可见，弹翼后掠角、上反角都使弹翼产生横向静稳定力矩。为使飞机型导弹或高速飞机的横向静稳定度不致过大，对于具有大后掠角的弹翼，往往设计有适度的下反角。

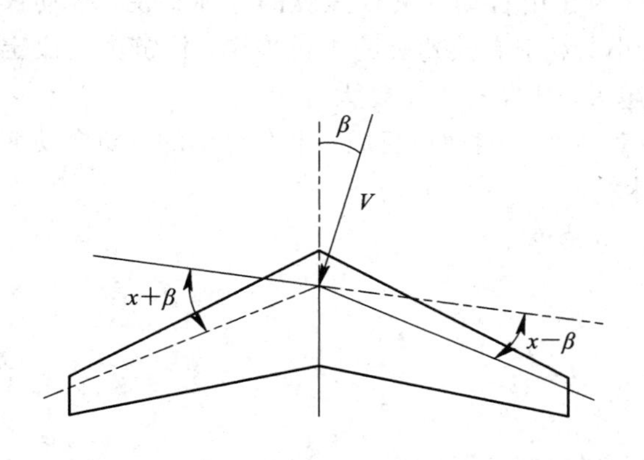

图 2-26　侧滑时，左、右翼的实际后掠角

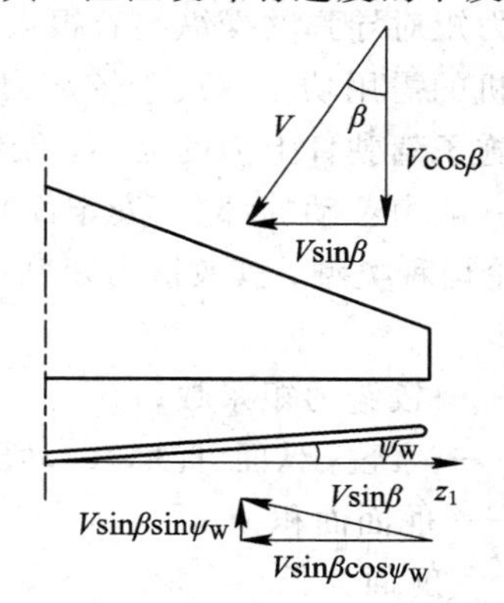

图 2-27　侧滑时上反角导致的有效攻角的变化

2.7.2　滚动操纵力矩

操纵副翼或差动舵产生的绕 Ox_1 轴的力矩称为滚动操纵力矩。副翼和差动舵一样，两边操纵面总是一上一下成对地出现。如图 2-28 所示，副翼的偏转角 δ_x 为正（右副翼后缘往下偏，左副翼后缘往上偏），这就相当于右副翼增大了攻角，形成正的升力，而左副翼刚好相反，从而引起负的滚动操纵力矩。当副翼的偏转角为负时，滚动操纵力矩为正。

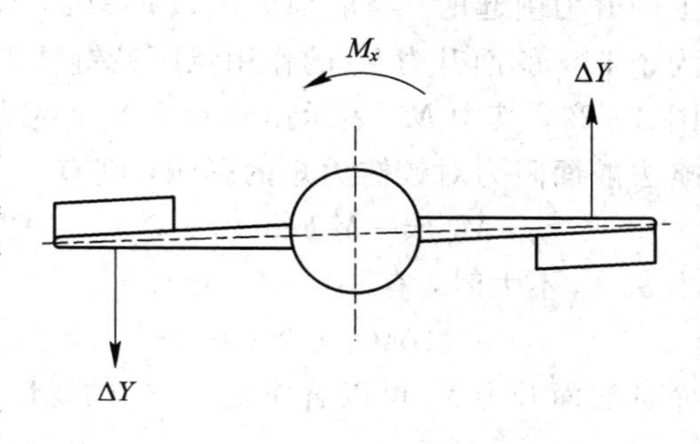

图 2-28　副翼产生的滚动操纵力矩（后视图）

滚动操纵力矩 $M_x(\delta_x)$ 用于操纵导弹绕纵轴 Ox_1 转动或保持导弹的倾斜稳定。力矩系

数导数 $m_x^{\delta_x}$ 称为副翼的操纵效率，也就是单位偏转角所引起的力矩系数。当差动舵（副翼）偏转角增大时，其操纵效率略有降低。根据 δ_x 角的定义，$m_x^{\delta_x}$ 总是负值。

2.7.3 滚动阻尼力矩

当导弹绕纵轴 Ox_1 转动时，将产生滚动阻尼力矩 $M_x^{\omega_x}\cdot\omega_x$。滚动阻尼力矩产生的物理原因与俯仰阻尼力矩相类似。滚动阻尼力矩主要是由弹翼产生的，该力矩的方向总是阻止导弹绕纵轴转动。不难证明，滚动阻尼力矩系数与无量纲角速度$\bar{\omega}_x$ 成正比，即

$$m_x(\omega_x) = m_x^{\bar{\omega}_x}\,\bar{\omega}_x \tag{2-43}$$

式中：$\bar{\omega}=\dfrac{\omega_x l}{2V}$。$m_x^{\bar{\omega}_x}$ 可简写为 $m_x^{\omega_x}$，它是无量纲值，其值总是负的。

2.8 铰链力矩

操纵导弹时，操纵面（升降舵、方向舵、副翼）偏转某一角度，在操纵面上产生空气动力，它除了产生相对于导弹质心的力矩之外，还产生相对于操纵面转轴（铰链轴）的力矩，该力矩称为铰链力矩。

铰链力矩对导弹的操纵起着很大的作用。对于由自动驾驶仪操纵的导弹来说，推动操纵面的舵机的需用功率取决于铰链力矩的大小。对于有人驾驶的飞机来说，铰链力矩决定了驾驶员施予驾驶杆上力的大小，铰链力矩越大，所需杆力也越大。

尾翼一般由不动的部分（安定面）和可转动的部分（舵面）组成。也有全动的，如全动舵面。但无论何种类型，其铰链力矩都可表示为

$$M_h = m_h q_t S_t b_t \tag{2-44}$$

式中：m_h——铰链力矩系数；

q_t——流经操纵面（舵面）的动压；

S_t——舵面面积；

b_t——舵面弦长。

以升降舵为例，铰链力矩主要是由升降舵上的升力引起的。当舵面处的攻角为 α，舵偏角为 δ_z 时，舵面升力 Y_t 的作用点距铰链轴为 h（见图 2-29，其中 M_b 表示由气动力产生的力矩），略去舵面阻力对铰链力矩的影响，则有

$$M_h = -Y_t h\cos(\alpha+\delta_z) \tag{2-45}$$

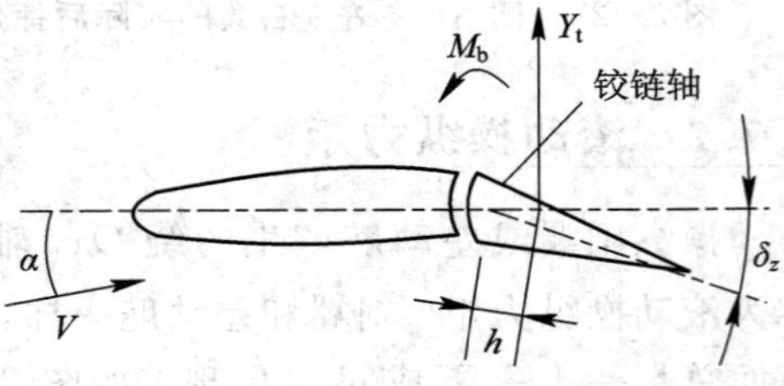

图 2-29 铰链力矩

当 α、δ_z 不大时，有

$$\cos(\alpha+\delta_z)\approx 1$$

而且舵面升力 Y_t 可以看作是 α、δ_z 的线性函数，即

$$Y_t = Y_t^{\alpha}\alpha + Y_t^{\delta_z}\delta_z \tag{2-46}$$

于是，可以把铰链力矩表达为 α、δ_z 的线性关系式：

$$M_h = M_h^{\alpha}\alpha + M_h^{\delta_z}\delta_z \tag{2-47}$$

铰链力矩系数也可写成

$$m_{\mathrm{h}} = m_{\mathrm{h}}^{\alpha}\alpha + m_{\mathrm{h}}^{\delta_z}\delta_z \tag{2-48}$$

铰链力矩系数 m_{h} 主要取决于操纵面的类型及形状、Ma 数、攻角(对于方向舵则取决于侧滑角)、操纵面的偏转角以及铰链轴的位置。偏导数 m_{h}^{α} 与 $m_{\mathrm{h}}^{\delta_z}$ 是 Ma 数的函数，当攻角变化时，其值变化不大。图 2-30 绘出了偏导数 m_{h}^{α} 和 $m_{\mathrm{h}}^{\delta_z}$ 随 Ma 数变化的示意图。

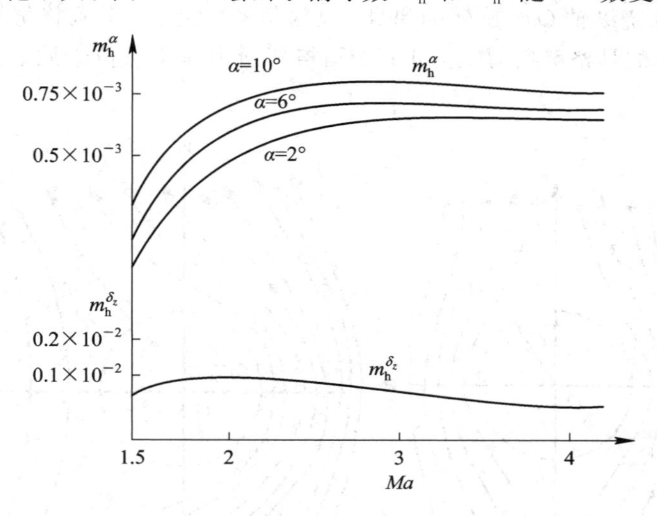

图 2-30　铰链力矩系数与 Ma 数的关系

当舵面尺寸一定时，在其他条件相同的情况下，铰链力矩的大小取决于舵面转轴的位置。转轴越靠近舵面前缘，铰链力矩就越大。若转轴与舵面压力中心重合，则铰链力矩为零。

2.9　马格努斯力和力矩

当导弹以某一攻角飞行，且以一定的角速度 ω_x 绕自身纵轴 Ox_1 旋转时，由于旋转和来流横向分速的联合作用，在垂直于攻角平面的方向上将产生侧向力 Z_1，该力称为马格努斯力，该力对质心的力矩 M_{y1} 称为马格努斯力矩。

马格努斯力一般不大，不超过相应法向力的 5%。但马格努斯力矩有时却很大，尤其是对于有翼的旋转导弹，在旋转弹的动稳定性分析中，必须考虑马格努斯力矩的影响。马格努斯力和力矩与多种因素有关。对于单独弹身来说，影响因素有附面层位移厚度的非对称性、压力梯度的非对称性、主流切应力的非对称性、横流切应力的非对称性、分离的非对称性、转捩的非对称性、附面层与非对称体涡的相互作用等。对于弹翼来说，影响因素有旋转弹翼的附加攻角差动、附加速度差动、安装角差动、钝后缘弹翼底部压力差动、弹身对背风面翼片的遮蔽作用、非对称体涡对弹翼的冲击干扰、弹翼对尾翼的非对称干扰等。因此，研究旋转弹的马格努斯效应是个十分复杂的问题。本节着重介绍单独弹身压力梯度的非对称性、弹翼安装角的差动、旋转弹翼的附加攻角差动所引起的马格努斯力矩的机理。

2.9.1　单独弹身的马格努斯力和力矩

人们曾对来流以速度 V 和攻角 α 绕过一个无限长的圆柱体进行了研究。这时，来流可

分解成轴向流 $V\cos\alpha$ 和横向流 $V\sin\alpha$。如果弹身不绕纵轴 Ox_1 旋转，则 $V\sin\alpha$ 绕圆柱的流动是对称于攻角平面的。如果圆柱体以 ω_x 沿顺时针方向滚动，那么由于空气黏性的作用，圆柱体左侧流线密集、流速大、压强小；而右侧正好相反(如图 2-31 所示)。因此，圆柱体得到一个指向左方的侧向力，即马格努斯力，该力与角速度 ω_x 和攻角 α 相关联。对于以正攻角飞行且顺时针绕纵轴 Ox_1 旋转的弹身，马格努斯力为负。若马格努斯力作用点位于质心之前，则所产生的马格努斯力矩为正；若马格努斯力作用点位于质心之后，则马格努斯力矩为负。

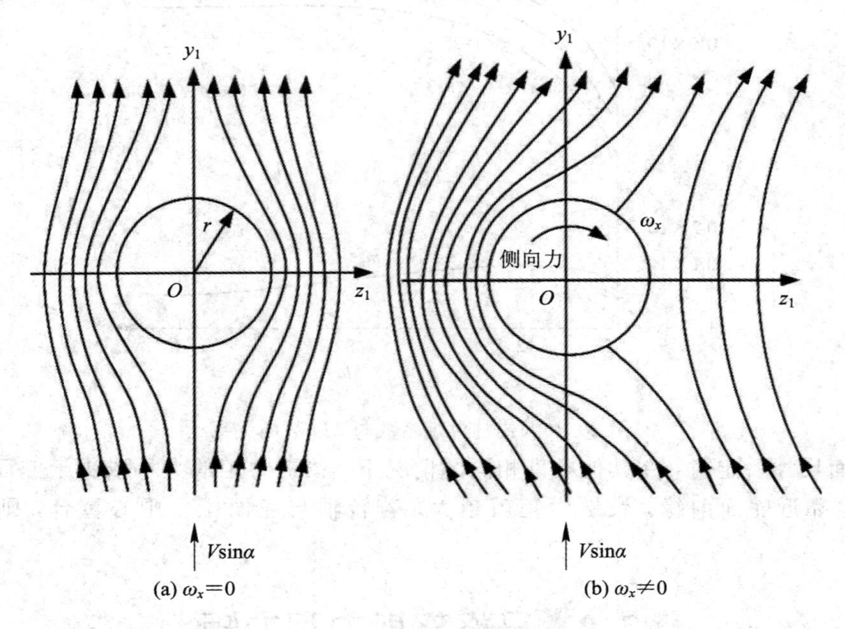

图 2-31　弹身的马格努斯效应

因此，当 $\omega_x \neq 0$ 时，若对导弹进行俯仰操纵($\alpha \neq 0$)，将伴随偏航运动发生；同样，当对导弹进行偏航操纵($\beta \neq 0$)时，也将伴随俯仰运动发生，这就是所谓运动的交联。

2.9.2　弹翼的马格努斯力矩

下面以有差动安装角 φ 的斜置弹翼在绕纵轴 Ox_1 旋转时产生马格努斯效应的情形为例来进行分析。

图 2-32(a)是一个十字形斜置尾翼弹。当导弹的飞行攻角为 α，且以角速度 ω_x 绕纵轴 Ox_1 旋转时，左、右翼片位于 z 处的剖面上将产生附加速度 $\omega_x z$，左、右翼的有效攻角分别用 α_1 和 α_2 表示，则有

$$\begin{cases} \text{左翼：} \alpha_1 = \alpha + \varphi - \dfrac{\omega_x |z|}{V} \\ \text{右翼：} \alpha_2 = \alpha - \varphi + \dfrac{\omega_x |z|}{V} \end{cases} \tag{2-49}$$

由于左、右翼实际攻角的改变，作用在其上的法向力也发生了变化。在不考虑轴向力的影响时，由左、右翼片法向力的轴向分量所产生的偏航力矩为

$$M_y = (Y_{1W} z_1 \sin\varphi - Y_{2W} z_2 \sin\varphi) \approx (Y_{1W} z_1 - Y_{2W} z_2)\varphi \tag{2-50}$$

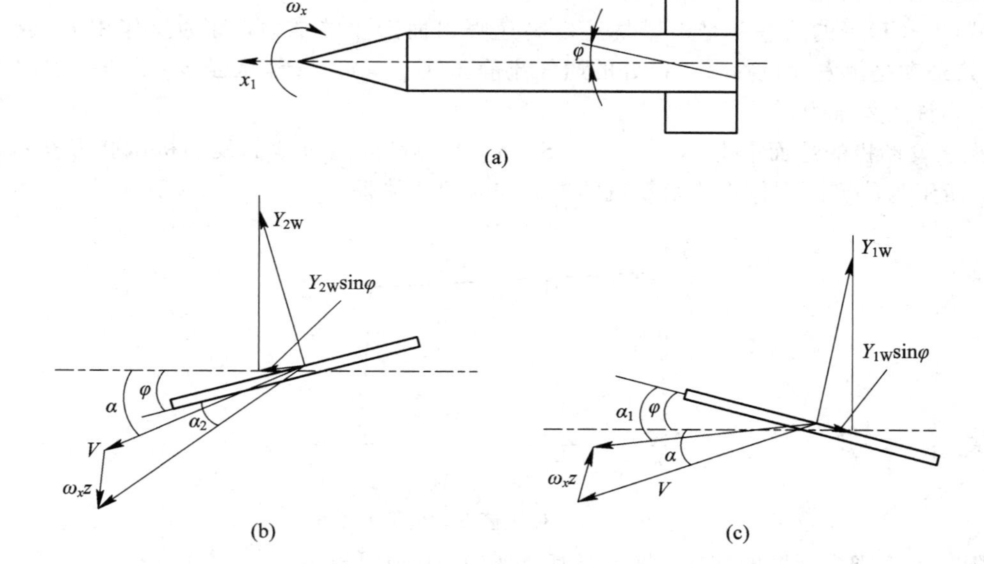

图 2-32　具有差动安装角的斜置弹翼的马格努斯力矩

式中：Y_{1W}——左翼面法向力；

Y_{2W}——右翼面法向力；

z_1、z_2——左、右翼的压心至弹体纵轴的距离(其中 $z_1<0$，$z_2>0$)；

φ——斜置弹翼的安装角，φ 的定义与 δ_x 的定义相同($\varphi<0$，$M_x(\varphi)>0$，图 2-32(b)(c)所示 $\varphi<0$)。

由此可以得出，当气流以速度 V 和攻角 α 流经不旋转的斜置水平弹翼，或流经旋转的平置水平弹翼时，都将产生偏航方向的马格努斯力矩。同理，当来流以速度 V 和侧滑角 β 流经不旋转的斜置垂直弹翼或具有旋转角速度 ω_x 的垂直弹翼时，也将产生俯仰方向的马格努斯力矩。

2.10　作用在导弹上的推力

导弹的推力由发动机内的燃气流以高速喷出而产生的反作用力等组成，推力是导弹飞行的动力。导弹上采用的发动机有火箭发动机(采用固体或液体燃料)和航空发动机(如冲压发动机、涡轮喷气发动机等)。发动机的类型不同，它的推力特性也就不同。

火箭发动机的推力值可以用下式确定：

$$P = m_c u_e + S_a(p_a - p_H) \tag{2-51}$$

式中：m_c——单位时间内燃料的消耗量(又称为质量秒消耗量)；

u_e——燃气在喷管出口处的平均有效喷出速度；

S_a——发动机喷管出口处的横截面积；

p_a——发动机喷管出口处燃气流静压强；

p_H——导弹所处高度的大气静压强。

从式(2-51)可以看出，火箭发动机推力 P 只与导弹的飞行高度有关，而与导弹的其他运动参数无关，它的大小主要取决于发动机的性能参数。

式(2-51)中的第一项是由燃气流以高速喷出而产生的推力，称为反作用力(或动推力)；第二项是由发动机喷管出口处的燃气流静压强 p_a 与大气静压强 p_H 的压差引起的推力部分，称为静推力。

火箭发动机的地面推力 $P_0=m_c u_e+S_a(p_a-p_0)$ 可以通过地面发动机试验来获得。图2-33所示为典型的固体火箭发动机的推力与时间的关系。

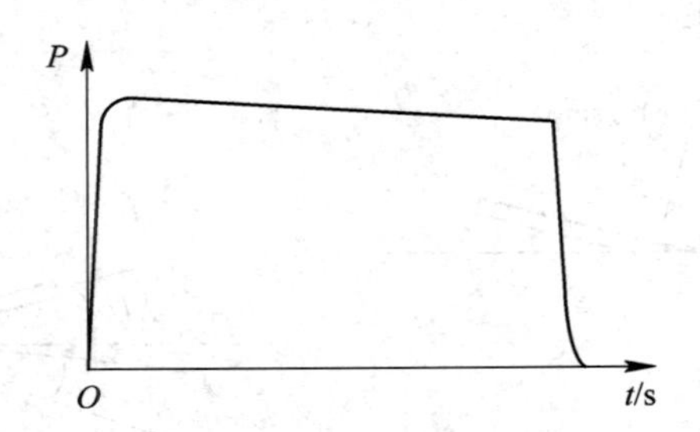

图2-33　固体火箭发动机推力曲线

随着导弹飞行高度的增加，推力略有所增加，其值可表示为

$$P=P_0+S_a(p_a-p_H) \tag{2-52}$$

式中：P_0——在地面，发动机喷口周围的大气静压强。

航空喷气发动机的推力特性就不像火箭发动机这样简单，航空喷气发动机推力的大小与导弹的飞行高度、Ma 数、飞行速度、攻角 α 等参数都有十分密切的关系。

发动机推力 P 的方向主要取决于发动机在弹体上的安装，其方向一般和导弹的纵轴 Ox_1 重合(见图2-34(a))，也可能和导弹纵轴 Ox_1 平行(见图2-34(b))，或者与导弹纵轴构成任意夹角(见图2-34(c))。这就是说，推力 P 可能通过导弹质心，也可能不通过导弹质心。若推力 P 不通过导弹质心，且与导弹纵轴构成某一夹角，则产生推力矩 $\boldsymbol{M}_P$。设推力 $\boldsymbol{P}$ 在弹体坐标系中的投影分量分别为 P_{x_1}、P_{y_1}、P_{z_1}，推力作用线至质心的偏心矢径 $\boldsymbol{R}_P$ 在弹体坐标系中的投影分量分别为 x_{1P}、y_{1P}、z_{1P}，那么，推力 $\boldsymbol{P}$ 产生的推力矩 $\boldsymbol{M}_P$ 可表示成

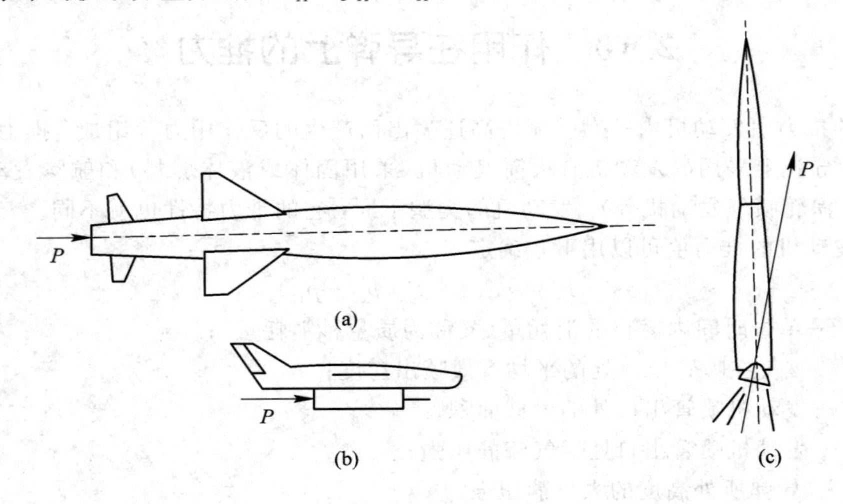

图2-34　推力 P 的作用方向

$$\boldsymbol{M}_P = \boldsymbol{R}_P \times \boldsymbol{P} \tag{2-53}$$

推力矩 $\boldsymbol{M}_P$ 在弹体坐标系上的三个分量可表示为

$$\begin{bmatrix} M_{Px_1} \\ M_{Py_1} \\ M_{Pz_1} \end{bmatrix} = \begin{bmatrix} 0 & -z_{1P} & y_{1P} \\ z_{1P} & 0 & -x_{1P} \\ -y_{1P} & x_{1P} & 0 \end{bmatrix} \begin{bmatrix} P_{x_1} \\ P_{y_1} \\ P_{z_1} \end{bmatrix} = \begin{bmatrix} P_{z_1} y_{1P} - P_{y_1} z_{1P} \\ P_{x_1} z_{1P} - P_{z_1} x_{1P} \\ P_{y_1} x_{1P} - P_{x_1} y_{1P} \end{bmatrix} \tag{2-54}$$

2.11　作用在导弹上的重力

根据万有引力定律，所有物体之间都存在着相互作用力。导弹在空间飞行就要受到地球、太阳、月球等的引力。对于战术导弹而言，因为它是在贴近地球表面的大气层内飞行，所以只计及地球对导弹的引力。在考虑地球自转的情况下，导弹除了受地心的引力 G_1 外，还要受到因地球自转所产生的离心惯性力 F_e，因而，作用在导弹上的重力就是地心引力和离心惯性力的矢量和(见图 2-35)：

$$G = G_1 + F_e \tag{2-55}$$

根据万有引力定律，地心引力 G_1 的大小与地心至导弹的距离平方成反比，方向总是指向地心。

由于地球自转，导弹在各处受到的离心惯性力也不相同。事实上，地球并不是严格的球形，其质量分布也不均匀。为方便研究，通常把地球看作是匀质的椭球体。设导弹在椭球形地球表面上的质量为 m，地心至导弹的矢径为 $\boldsymbol{R}_e$，导弹所处地理纬度为 φ_e，地球绕极轴的旋转角速度为 Ω_e，则导弹所受到的离心惯性力 F_e 的大小为

$$F_e = mR_e\Omega_e^2\cos\varphi_e \tag{2-56}$$

计算表明，离心惯性力 F_e 比地心引力 G_1 小得多。因此，通常把地心引力 G_1 视为重力 G，即

$$G \approx G_1 = mg \tag{2-57}$$

式中：m——导弹的瞬时质量。

发动机在工作过程中不断地消耗燃料，导弹的质量不断减小，质量 m 是时间的函数：

$$\frac{\mathrm{d}m}{\mathrm{d}t} = -m_c \tag{2-58}$$

在 t 瞬时，导弹的质量可以写成如下形式：

$$m(t) = m_0 - \int_0^t m_c \mathrm{d}t \tag{2-59}$$

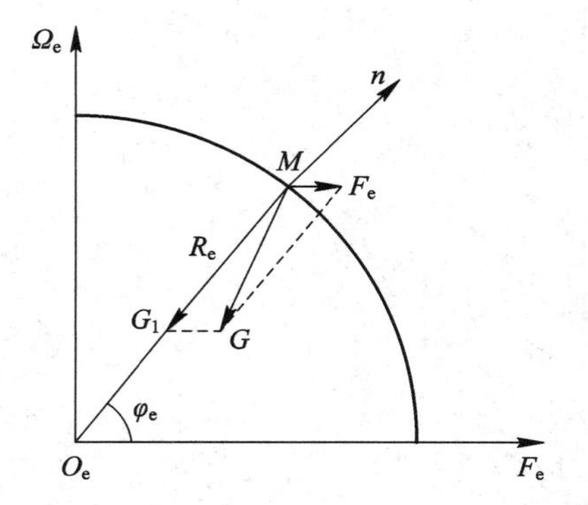

图 2-35　地球表面 M 点的重力方向

式中：m_0——导弹的起始瞬时质量；

m_c——质量秒消耗量，可由发动机试验给出，严格说来，m_c 不是常量，在发动机从一个工作状态过渡到另一个工作状态(如起动、加速或减小推力)时，m_c 的变化是很显著的；

g——重力加速度，当略去地球形状的椭球性及自转影响时，重力加速度可表示成：

$$g = g_0 \frac{R_e^2}{(R_e + H)^2} \tag{2-60}$$

式中：R_e——地球平均半径，R_e＝6371 km；

g_0——地球表面的重力加速度，工程上一般取 $g_0=9.806\approx9.81\ m/s^2$；

H——导弹的飞行高度。

由式(2-60)可知，重力加速度 g 是高度 H 的函数。当 H＝50 km时，按式(2-60)计算得 $g=9.66\ m/s^2$，与地球表面的重力加速度 g_0 相比，只减小1.5%左右。因此，对于近程战术导弹来说，在整个飞行过程中，重力加速度 g 可认为是常量，在工程计算时，取 $g=9.81\ m/s^2$，且可视航程内的地表面为平面，重力场是平行力场。

思考题与习题

1. 弹体坐标系、速度坐标系是如何定义的?
2. 攻角、侧滑角的定义是什么?
3. 简述升力斜率、阻力系数与马赫数的变化关系。
4. 简述升力和攻角的关系。
5. 什么叫失速?
6. 压力中心和焦点如何定义？它们有什么区别?
7. 什么叫纵向静稳定性？改变纵向静稳定性有哪些途径?
8. 正常式导弹重心后移时，为保持导弹平衡，舵偏角应如何偏转？若是鸭式导弹呢?
9. 铰链力矩的定义如何？研究铰链力矩有何意义?
10. 飞行高度对作用在导弹上的力有什么影响?

第 3 章　导弹运动方程组

导弹运动方程是表征导弹运动规律的数学模型，也是分析、计算或模拟导弹运动的基础。导弹在主动飞行期间，发动机不断地喷出燃气流，导弹的质量不断地发生变化，是一个变质量系；且导弹作为一个被控制对象，是可控飞行。因此，完整描述导弹在空间运动和制导系统中各元件工作过程的数学模型是相当复杂的。不同研究阶段、不同设计要求，所需建立的导弹运动数学模型也不相同。例如，在导弹方案设计或初步设计阶段，通常可把导弹视为一个质点，选用质点弹道计算的数学模型；而在设计定型阶段，则需建立更完整的数学模型。建立导弹运动方程组以经典力学为基础，涉及变质量力学、空气动力学、推进和控制理论等方面。

本章将要介绍：建立导弹运动方程组常用的坐标系及坐标系之间的转换关系，导弹运动方程组的建立，运动方程组的简化，常用的运动方程组数值积分解法，以及导弹运动与过载之间的关系等。

3.1　导弹作为变质量系的动力学基本方程

由经典力学可知，任何一个自由刚体在空间的任意运动都可以视为刚体质心的平移运动和绕质心转动的合成运动，即决定刚体质心瞬时位置的三个自由度和决定刚体瞬时姿态的三个自由度。对于刚体，可以应用牛顿第二定律来研究质心的移动，利用动量矩定理来研究刚体绕质心的转动。

设 m 表示刚体的质量，$\boldsymbol{V}$ 表示刚体的速度矢量，$\boldsymbol{H}$ 表示刚体相对于质心(O 点)的动量矩矢量，则描述刚体质心移动和绕质心转动的动力学基本方程的矢量表达式为

$$m\frac{\mathrm{d}\boldsymbol{V}}{\mathrm{d}t}=\boldsymbol{F} \tag{3-1}$$

$$\frac{\mathrm{d}\boldsymbol{H}}{\mathrm{d}t}=\boldsymbol{M} \tag{3-2}$$

式中：$\boldsymbol{F}$——刚体上外力的主矢量；

$\boldsymbol{M}$——刚体质心的主矩。

但是上述定律(定理)的使用是有条件的：第一，运动着的物体是常质量的刚体；第二，运动是在惯性坐标系内考察的。

然而，高速飞行的导弹一般是薄翼的细长体的弹性结构，因此有可能产生气动力和结构弹性的相互作用，造成弹体外形的弹性或塑性变形；操纵机构(如空气动力舵面)的不时偏转也相应地会改变导弹的外形。同时，运动着的导弹也不是常质量的，对于装有火箭发

动机的导弹，工作着的火箭发动机不断地以高速喷出燃料燃烧后的产物，使导弹的质量不断地发生变化；对于装有空气喷气发动机的导弹来说，一方面使用空气作为氧化剂，空气源源不断地进入发动机内部；另一方面燃烧后的燃气与空气的混合气又连续地往外喷出。由此可见，每一瞬时，工作着的反作用式发动机内部的组成不断地发生变化，即装有反作用式发动机的导弹是一个变组成系统。由于导弹的质量、外形都随时间而变化，因此，研究导弹的运动不能直接应用经典动力学理论，而采用变质量力学来研究，这比研究刚体运动要繁杂得多。

研究导弹的运动规律时，为使问题易于解决，可以把导弹质量与喷射出的燃气质量合在一起考虑，转换成为一个常质量系，即采用所谓“固化原理”，指在任意研究瞬时，把变质量系的导弹视为虚拟刚体，把该瞬时在导弹所包围的“容积”内的质点“固化”在虚拟的刚体上作为它的组成。同时，略去影响导弹运动的一些次要因素，如弹体结构变形对运动的影响等。这时，在这个虚拟的刚体上作用有如下诸力：对该物体的外力(如气动力、重力等)、反作用力(推力)、哥氏惯性力(液体发动机内流动的液体由于导弹的转动而产生的一种惯性力)、变分力(由火箭发动机内流体的非定态运动引起的)等。其中后两种力较小，也常被略去。

采用“固化原理”，可把所研究瞬时的变质量系的导弹的动力学基本方程写成常质量刚体的形式，这时要把反作用力作为外力来看待，把每研究瞬时的质量 $m(t)$ 取代原来的常质量 m。研究导弹绕质心的转动也可以用同样的方式来处理。因而，导弹动力学基本方程的矢量表达式可写为

$$m(t)\frac{\mathrm{d}\boldsymbol{V}}{\mathrm{d}t}=\boldsymbol{F} \tag{3-3}$$

$$\frac{\mathrm{d}\boldsymbol{H}}{\mathrm{d}t}=\boldsymbol{M} \tag{3-4}$$

式中：$\boldsymbol{F}$——作用在导弹上的合外力；

$\boldsymbol{M}$——作用在导弹上的外力对质心主矩。

实践表明，采用上述简化方法能达到所需要的精确度。

3.2 导弹运动方程组

导弹运动方程组是描述导弹的力、力矩与导弹运动参数(如加速度、速度、位置、姿态等)之间关系的方程组，它由动力学方程、运动学方程、质量变化方程、几何关系方程和控制关系方程等组成。

3.2.1 动力学方程

导弹在空间的运动一般可看成具有 6 个自由度的可控制的变质量系统的运动。根据前述“固化原理”，把变质量系的导弹当作常质量系来看待，并建立了导弹动力学基本方程(3-3)、(3-4)，为研究导弹运动特性方便起见，通常将这两个矢量方程分别投影到相应的坐标系上，写成导弹质心运动的 3 个动力学标量方程和导弹绕质心转动的 3 个动力学标量方程。

1. 导弹质心运动的动力学方程

工程实践表明，对于研究导弹质心运动来说，把矢量方程(3－3)写成在弹道坐标系上的标量形式，方程最为简单，又便于分析导弹运动特性。把地面坐标系视为惯性坐标系，能保证所需要的计算准确度。弹道坐标系是动坐标系，它相对于地面坐标系既有位移运动，又有转动，位移速度为 $\boldsymbol{V}$，转动角速度用 $\boldsymbol{\Omega}$ 表示。

为建立在动坐标系中的动力学方程，引用矢量的绝对导数和相对导数之间的关系：在惯性坐标系中某一矢量对时间的导数(绝对导数)与同一矢量在动坐标系中对时间的导数(相对导数)之差，等于这个矢量本身与动坐标系的转动角速度的矢量乘积，即

$$\frac{\mathrm{d}\boldsymbol{V}}{\mathrm{d}t}=\frac{\delta\boldsymbol{V}}{\delta t}+\boldsymbol{\Omega}\times\boldsymbol{V}$$

式中：$\frac{\mathrm{d}\boldsymbol{V}}{\mathrm{d}t}$——在惯性坐标系(地面坐标系)中矢量 $\boldsymbol{V}$ 的绝对导数；

$\frac{\delta\boldsymbol{V}}{\delta t}$——在动坐标系(弹道坐标系)中矢量 $\boldsymbol{V}$ 的相对导数。

于是，式(3－3)可改写为

$$m\frac{\mathrm{d}\boldsymbol{V}}{\mathrm{d}t}=m\left(\frac{\delta\boldsymbol{V}}{\delta t}+\boldsymbol{\Omega}\times\boldsymbol{V}\right)=\boldsymbol{F} \tag{3-5}$$

设 $\boldsymbol{i}_2$、$\boldsymbol{j}_2$、$\boldsymbol{k}_2$ 分别为沿弹道坐标系 $Ox_2y_2z_2$ 各轴的单位矢量；Ω_{x_2}、Ω_{y_2}、Ω_{z_2} 分别为弹道坐标系相对于地面坐标系的转动角速度 $\boldsymbol{\Omega}$ 在 $Ox_2y_2z_2$ 各轴上的分量；V_{x_2}、V_{y_2}、V_{z_2} 分别为导弹质心速度矢量 $\boldsymbol{V}$ 在 $Ox_2y_2z_2$ 各轴上的分量。

$$\boldsymbol{V}=V_{x_2}\boldsymbol{i}_2+V_{y_2}\boldsymbol{j}_2+V_{z_2}\boldsymbol{k}_2$$

$$\boldsymbol{\Omega}=\Omega_{x_2}\boldsymbol{i}_2+\Omega_{y_2}\boldsymbol{j}_2+\Omega_{z_2}\boldsymbol{k}_2$$

$$\frac{\delta\boldsymbol{V}}{\delta t}=\frac{\mathrm{d}V_{x_2}}{\mathrm{d}t}\boldsymbol{i}_2+\frac{\mathrm{d}V_{y_2}}{\mathrm{d}t}\boldsymbol{j}_2+\frac{\mathrm{d}V_{z_2}}{\mathrm{d}t}\boldsymbol{k}_2 \tag{3-6}$$

根据弹道坐标系定义可知

$$\begin{bmatrix}V_{x_2}\\V_{y_2}\\V_{z_2}\end{bmatrix}=\begin{bmatrix}V\\0\\0\end{bmatrix}$$

于是

$$\frac{\delta\boldsymbol{V}}{\delta t}=\frac{\mathrm{d}V}{\mathrm{d}t}\boldsymbol{i}_2 \tag{3-7}$$

$$\boldsymbol{\Omega}\times\boldsymbol{V}=\begin{vmatrix}\boldsymbol{i}_2 & \boldsymbol{j}_2 & \boldsymbol{k}_2\\ \boldsymbol{\Omega}_{x_2} & \boldsymbol{\Omega}_{y_2} & \boldsymbol{\Omega}_{z_2}\\ \boldsymbol{V}_{x_2} & \boldsymbol{V}_{y_2} & \boldsymbol{V}_{z_2}\end{vmatrix}=\begin{vmatrix}\boldsymbol{i}_2 & \boldsymbol{j}_2 & \boldsymbol{k}_2\\ \Omega_{x_2} & \Omega_{y_2} & \Omega_{z_2}\\ V & 0 & 0\end{vmatrix}=V\Omega_{z_2}\boldsymbol{j}_2-V\Omega_{y_2}\boldsymbol{k}_2 \tag{3-8}$$

根据弹道坐标系与地面坐标系之间的转换关系可得

$$\boldsymbol{\Omega}=\dot{\boldsymbol{\psi}}_{\mathrm{V}}+\dot{\boldsymbol{\theta}}$$

式中：$\dot{\boldsymbol{\psi}}_{\mathrm{V}}$、$\dot{\boldsymbol{\theta}}$分别在地面坐标系 Ay 轴上和弹道坐标系 Oz_2 轴上，于是利用式(1－17)、式(1－18)得到

$$\begin{bmatrix}\Omega_{x_2}\\ \Omega_{y_2}\\ \Omega_{z_2}\end{bmatrix}=\boldsymbol{L}(\theta,\psi_V)\begin{bmatrix}0\\ \dot{\psi}_V\\ 0\end{bmatrix}+\begin{bmatrix}0\\ 0\\ \dot{\theta}\end{bmatrix}=\begin{bmatrix}\dot{\psi}_V\sin\theta\\ \dot{\psi}_V\cos\theta\\ \dot{\theta}\end{bmatrix}\tag{3-9}$$

将式(3-9)代入式(3-8)中，可得

$$\boldsymbol{\Omega}\times\boldsymbol{V}=V\ddot{\theta}\boldsymbol{j}_2-V\dot{\psi}_V\cos\theta\boldsymbol{k}_2\tag{3-10}$$

将式(3-7)、式(3-10)代入式(3-5)中，展开后得

$$\begin{cases}m\dfrac{\mathrm{d}V}{\mathrm{d}t}=F_{x_2}\\ mV\dfrac{\mathrm{d}\theta}{\mathrm{d}t}=F_{y_2}\\ -mV\cos\theta\dfrac{\mathrm{d}\psi_V}{\mathrm{d}t}=F_{z_2}\end{cases}\tag{3-11}$$

式中：F_{x_2}、F_{y_2}、F_{z_2}——导弹所有外力(总空气动力 $\boldsymbol{R}$、推力 $\boldsymbol{P}$、重力 $\boldsymbol{G}$ 等)分别在 $Ox_2y_2z_2$ 各轴上分量的代数和。

下面分别列出总空气动力 $\boldsymbol{R}$、重力 $\boldsymbol{G}$ 和推力 $\boldsymbol{P}$ 在弹道坐标系上投影的表达式。

作用在导弹上的总空气动力 $\boldsymbol{R}$ 沿速度坐标系可分解为阻力 X、升力 Y 和侧向力 Z，即

$$\begin{bmatrix}R_{x_3}\\ R_{y_3}\\ R_{z_3}\end{bmatrix}=\begin{bmatrix}-X\\ Y\\ Z\end{bmatrix}$$

根据速度坐标系和弹道坐标系之间的转换关系，利用式(3-3)、式(3-4)得到

$$\begin{bmatrix}R_{x_2}\\ R_{y_2}\\ R_{z_2}\end{bmatrix}=\boldsymbol{L}^{\mathrm{T}}(\gamma_V)\begin{bmatrix}R_{x_3}\\ R_{y_3}\\ R_{z_3}\end{bmatrix}=\begin{bmatrix}-X\\ Y\cos\gamma_V-Z\sin\gamma_V\\ Y\sin\gamma_V+Z\cos\gamma_V\end{bmatrix}\tag{3-12}$$

对于近程战术导弹，重力 $\boldsymbol{G}$ 可认为是沿地面坐标系 Ay 轴的负方向，故其在地面坐标系上可表示为

$$\begin{bmatrix}G_x\\ G_y\\ G_z\end{bmatrix}=\begin{bmatrix}0\\ -mg\\ 0\end{bmatrix}$$

将其投影到弹道坐标系 $Ox_2y_2z_2$ 上，可利用式(1-17)、式(1-18)得到

$$\begin{bmatrix}G_{x_2}\\ G_{y_2}\\ G_{z_2}\end{bmatrix}=\boldsymbol{L}(\theta,\psi_V)\begin{bmatrix}G_x\\ G_y\\ G_z\end{bmatrix}=\begin{bmatrix}-mg\sin\theta\\ -mg\cos\theta\\ 0\end{bmatrix}\tag{3-13}$$

如果发动机的推力 $\boldsymbol{P}$ 与弹体纵轴 Ox_1 重合，这时

$$\begin{bmatrix} P_{x_1} \\ P_{y_1} \\ P_{z_1} \end{bmatrix} = \begin{bmatrix} P \\ 0 \\ 0 \end{bmatrix}$$

将其投影在弹道坐标系 $Ox_2y_2z_2$ 上，可利用式(3-1)～式(3-4)得

$$\begin{bmatrix} P_{x_2} \\ P_{y_2} \\ P_{z_2} \end{bmatrix} = \boldsymbol{L}^{\mathrm{T}}(\gamma_{\mathrm{V}})\boldsymbol{L}^{\mathrm{T}}(\alpha, \beta)\begin{bmatrix} P_{x_1} \\ P_{y_1} \\ P_{z_1} \end{bmatrix} = \begin{bmatrix} P\cos\alpha\cos\beta \\ P(\sin\alpha\cos\gamma_{\mathrm{V}} + \cos\alpha\sin\beta\sin\gamma_{\mathrm{V}}) \\ P(\sin\alpha\sin\gamma_{\mathrm{V}} - \cos\alpha\sin\beta\cos\gamma_{\mathrm{V}}) \end{bmatrix} \tag{3-14}$$

将式(3-12)～式(3-14)代入式(3-11)中，即得到导弹质心运动的动力学方程的标量形式为

$$\begin{cases} m\dfrac{\mathrm{d}V}{\mathrm{d}t} = P\cos\alpha\cos\beta - X - mg\sin\theta \\ mV\dfrac{\mathrm{d}\theta}{\mathrm{d}t} = P(\sin\alpha\cos\gamma_{\mathrm{V}} + \cos\alpha\sin\beta\sin\gamma_{\mathrm{V}}) + Y\cos\gamma_{\mathrm{V}} - Z\sin\gamma_{\mathrm{V}} - mg\cos\theta \\ -mV\cos\theta\dfrac{\mathrm{d}\psi_{\mathrm{V}}}{\mathrm{d}t} = P(\sin\alpha\sin\gamma_{\mathrm{V}} - \cos\alpha\sin\beta\cos\gamma_{\mathrm{V}}) + Y\sin\gamma_{\mathrm{V}} + Z\cos\gamma_{\mathrm{V}} \end{cases} \tag{3-15}$$

式中：$\dfrac{\mathrm{d}V}{\mathrm{d}t}$——导弹质心加速度沿弹道切向($Ox_2$ 轴)的投影，称为切向加速度；

$V\dfrac{\mathrm{d}\theta}{\mathrm{d}t}$——导弹质心加速度在铅垂面($Ox_2y_2$)内沿弹道法线($Oy_2$ 轴)的投影，称为法向加速度；

$-mV\cos\theta\dfrac{\mathrm{d}\psi_{\mathrm{V}}}{\mathrm{d}t}$——导弹质心加速度的水平分量(沿 Oz_2 轴)，也称法向加速度。式中左端“−”号表明：向心力为正，所对应的 $\dot{\psi}_{\mathrm{V}}$ 为负；反之亦是。它是由角 ψ_{V} 的正负号定义所决定的。

2. 导弹绕质心转动的动力学方程

导弹绕质心转动的动力学矢量方程(3-4)写成在弹体坐标系上的标量形式最为简单。弹体坐标系是动坐标系，设弹体坐标系相对于地面坐标系的转动角速度用 ω 表示。同理，在动坐标系(弹体坐标系)上建立导弹绕质心转动的动力学方程，式(3-4)可写成

$$\frac{\mathrm{d}\boldsymbol{H}}{\mathrm{d}t} = \frac{\delta\boldsymbol{H}}{\delta t} + \boldsymbol{\omega}\times\boldsymbol{H} = \boldsymbol{M} \tag{3-16}$$

设 $\boldsymbol{i}_1$、$\boldsymbol{j}_1$、$\boldsymbol{k}_1$ 分别为沿弹体坐标系 $Ox_1y_1z_1$ 各轴的单位矢量；ω_x、ω_y、ω_z 为弹体坐标系相对于地面坐标系的转动角速度 $\boldsymbol{\omega}$ 沿弹体坐标系各轴上的分量；动量矩 $\boldsymbol{H}$ 在弹体坐标系各轴上的分量为 H_{x_1}、H_{y_1}、H_{z_1}。

$$\frac{\delta\boldsymbol{H}}{\delta t} = \frac{\mathrm{d}H_{x_1}}{\mathrm{d}t}\boldsymbol{i}_1 + \frac{\mathrm{d}H_{y_1}}{\mathrm{d}t}\boldsymbol{j}_1 + \frac{\mathrm{d}H_{z_1}}{\mathrm{d}t}\boldsymbol{k}_1 \tag{3-17}$$

动量矩 $\boldsymbol{H}$ 可表示为

$$\boldsymbol{H} = \boldsymbol{J}\cdot\boldsymbol{\omega}$$

式中：$\boldsymbol{J}$——惯性张量。

动量矩 $\boldsymbol{H}$ 在弹体坐标系各轴上的分量可表示为

$$\begin{bmatrix} H_{x_1} \\ H_{y_1} \\ H_{z_1} \end{bmatrix} = \begin{bmatrix} J_{x_1x_1} & -J_{x_1y_1} & -J_{x_1z_1} \\ -J_{y_1x_1} & J_{y_1y_1} & -J_{y_1z_1} \\ -J_{z_1x_1} & -J_{z_1y_1} & J_{z_1z_1} \end{bmatrix} \begin{bmatrix} \omega_{x_1} \\ \omega_{y_1} \\ \omega_{z_1} \end{bmatrix} \tag{3-18}$$

式中：$J_{x_1x_1}$、$J_{y_1y_1}$、$J_{z_1z_1}$——导弹对弹体坐标系各轴的转动惯量；

$J_{x_1y_1}$、$J_{x_1z_1}$、…、$J_{z_1y_1}$——导弹对弹体坐标系各轴的惯量积。

战术导弹一般多为轴对称外形，这时可认为弹体坐标系就是它的惯性主轴系。在此条件下，导弹对弹体坐标系各轴的惯量积为零。为书写方便，上述转动惯量分别以 J_{x_1}、J_{y_1}、J_{z_1} 表示，则式(3-18)可简化为

$$\begin{bmatrix} H_{x_1} \\ H_{y_1} \\ H_{z_1} \end{bmatrix} = \begin{bmatrix} J_{x_1} & 0 & 0 \\ 0 & J_{y_1} & 0 \\ 0 & 0 & J_{z_1} \end{bmatrix} \begin{bmatrix} \omega_{x_1} \\ \omega_{y_1} \\ \omega_{z_1} \end{bmatrix} = \begin{bmatrix} J_{x_1}\omega_{x_1} \\ J_{y_1}\omega_{y_1} \\ J_{z_1}\omega_{z_1} \end{bmatrix} \tag{3-19}$$

将式(3-19)代入式(3-17)中，可得

$$\frac{\delta \boldsymbol{H}}{\delta t} = J_{x_1}\frac{\mathrm{d}\omega_{x_1}}{\mathrm{d}t}\boldsymbol{i}_1 + J_{y_1}\frac{\mathrm{d}\omega_{y_1}}{\mathrm{d}t}\boldsymbol{j}_1 + J_{z_1}\frac{\mathrm{d}\omega_{z_1}}{\mathrm{d}t}\boldsymbol{k}_1 \tag{3-20}$$

$$\begin{aligned}\boldsymbol{\omega} \times \boldsymbol{H} &= \begin{vmatrix} \boldsymbol{i}_1 & \boldsymbol{j}_1 & \boldsymbol{k}_1 \\ \omega_{x_1} & \omega_{y_1} & \omega_{z_1} \\ H_{x_1} & H_{y_1} & H_{z_1} \end{vmatrix} = \begin{vmatrix} \boldsymbol{i}_1 & \boldsymbol{j}_1 & \boldsymbol{k}_1 \\ \omega_{x_1} & \omega_{y_1} & \omega_{z_1} \\ J_{x_1}\omega_{x_1} & J_{y_1}\omega_{y_1} & J_{z_1}\omega_{z_1} \end{vmatrix} \\ &= (J_{z_1} - J_{y_1})\omega_{z_1}\omega_{y_1}\boldsymbol{i}_1 + (J_{x_1} - J_{z_1})\omega_{x_1}\omega_{z_1}\boldsymbol{j}_1 + (J_{y_1} - J_{x_1})\omega_{y_1}\omega_{x_1}\boldsymbol{k}_1\end{aligned} \tag{3-21}$$

将式(3-20)、式(3-21)代入式(3-16)中，于是导弹绕质心转动的动力学标量方程为

$$\begin{cases} J_{x_1}\dfrac{\mathrm{d}\omega_{x_1}}{\mathrm{d}t} + (J_{z_1} - J_{y_1})\omega_{z_1}\omega_{y_1} = M_{x_1} \\ J_{y_1}\dfrac{\mathrm{d}\omega_{y_1}}{\mathrm{d}t} + (J_{x_1} - J_{z_1})\omega_{x_1}\omega_{z_1} = M_{y_1} \\ J_{z_1}\dfrac{\mathrm{d}\omega_{z_1}}{\mathrm{d}t} + (J_{y_1} - J_{x_1})\omega_{y_1}\omega_{x_1} = M_{z_1} \end{cases} \tag{3-22}$$

式中：J_{x_1}、J_{y_1}、J_{z_1}——导弹对于弹体坐标系(惯性主轴系)各轴的转动惯量，它们随着燃料燃烧产物的喷出而不断变化；

ω_{x_1}、ω_{y_1}、ω_{z_1}——弹体坐标系相对于地面坐标系的转动角速度 $\boldsymbol{\omega}$ 在弹体坐标系各轴上的分量；

$\dfrac{\mathrm{d}\omega_{x_1}}{\mathrm{d}t}$、$\dfrac{\mathrm{d}\omega_{y_1}}{\mathrm{d}t}$、$\dfrac{\mathrm{d}\omega_{z_1}}{\mathrm{d}t}$——弹体转动角加速度矢量在弹体坐标系各轴上的分量；

M_{x_1}、M_{y_1}、M_{z_1}——作用在导弹上的所有外力(含推力)对质心的力矩在弹体坐标系各轴上的分量。

后面为书写方便，省略式(3-22)中脚注“1”。

3.2.2　运动学方程

导弹运动方程组还包括描述各运动参数之间关系的运动学方程，即描述导弹质心相对于地面坐标系运动的运动学方程和导弹弹体相对于地面坐标系姿态变化的运动学方程。

1. 导弹质心运动的运动学方程

要确定导弹质心相对于地面坐标系的运动轨迹(弹道)，需要建立导弹质心相对于地面坐标系运动的运动学方程。计算空气动力、推力时，需要知道导弹在任一瞬时所处的高度，通过弹道计算确定相应瞬时导弹所处的位置。因此，要建立导弹质心相对于地面坐标系 $Axyz$ 的位置方程：

$$\begin{bmatrix} \dfrac{\mathrm{d}x}{\mathrm{d}t} \\ \dfrac{\mathrm{d}y}{\mathrm{d}t} \\ \dfrac{\mathrm{d}z}{\mathrm{d}t} \end{bmatrix} = \begin{bmatrix} V_x \\ V_y \\ V_z \end{bmatrix} \tag{3-23}$$

根据弹道坐标系的定义可知，导弹质心的速度矢量与弹道坐标系的 Ox_2 轴重合，即

$$\begin{bmatrix} V_{x_2} \\ V_{y_2} \\ V_{z_2} \end{bmatrix} = \begin{bmatrix} V \\ 0 \\ 0 \end{bmatrix} \tag{3-24}$$

利用地面坐标系与弹道坐标系的转换关系可得

$$\begin{bmatrix} V_x \\ V_y \\ V_z \end{bmatrix} = \boldsymbol{L}^{\mathrm{T}}(\theta,\ \psi_{\mathrm{V}}) \begin{bmatrix} V_{x_2} \\ V_{y_2} \\ V_{z_2} \end{bmatrix} \tag{3-25}$$

将式(3-24)、式(1-18)代入式(3-25)中，并将其结果代入式(3-23)，即得到导弹质心运动的运动学方程

$$\begin{cases} \dfrac{\mathrm{d}x}{\mathrm{d}t} = V\cos\theta\cos\psi_{\mathrm{V}} \\ \dfrac{\mathrm{d}y}{\mathrm{d}t} = V\sin\theta \\ \dfrac{\mathrm{d}z}{\mathrm{d}t} = -V\cos\theta\sin\psi_{\mathrm{V}} \end{cases} \tag{3-26}$$

2. 导弹绕质心转动的运动学方程

要确定导弹在空间的姿态，就需要建立描述导弹弹体相对于地面坐标系姿态变化的运动学方程，亦即建立姿态角 ϑ、ψ、γ 的变化率与导弹相对于地面坐标系转动角速度分量 ω_{x_1}、ω_{y_1}、ω_{z_1} 之间的关系式。

根据地面坐标系与弹体坐标系的转换关系可得

$$\boldsymbol{\omega} = \dot{\boldsymbol{\psi}} + \dot{\boldsymbol{\vartheta}} + \dot{\boldsymbol{\gamma}}$$

由于 $\dot{\boldsymbol{\psi}}$、$\dot{\boldsymbol{\gamma}}$ 分别与地面坐标系 Ay 轴和弹体坐标系的 Ox_1 轴重合，而 $\dot{\boldsymbol{\vartheta}}$ 与 Oz' 轴重合

(见图 1-10)，故有

$$\begin{bmatrix}\omega_{x_1}\\ \omega_{y_1}\\ \omega_{z_1}\end{bmatrix}=\boldsymbol{L}(\gamma,\ \vartheta,\ \psi)\begin{bmatrix}0\\ \dot{\psi}\\ 0\end{bmatrix}+\boldsymbol{L}(\gamma)\begin{bmatrix}0\\ 0\\ \dot{\vartheta}\end{bmatrix}+\begin{bmatrix}\dot{\gamma}\\ 0\\ 0\end{bmatrix}=\begin{bmatrix}\dot{\psi}\sin\psi+\dot{\gamma}\\ \dot{\psi}\cos\vartheta\cos\gamma+\dot{\vartheta}\sin\gamma\\ -\dot{\psi}\cos\vartheta\sin\gamma+\dot{\vartheta}\cos\gamma\end{bmatrix}$$

$$=\begin{bmatrix}0 & \sin\vartheta & 1\\ \sin\gamma & \cos\vartheta\cos\gamma & 0\\ \cos\gamma & -\cos\vartheta\sin\gamma & 0\end{bmatrix}\begin{bmatrix}\dot{\vartheta}\\ \dot{\psi}\\ \dot{\gamma}\end{bmatrix}$$

变换后得

$$\begin{bmatrix}\dot{\vartheta}\\ \dot{\psi}\\ \dot{\gamma}\end{bmatrix}=\begin{bmatrix}0 & \sin\gamma & \cos\gamma\\ 0 & \dfrac{\cos\gamma}{\cos\vartheta} & -\dfrac{\sin\gamma}{\cos\vartheta}\\ 1 & -\tan\vartheta\cos\gamma & \tan\vartheta\sin\gamma\end{bmatrix}\begin{bmatrix}\omega_{x_1}\\ \omega_{y_1}\\ \omega_{z_1}\end{bmatrix}\tag{3-27}$$

将式(3-27)展开后得到导弹绕质心转动的运动学方程：

$$\begin{cases}\dfrac{d\vartheta}{dt}=\omega_{y_1}\sin\gamma+\omega_{z_1}\cos\gamma\\ \dfrac{d\psi}{dt}=\dfrac{1}{\cos\vartheta}(\omega_{y_1}\cos\gamma-\omega_{z_1}\sin\gamma)\\ \dfrac{d\gamma}{dt}=\omega_{x_1}-\tan\vartheta(\omega_{y_1}\cos\gamma-\omega_{z_1}\sin\gamma)\end{cases}\tag{3-28}$$

同样，为书写方便，省略式(3-28)中的脚注“1”。

3.2.3 质量变化方程

导弹在主动飞行过程中，由于发动机不断地消耗燃料，导弹质量不断减小，所以在建立导弹运动方程组时，还需要补充描述导弹质量变化的方程，即

$$\frac{dm}{dt}=-m_c\tag{3-29}$$

式中：$\dfrac{dm}{dt}$——导弹质量变化率，即导弹在单位时间内喷射出来的质量，由于是质量的减小，故取负值。

m_c——导弹单位时间内质量消耗量，它应该是单位时间内燃料组元质量消耗量和其他物质质量消耗量之和，但主要是燃料的消耗，故 m_c 又称为燃料质量秒流量。通常认为 m_c 是已知的时间函数，它可能是常量，也可能是变量。对于火箭发动机来说，m_c 的大小主要由发动机性能确定。

方程(3-29)可独立于导弹运动方程组中其他方程之外单独求解，即

$$m(t)=m_0-\int_0^t m_c(t)dt\tag{3-30}$$

式中：m_0——导弹的初始质量。

3.2.4 几何关系方程

前面定义的四组常用坐标系之间的关系由 8 个角度(ϑ、ψ、γ、θ、ψ_V、α、β、γ_V)联系了起来(如图 1-16 所示)。某单位矢量以不同途径投影到任意坐标系的同一轴上，其结果应是相等的，根据这一原理可知这 8 个角度并不是完全独立的。例如，导弹的速度矢量 $\boldsymbol{V}$ 相对于地面坐标系 $Axyz$ 的方位可以通过速度坐标系相对于弹体坐标系的角参数 α、β 以及弹体坐标系相对于地面坐标系的角参数 ϑ、ψ、γ 来确定。ϑ、ψ、γ、α、β 确定之后，决定速度矢量 $\boldsymbol{V}$ 的方位的角参数 θ、ψ_V 及 γ_V 也就确定了。这就说明，8 个角参数中只有 5 个是独立的，而其余 3 个角参数则分别由这 5 个独立的角参数来表示。因此，8 个角度之间存在着 3 个独立的几何关系式。根据不同的要求，可把这些几何关系表达成一些不同的形式，因此，几何关系方程不是唯一的形式。由于 θ、ψ_V 和 ϑ、ψ、γ 角参数的变化规律可分别用式(3-15)和式(3-28)来描述，因此，可用 θ、ψ_V、ϑ、ψ 和 γ 等角参数来求出 α、β 和 γ_V，分别建立相应的 3 个几何关系方程。

建立几何关系方程时，可用球面三角、四元素法或方向余弦等数学方法。下面介绍利用有关矢量运算的知识和上述方向余弦表来建立 3 个几何关系式。

过参考系原点的任意两个单位矢量夹角 φ 的方向余弦(见图 3-1)等于它们各自与参考系对应轴夹角的方向余弦乘积之和，用公式表示为

$$\cos\varphi = \cos\alpha_1\cos\alpha_2 + \cos\beta_1\cos\beta_2 + \cos\gamma_1\cos\gamma_2 \tag{3-31}$$

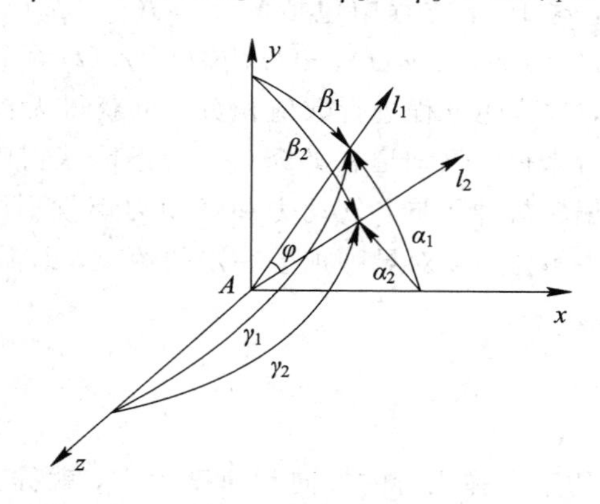

图 3-1　过参考系原点两单位矢量之夹角

设 $\boldsymbol{i}$、$\boldsymbol{j}$、$\boldsymbol{k}$ 分别为参考系 $Axyz$ 各对应轴的单位矢量，过参考系原点 A 的两个单位矢量夹角的方向余弦记作 $\langle \boldsymbol{l}_1^0 \cdot \boldsymbol{l}_2^0 \rangle$，则式(3-31)又可写成

$$\langle \boldsymbol{l}_1^0 \cdot \boldsymbol{l}_2^0 \rangle = \langle \boldsymbol{l}_1^0 \cdot \boldsymbol{i} \rangle \langle \boldsymbol{l}_2^0 \cdot \boldsymbol{i} \rangle + \langle \boldsymbol{l}_1^0 \cdot \boldsymbol{j} \rangle \langle \boldsymbol{l}_2^0 \cdot \boldsymbol{j} \rangle + \langle \boldsymbol{l}_1^0 \cdot \boldsymbol{k} \rangle \langle \boldsymbol{l}_2^0 \cdot \boldsymbol{k} \rangle \tag{3-32}$$

若把 Ox_2 轴和 Oz_1 轴的单位矢量分别表示为 $\boldsymbol{l}_1^0$ 和 $\boldsymbol{l}_2^0$，选地面坐标系 $Axyz$ 为参考系，欲求 $\langle \boldsymbol{l}_1^0 \cdot \boldsymbol{l}_2^0 \rangle$，先将坐标系 $Ox_2y_2z_2$ 和 $Ox_1y_1z_1$ 平移至其原点 O 与参考系的原点 A 重合，考虑到 Ox_2 轴与 Ox_3 轴重合，利用方向余弦表(表 1-1～表 1-3)，求得式(3-32)的相应单位矢量的夹角余弦项，经整理得

$$\sin\beta = \cos\theta[\cos\gamma\sin(\psi - \psi_V) + \sin\vartheta\sin\gamma\cos(\psi - \psi_V)] - \sin\theta\cos\vartheta\sin\gamma \tag{3-33}$$

若把 Oy_1 轴和 Ox_2 轴的单位矢量分别表示为 $\boldsymbol{l}_1^0$、$\boldsymbol{l}_2^0$，仍选地面坐标系为参考系，同样把有关坐标系的原点重合在一起，利用式(3-32)和方向余弦表(表 1-1～表 1-3)，即得

$$\sin\alpha = \frac{\cos\theta[\sin\vartheta\cos\gamma\cos(\psi-\psi_V)-\sin\gamma\sin(\psi-\psi_V)]-\sin\theta\cos\vartheta\cos\gamma}{\cos\beta} \tag{3-34}$$

同理，选取弹体坐标系 $Ox_1y_1z_1$ 为参考系，而把速度坐标系 Oz_3 轴的单位矢量和地面坐标系 Ay 轴的单位矢量分别视为 $\boldsymbol{l}_1^0$、$\boldsymbol{l}_2^0$。利用式(3-32)和方向余弦表(表1-1～表1-3)以及通过已建立的坐标转换矩阵求出速度坐标系与地面坐标系之间的方向余弦表，即得

$$\sin\gamma_V = \frac{\cos\alpha\sin\beta\sin\vartheta-\sin\alpha\sin\beta\cos\gamma\cos\vartheta+\cos\beta\sin\gamma\cos\vartheta}{\cos\theta} \tag{3-35}$$

式(3-33)～式(3-35)即为3个几何关系方程。

有时几何关系方程显得非常简单，例如，当导弹做无侧滑($\beta=0$)、无倾斜($\gamma=0$)飞行时，有

$$\theta=\vartheta-\alpha$$

又如，当导弹做无侧滑、零攻角飞行时，有

$$\gamma=\gamma_V$$

再如，当导弹在水平面内做无倾斜机动飞行，且攻角很小时，有

$$\psi_V=\psi-\beta$$

至此，已建立了描述导弹质心运动的动力学方程(3-15)、绕质心转动的动力学方程(3-22)、导弹质心运动的运动学方程(3-27)、绕质心转动的运动学方程(3-28)、质量变化方程(3-29)和几何关系方程(3-33)～(3-35)，以上16个方程，组成无控弹运动方程组。如果不考虑外界干扰，这16个方程中包括 $V(t)$、$\theta(t)$、$\psi_V(t)$、$\omega_x(t)$、$\omega_y(t)$、$\omega_z(t)$、$x(t)$、$y(t)$、$z(t)$、$\vartheta(t)$、$\psi(t)$、$\gamma(t)$、$m(t)$、$\alpha(t)$、$\beta(t)$、$\gamma_V(t)$等16个未知数，方程组是封闭的。当给定初始条件时，对这些方程进行数值积分，可获得无控弹道及相应运动参数的变化规律。但对于可控飞行来说，仅知道初始条件，还不能获得唯一确定的解，因为在相同的初始条件下，舵面的偏转规律不同，气动力和气动力矩就不同，相应的飞行弹道和运动参数也不同。为确定唯一解，必须对导弹加上一定的约束，即需要建立控制关系方程。

3.2.5 控制关系方程

1. 控制飞行的原理

为了保证命中目标而约束导弹飞行的方向和速度大小，就称为控制飞行。导弹在自动控制系统的作用下，其飞行遵循一定的约束关系。若按需要改变导弹的飞行方向和速度大小，则又依赖于改变作用于导弹上外力合力的大小和方向。作用在导弹上的外力主要有空气动力 R、推力 P 和重力 G，其中重力始终指向地心，其大小也不能随意改变。因此，控制导弹飞行只能依靠改变 R 和 P 的合力 N(N 称为控制力)的大小和方向，即

$$N=P+R$$

控制力 N 沿速度方向和垂直于速度的方向可分解为 N_t 和 N_n 两个分量(如图3-2所示)，分别称为切向控制力和法向控制力。从力学的观点来看，改变切向控制力可以改变速度大小，改变法向控制力可以改变飞行方向。

切向控制力：

$$N_t=P_t+R_t$$

法向控制力：

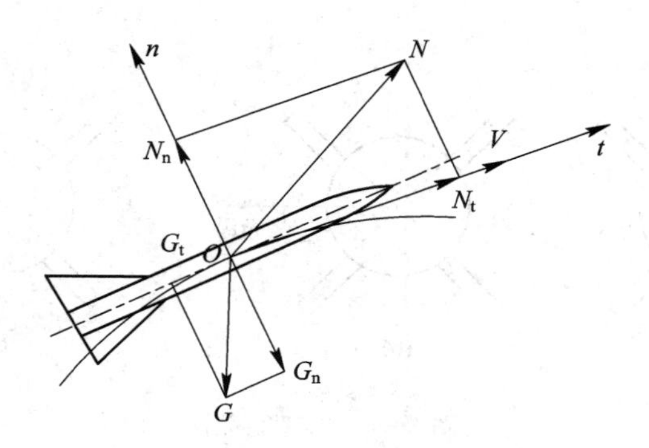

图 3-2　导弹切向控制力和法向控制力

$$N_n = P_n + R_n$$

式中：$R_n = Y + Z$。

下面简述导弹是如何改变法向控制力的。改变法向控制力主要是依靠改变空气动力的法向力 R_n，它是通过改变导弹在空中的姿态，从而改变导弹弹体相对气流的方位来获得的。而改变导弹的姿态是靠偏转导弹上的操纵机构(如空气舵、气动扰流片、摆动发动机等)，在操纵面上相应地产生操纵力，从而对导弹质心产生操纵力矩，在此力矩的作用下，导弹弹体就会绕其质心转动，由此改变导弹在空中的姿态。同时，固定在弹体上的空气动力面(如弹翼、尾翼等)和弹身就会获得新的攻角和侧滑角，从而改变作用在导弹上的空气动力(如图 3-3 所示)。

空气舵根据作用不同，又可分为升降舵、方向舵和副翼。无论对于轴对称型导弹或面对称型导弹，升降舵主要用于操纵导弹的俯仰姿态，方向舵主要用于操纵导弹的偏航姿态，副翼主要用于操纵导弹的倾斜姿态。

对于轴对称型导弹，若舵面相对于弹身的安装呈"＋"型，此时水平位置的一对舵面就是升降舵，垂直位置的一对舵面就是方向舵(如图 3-4 所示)。若舵面相对于弹身的安装位置呈"×"型(如图 3-5 所示)，此时两对舵面不能各自独立地起到升降舵和方向舵的作用。当两对舵面同时向下(或向上)偏转，并且偏转的角度也一样时，两对舵面就起到升降舵的作用(如图 3-5(a)所示)；当一对舵面与另一对舵面上下偏转的方向不同，但偏转角一样时，两对舵面则起着方向舵的作用(如图 3-5(b)所示)；若两对舵面的偏转角不同，而上下偏转的方向相同或不同，这样就既可以起到升降舵的作用，又可以起到方向舵的作用(如图 3-5(c)所示)。

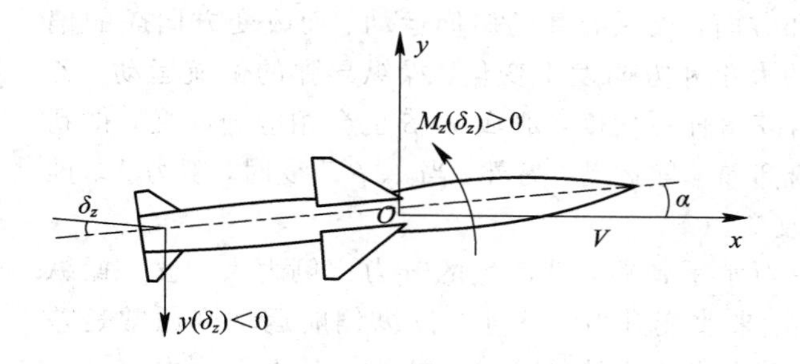

图 3-3　用空气动力来控制飞行的示意图

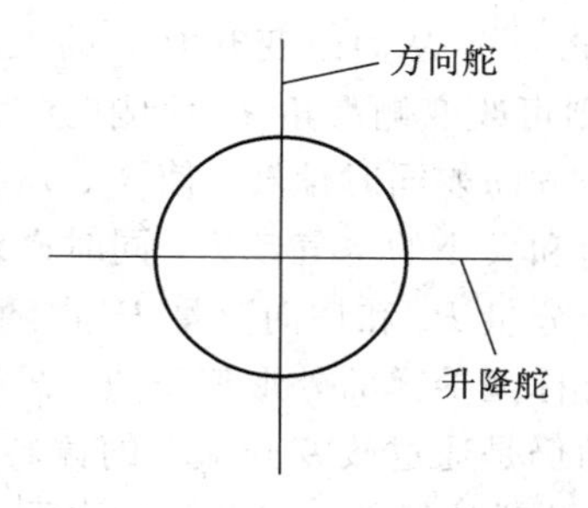

图 3-4　"＋"型舵面

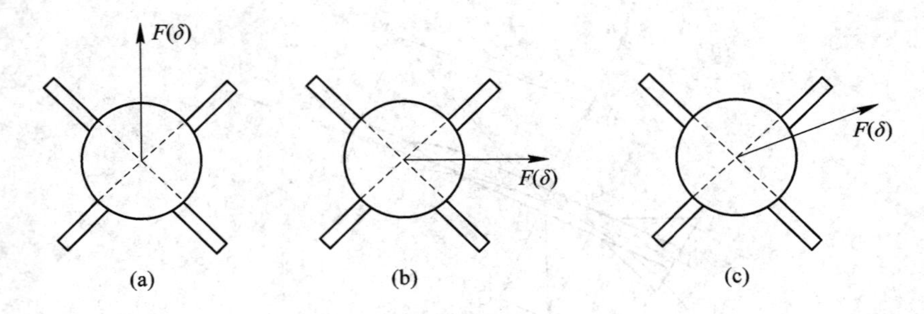

图 3-5 “×”型舵面

副翼是一对左右差动的舵面，即一个舵面与另一个舵面上下偏转的方向不同(如图 3-6 所示)。副翼可以是一对独立的舵面，也可以采用一组舵面，使其既起到升降舵(或方向舵)的作用，又起到副翼的作用，即通过操纵机构的设计，使这组舵面不仅可以同向偏转，还可以差动。一对舵面其同向偏转部分起到升降舵(或方向舵)的作用，差动部分起到副翼的作用。

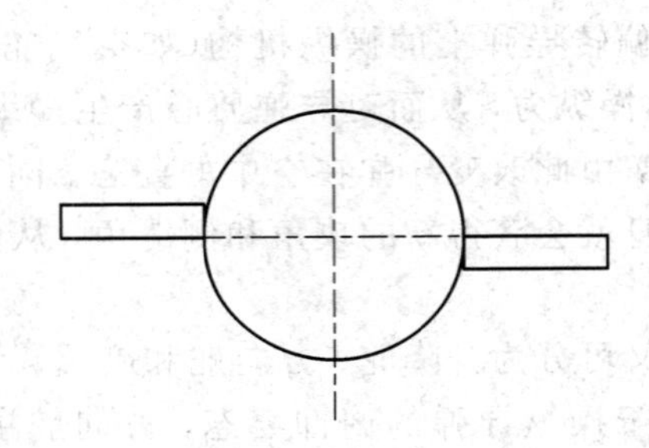

图 3-6 副翼的偏转

在利用气动力操纵导弹时，除可以使用偏转舵面外，还可以使用伸缩操纵面或气动扰流片等。

用反作用力(推力)来操纵导弹也是一种可用的形式，即用偏转主发动机的燃气流或者专用的可偏转的小型发动机来实现。小发动机安装在离导弹质心一定距离的地方，专门用来产生操纵力矩，在此力矩的作用下，导弹将绕质心转动，同样可改变导弹在空间的姿态。

利用破坏主发动机燃气流对称性的方法可以获得使导弹绕其质心转动的操纵力矩，也同样能改变导弹在空间的姿态。

轴对称型导弹装有两对弹翼，并沿周向均匀分布，通过改变升降舵的偏转角 δ_z 来改变攻角 α 的大小，从而改变升力 Y 的大小和方向，操纵导弹的俯仰运动。而改变方向舵的偏转角 δ_z 则可改变侧滑角 β，使侧向力 Z 的大小和方向发生变化，操纵导弹的偏航运动。若升降舵和方向舵同时偏转，使 δ_z、δ_y 各自获得任一角度，那么 α、β 也会相应地改变，得到任一方向和大小的空气动力，同时操纵俯仰和偏航运动。另外，当 α、β 改变时，阻力 X、推力的法向分量 P_n 和切向分量 P_t 也随之改变。

面对称型导弹的外形似飞机，只有一对水平弹翼，其产生的升力比侧力大得多，操纵俯仰运动仍是通过改变升降舵的偏转角 δ_z 来改变升力的大小。操纵偏航运动则通常是差动副翼，使弹体倾斜，在纵向对称面内的升力也相应地转到某一方向，其水平分力使导弹做偏航运动(如图 3-7 所示)。

综上所述，操纵导弹的俯仰、偏航和倾斜运动就是操纵导弹的 3 个自由度来改变法向力的大小和方向，以达到改变导弹飞行方向的目的。

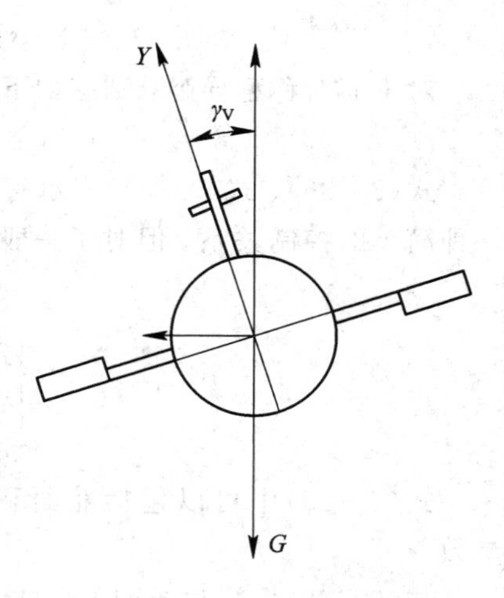

图 3-7　面对称型导弹的偏航运动

为了使控制系统不过于复杂，又要形成任一方向的法向力，只要操纵导弹绕某一轴或至多绕两根轴转动，而对第三轴加以稳定。例如，对于轴对称型导弹，只需操纵导弹绕 Oz_1 轴和 Oy_1 轴转动，就可实现操纵俯仰和偏航运动，而对 Ox_1 轴保持稳定，以保证俯仰和偏航运动的操纵不致发生混乱；而对于面对称型导弹，一般只需操纵导弹绕 Oz_1 轴和 Ox_1 轴转动，实现操纵俯仰和倾斜运动，改变攻角 α 和速度倾斜角 γ_V 来产生所需的法向力，使导弹做偏航运动，而对 Oy_1 轴保持稳定。

此外，改变速度大小通常采用推力控制，即控制发动机节气阀偏角 δ_p 以调节发动机推力的大小来实现。

由此可见，导弹应具有 4 个操纵机构：升降舵、方向舵、副翼的操纵机构和发动机推力的调节装置。

2. 控制关系方程

若要实现导弹的控制飞行，则导弹应具有 4 个操纵机构，相应地必须在导弹上加以 4 个约束，即有 4 个控制关系方程。

要改变导弹的运动参数，必须通过控制系统使舵面偏转，对质心产生操纵力矩，引起弹体转动，使 α(或 β、γ_V)变化，从而改变 N_n 的大小和方向，导弹运动参数发生相应的变化，这就是控制的主要过程。但从控制系统输入信号到运动参数发生相应的变化是一个复杂的过程。在飞行过程的每一瞬时，当实际运动参数与按导引关系要求的运动参数不相符时，就产生控制信号。因此，控制系统操纵舵面取决于每一瞬时导弹的运动参数。导弹制导系统的工作原理是按“误差工作”。例如，当导弹飞行中的俯仰角 ϑ 与要求的俯仰角 ϑ_* 不相等时，即存在偏差角 $\Delta\vartheta=\vartheta-\vartheta_*$，那么控制系统将根据 $\Delta\vartheta$ 的大小使升降舵偏转相应的角度 δ_z，最简单的比例控制关系为

$$\delta_z = k_\vartheta(\vartheta - \vartheta_*) = k_\vartheta \Delta\vartheta$$

式中：k_ϑ——控制系统决定的比例系数，称为放大系数。

导弹在飞行过程中，控制系统总是做出消除误差 $\Delta\vartheta$ 的回答反应，根据误差的大小，偏转相应的舵面来力图消除误差 $\Delta\vartheta$。实际上，误差始终不为零，只是制导系统工作越准确，误差就越小而已。

设 x_{*i} 为研究瞬时由导引关系要求的运动参数值，x_i 为同一瞬时运动参数的实际值，ε_i 为运动参数误差，则有

$$\varepsilon_i = x_i - x_{*i} \quad (i = 1, 2, 3, 4)$$

在一般情况下，ε_1、ε_2、ε_3、ε_4 总不可能等于零，此时控制系统将偏转舵面和发动机调节装置，以消除误差。而舵面和发动机调节装置的偏转角大小及方向取决于误差 ε_i 的数值和正负。例如，在最简单的情况下，对于轴对称型导弹，有如下关系存在：

$$\delta_z = f_1(\varepsilon_1), \delta_y = f_2(\varepsilon_2), \delta_x = f_3(\gamma), \delta_p = f_4(\varepsilon_4) \tag{3-36}$$

对于面对称型导弹，则有如下关系存在：

$$\delta_z = f_1(\varepsilon_1), \delta_x = f_2(\varepsilon_2), \delta_y = f_3(\beta), \delta_p = f_4(\varepsilon_4) \tag{3-37}$$

式(3-36)、式(3-37)表示每一个操纵机构仅负责控制某一方向上的运动参数，这是一种简单的控制关系。但对于一般情况而言，可以写成下面通用的控制关系方程：

$$\begin{cases} \phi_1(\cdots, \varepsilon_i, \cdots, \delta_i\cdots) = 0 \\ \phi_2(\cdots, \varepsilon_i, \cdots, \delta_i\cdots) = 0 \\ \phi_3(\cdots, \varepsilon_i, \cdots, \delta_i\cdots) = 0 \\ \phi_4(\cdots, \varepsilon_i, \cdots, \delta_i\cdots) = 0 \end{cases} \tag{3-38}$$

式(3-38)中可以包括舵面和发动机调节装置的偏转角、运动参数误差及其他运动参数。

式(3-38)可简写成如下形式：

$$\phi_1 = 0, \phi_2 = 0, \phi_3 = 0, \phi_4 = 0 \tag{3-39}$$

$\phi_1=0$、$\phi_2=0$ 关系式仅用来表示控制飞行方向，而改变飞行方向是控制系统的主要任务，因此称它们为基本(主要)控制关系方程。$\phi_3=0$ 关系式用以表示对第三轴加以稳定，$\phi_4=0$ 关系式仅用来表示控制速度大小，此两个关系式则称为附加(辅助)控制关系方程。

在设计导弹弹道时，需要综合考虑包括控制系统加在导弹上的控制关系方程在内的导弹运动方程组，问题比较复杂。在进行导弹初步设计时，可做近似处理，即假设控制系统是按“无误差工作”的理想控制系统，运动参数能保持按导引关系要求的变化规律，这样

$$\varepsilon_i = x_i - x_{*i} = 0 \quad (i = 1, 2, 3, 4)$$

即有 4 个理想控制关系式

$$\varepsilon_1 = 0, \varepsilon_2 = 0, \varepsilon_3 = 0, \varepsilon_4 = 0 \tag{3-40}$$

在某些情况下，理想控制关系式有简单的表达形式。例如，当轴对称型导弹保持等速直线飞行时，有

$$\begin{cases} \varepsilon_1 = \theta - \theta_* = 0 \\ \varepsilon_2 = \psi - \psi_{V_*} = 0 \\ \varepsilon_3 = \gamma = 0 \\ \varepsilon_4 = V - V_* = 0 \end{cases} \tag{3-41}$$

又如，当面对称型导弹做正常盘旋飞行时，有

$$\begin{cases} \varepsilon_1 = \theta = 0 \text{ 或 } \varepsilon_1 = y - y_* = 0 (\text{其中 } y_* \text{ 为常数}) \\ \varepsilon_2 = \gamma - \gamma_* = 0 \\ \varepsilon_3 = \beta = 0 \\ \varepsilon_4 = V - V_* = 0 \end{cases} \tag{3-42}$$

在式(3-41)、式(3-42)中，θ_*、ψ_{V*}、γ_*、V、… 为要求的运动参数值；θ、ψ、γ、V、…为导弹飞行中实际的运动参数值。

3.2.6 导弹运动方程组

综合前面所得到的方程(3-15)、(3-22)、(3-26)、(3-28)、(3-29)、(3-33)、

(3 - 34)、(3 - 35)和(3 - 38)，即组成描述导弹的空间运动方程组：

$$
\left\{
\begin{aligned}
& m\frac{\mathrm{d}V}{\mathrm{d}t}=P\cos\alpha\cos\beta-X-mg\sin\theta \\
& mV\frac{\mathrm{d}\theta}{\mathrm{d}t}=P(\sin\alpha\cos\gamma_{\mathrm{V}}+\cos\alpha\sin\beta\sin\gamma_{\mathrm{V}})+Y\cos\gamma_{\mathrm{V}}-Z\sin\gamma_{\mathrm{V}}-mg\cos\theta \\
& -mV\cos\theta\frac{\mathrm{d}\psi_{\mathrm{V}}}{\mathrm{d}t}=P(\sin\alpha\sin\gamma_{\mathrm{V}}-\cos\alpha\sin\beta\cos\gamma_{\mathrm{V}})+Y\sin\gamma_{\mathrm{V}}+Z\cos\gamma_{\mathrm{V}} \\
& J_x\frac{\mathrm{d}\omega_x}{\mathrm{d}t}+(J_z-J_y)\omega_z\omega_y=M_x \\
& J_y\frac{\mathrm{d}\omega_y}{\mathrm{d}t}+(J_x-J_z)\omega_x\omega_z=M_y \\
& J_z\frac{\mathrm{d}\omega_z}{\mathrm{d}t}+(J_y-J_x)\omega_y\omega_x=M_z \\
& \frac{\mathrm{d}x}{\mathrm{d}t}=V\cos\theta\cos\psi_{\mathrm{V}} \\
& \frac{\mathrm{d}y}{\mathrm{d}t}=V\sin\theta \\
& \frac{\mathrm{d}z}{\mathrm{d}t}=-V\cos\theta\sin\psi_{\mathrm{V}} \\
& \frac{\mathrm{d}\vartheta}{\mathrm{d}t}=\omega_y\sin\gamma+\omega_z\cos\gamma \\
& \frac{\mathrm{d}\psi}{\mathrm{d}t}=\frac{\omega_y\cos\gamma-\omega_z\sin\gamma}{\cos\vartheta} \\
& \frac{\mathrm{d}\gamma}{\mathrm{d}t}=\omega_x-\tan\vartheta(\omega_y\cos\gamma-\omega_z\sin\gamma) \\
& \frac{\mathrm{d}m}{\mathrm{d}t}=-m_{\mathrm{c}} \\
& \sin\beta=\cos\theta[\cos\gamma\sin(\psi-\psi_{\mathrm{V}})+\sin\vartheta\sin\gamma\cos(\psi-\psi_{\mathrm{V}})]-\sin\theta\cos\vartheta\sin\gamma \\
& \sin\alpha=\frac{\cos\theta(\sin\vartheta\cos\gamma\cos(\psi-\psi_{\mathrm{V}})-\sin\gamma\sin(\psi-\psi_{\mathrm{V}}))-\sin\theta\cos\vartheta\cos\gamma}{\cos\beta} \\
& \sin\gamma_{\mathrm{V}}=\frac{\cos\alpha\sin\beta\sin\vartheta-\sin\alpha\sin\beta\cos\gamma\cos\vartheta+\cos\beta\sin\gamma\cos\vartheta}{\cos\theta} \\
& \phi_1=0 \\
& \phi_2=0 \\
& \phi_3=0 \\
& \phi_4=0
\end{aligned}
\right.
\tag{3-43}
$$

式(3 - 43)为以标量的形式描述的导弹空间运动方程组，它是一组非线性的常微分方程，在这 20 个方程中，包括 20 个未知数：$V(t)$、$\theta(t)$、$\psi_{\mathrm{V}}(t)$、$\omega_x(t)$、$\omega_y(t)$、$\omega_z(t)$、$x(t)$、$y(t)$、$z(t)$、$\vartheta(t)$、$\psi(t)$、$\gamma(t)$、$m(t)$、$\alpha(t)$、$\beta(t)$、$\gamma_{\mathrm{V}}(t)$、$\delta_x(t)$、$\delta_y(t)$、$\delta_z(t)$、$\delta_p(t)$。所以方程组(3 - 43)是封闭的，给定初始条件后，用数值积分法可以解得有控弹道及其相应的 20 个参数的变化规律。

3.3 导弹的纵向运动和侧向运动

3.2 节用了 20 个方程来描述导弹在空间的运动。在工程上，用于实际计算的导弹运动方程组的方程个数往往远不止 20 个。例如，有时还需加上计算气动力和气动力矩的计算公式；若导弹是按目标运动来导引的，则还应加上目标运动方程。由于导弹各飞行段的受力情况不同，相应的运动方程组也是不同的。因此，研究导弹的飞行问题是较复杂的。

一般来说，运动方程组的方程数目越多，描述导弹的运动就越完整、越准确。但研究和解算也就越麻烦。在工程上，特别是在导弹和制导系统的初步设计阶段，在解算精度允许的范围内，可应用一些近似方法对导弹运动方程组进行简化，以便利用较简单的运动方程组来达到研究导弹运动的目的。例如，在一定的假设条件下，把导弹运动方程组(3-43)分解为纵向运动方程组和侧向运动方程组，或简化为在铅垂平面内的运动方程组和在水平面内的运动方程组等。实践证明，这些简化与分解都具有一定的实用价值。

3.3.1 导弹的纵向运动和侧向运动

纵向运动是指导弹运动参数 β、γ、γ_V、ω_x、ω_y、ψ、ψ_V、z 等恒为零的运动。假定导弹在某个铅垂平面内飞行，且具有理想的倾斜稳定系统，由于导弹的外形相对于 Ox_1y_1 平面是对称的，理想倾斜稳定系统能保证导弹的纵向对称面 Ox_1y_1 始终与该飞行铅垂平面重合，这时运动参数 β、γ、γ_V、ω_x、ω_y 总应等于零。为了研究方便起见，如果将地面坐标系的 Ax 轴选在飞行的铅垂平面内，显然，参数 ψ、ψ_V、z 也将恒等于零，因此，导弹在铅垂平面内的运动为纵向运动。

导弹的纵向运动由导弹质心在飞行平面(或对称平面 Ox_1y_1)内的平移运动和绕 Oz_1 轴的转动组成。所以在纵向运动中，参数 V、θ、ϑ、α、ω_z、x、y 等是随时间变化的，这些参数通常称为纵向运动的运动学参数，简称为纵向运动参数。

在纵向运动中，等于零的参数 β、γ、γ_V、ω_x、ω_y、ψ、ψ_V、z 等通常称为侧向运动的运动学参数，简称为侧向运动参数。

侧向运动是相应于侧向运动参数 β、γ、γ_V、ω_x、ω_y、ψ、ψ_V、z 等随时间变化的运动，它由导弹质心沿 Oz_1 轴的平移运动以及绕 Ox_1 轴和 Oy_1 轴的转动所组成。

由导弹运动方程组(3-43)可以看出，它既含有纵向运动参数，又含有侧向运动参数。在描述纵向运动参数变化的方程中含有侧向运动参数，同样在描述侧向运动参数变化的方程中则含有纵向运动参数。由此可知，导弹的一般运动由纵向运动和侧向运动组成，它们之间互相关联又互相影响。

当导弹在给定的铅垂平面内运动时，由于纵向运动是对称的，因此，只要不破坏运动的对称性，也就是说，在不出现偏航和倾斜操纵机构的偏转，以及因诸干扰因素而产生的侧向运动参数对其零值的偏离能足够快地消除的情况下，纵向运动是可以实现的，而且它是可以独立存在的。这时，描述侧向运动参数变化的方程恒等于零。描述纵向运动参数变化的纵向运动方程只有 10 个，其中包含的参数有 V、θ、ϑ、α、ω_z、x、y、m、δ_z、δ_p 等。但是描述侧向运动参数变化的侧向运动方程组不能离开纵向运动参数而单独组成，也就是说，侧向运动不能离开纵向运动而单独存在，它只能与纵向运动同时存在。

3.3.2　导弹的一般运动分解为纵向运动和侧向运动

若能将导弹的一般运动方程组(3-43)分成独立的两组——一组是描述纵向运动参数变化的纵向运动方程组，另一组是描述侧向运动参数变化的侧向运动方程组，则研究导弹的运动规律时，联立求解的方程数目就可以大大地减少，方便研究。为了能独立求解纵向运动方程组，必须从描述纵向运动参数变化的方程右端去掉侧向运动参数 β、γ、γ_V、ψ、ψ_V、ω_x、ω_y 等。也就是说，要把纵向运动和侧向运动分开研究，需要满足下述假设条件：

(1) 侧向运动参数 β、γ、γ_V、ω_x、ω_y 及舵偏角 δ_z、δ_y 都比较小，这样就可以令 $\cos\beta\approx\cos\gamma\approx\cos\gamma_V\approx1$，且略去小量的乘积 $\sin\beta\sin\gamma_V$、$z\sin\gamma_V$、$\omega_x\omega_y$、$\omega_y\sin\gamma$、…以及参数 β、ϑ_x、ϑ_y 对阻力 X 的影响。

(2) 导弹基本上在某个铅垂面内飞行，其弹道与铅垂面弹道差别不大，则 $\cos\psi_V\approx1$。

(3) 俯仰操纵机构的偏转仅取决于纵向运动参数；而偏航、倾斜操纵机构的偏转又仅取决于侧向运动参数。

利用这些假设条件就能将导弹的运动方程组分为描述纵向运动的方程组及描述侧向运动的方程组。

描述导弹纵向运动的方程组为

$$\left\{\begin{aligned}
&m\frac{dV}{dt}=P\cos\alpha-X-mg\sin\theta\\
&mV\frac{d\theta}{dt}=P\sin\alpha+Y-mg\cos\theta\\
&J_z\frac{d\omega_z}{dt}=M_z\\
&\frac{dx}{dt}=V\cos\theta\\
&\frac{dy}{dt}=V\sin\theta\\
&\frac{d\vartheta}{dt}=\omega_z\\
&\frac{dm}{dt}=-m_c\\
&\alpha=\vartheta-\theta\\
&\phi_1=0\\
&\phi_4=0
\end{aligned}\right. \tag{3-44}$$

纵向运动方程组(3-44)也是描述导弹在铅垂平面内运动的方程组，它共有 10 个方程，包含 10 个未知参数，即 $V(t)$、$\theta(t)$、$\omega_z(t)$、$x(t)$、$y(t)$、$\vartheta(t)$、$m(t)$、$\alpha(t)$、$\delta_z(t)$、$\delta_p(t)$，所以方程组(3-44)是封闭的，可以独立求解。

描述导弹侧向运动的方程组为

$$\begin{cases}-mv\cos\theta\dfrac{d\psi_V}{dt}=(P\sin\alpha+Y)\sin\gamma_V-(P\cos\alpha\sin\beta-Z)\cos\gamma_V\\ J_x\dfrac{d\omega_x}{dt}+(J_z-J_y)\omega_z\omega_y=M_x\\ J_y\dfrac{d\omega_y}{dt}+(J_x-J_z)\omega_x\omega_z=M_y\\ \dfrac{dz}{dt}=-V\cos\theta\sin\psi_V\\ \dfrac{d\psi}{dt}=\dfrac{\omega_y\cos\gamma-\omega_z\sin\gamma}{\cos\vartheta}\\ \dfrac{d\gamma}{dt}=\omega_x-\tan\vartheta(\omega_y\cos\gamma-\omega_z\sin\gamma)\\ \sin\beta=\cos\theta[\cos\gamma\sin(\psi-\psi_V)+\sin\vartheta\sin\gamma\cos(\psi-\psi_V)-\sin\theta\cos\vartheta\sin\gamma]\\ \sin\gamma_V=\dfrac{\cos\alpha\sin\beta\sin\vartheta-\sin\alpha\sin\beta\cos\gamma\cos\vartheta+\cos\beta\sin\gamma\cos\vartheta}{\cos\theta}\\ \phi_2=0\\ \phi_3=0\end{cases}\tag{3-45}$$

侧向运动方程组(3-45)共有10个方程，除了含有$\psi_V(t)$、$\omega_x(t)$、$\omega_y(t)$、$z(t)$、$\psi(t)$、$\gamma(t)$、$\beta(t)$、$\gamma_V(t)$、$\delta_x(t)$、$\delta_y(t)$10个侧向运动参数之外，还包括除去坐标x以外的所有纵向运动参数V、θ、α、ω_z、y、δ、δ_z等。无论怎样简化方程组(3-45)，都不能从中消去如V、y和m这些纵向参数。这说明要研究侧向运动参数比较小的运动时，必须首先求解纵向运动方程组(3-45)，然后将解出的纵向运动参数代入侧向运动方程组(3-45)中，才可解出侧向运动参数的变化规律。

这样的简化能使联立求解的方程组的阶次降低一半，且能得到非常准确的结果。

但是当侧向运动参数较大时，上述假设条件得不到满足，上述分组计算的方法会带来显著的计算误差，因而就不能再将导弹的一般运动分为纵向运动和侧向运动来研究，而应同时研究纵向和侧向运动，也就是说，应求解一般的运动方程组(3-43)。

3.4 导弹的平面运动

一般来说，导弹是做空间运动的，平面运动是导弹运动的特殊情况。从各类导弹的飞行情况来看，它们有时是在某一平面内飞行的。例如，地-空导弹在许多场合在铅垂面内飞行，或在某一倾斜平面内飞行，飞航式导弹在爬升段及末导段也(或近似)在铅垂面内飞行。再如，空-空导弹在许多场合则(或近似)在水平面内飞行，飞航式导弹的巡航段也基本上在水平面内飞行。所以平面运动虽是导弹运动的特例，但是研究导弹的平面运动仍具有很大的实际意义。在导弹的初步设计阶段，在计算精度允许范围内，研究和解算导弹的平面弹道也有一定的应用价值。

3.4.1 导弹在铅垂平面内运动

导弹在铅垂平面内运动时，导弹的速度矢量**V**始终处于该平面内，导弹的弹道偏角ψ_V

为常值(若选地面坐标系 Ax 轴位于该铅垂平面内，则 $\psi_V=0$)；设推力矢量 $\boldsymbol{P}$ 与弹体纵轴重合，且导弹纵向对称平面与该铅垂面重合。若要使导弹在铅垂平面内飞行，则在垂直于该铅垂平面方向(水平方向)上的侧向力应等于零，此时，β、γ、γ_V 等均为零。在铅垂平面内运动时，导弹只有在铅垂平面内质心的平移运动和绕 Oz_1 轴的转动，而沿 Oz_1 轴方向无平移运动，绕 Ox_1 轴和 Oy_1 轴也无转动，这时，$z=0$，$\omega_x=0$，$\omega_y=0$。导弹在铅垂面内运动时，导弹受到的外力有发动机推力 P、空气阻力 X 和升力 Y、重力 G。

导弹在铅垂平面内运动的方程组与描述导弹纵向运动的方程组(3-44)相同，此处不再赘述。

3.4.2　导弹在水平面内运动

导弹在水平面内运动时，它的速度矢量 $\boldsymbol{V}$ 始终处于该水平面内且弹道倾角 θ 恒等于零。此时，作用在导弹上沿铅垂方向上的法向控制力应与导弹的重量相平衡。因此，为保持平飞，导弹应具有一定的攻角，以产生所需的法向控制力。

要使导弹在水平面内做机动飞行，则要求在水平面内沿垂直于速度 $\boldsymbol{V}$ 的法向方向产生一定的侧向力。对于有翼导弹，侧向力通常是借助于侧滑(轴对称型导弹)或倾斜(面对称型导弹)运动形成的。如果导弹既有侧滑又有倾斜，则将使控制复杂化，所以轴对称型导弹通常采用保持无倾斜而带侧滑的飞行，而面对称型导弹通常采用保持无侧滑而有倾斜的飞行。

导弹在水平面内运动，除在水平面内做平移运动外，还有绕质心的转动。为了与不断变化的导弹重量相平衡，所需的法向控制力也要相应变化，这就应改变 δ_z，使导弹绕 Oz_1 轴转动。除此之外，对于利用侧滑产生侧向力的导弹，还要绕 Oy_1 轴转动，但无须绕 Ox_1 轴转动；而对于利用倾斜产生侧向力(升力的水平分量)的导弹，还要绕 Ox_1 轴转动，但无须绕 Oy_1 轴转动。

导弹在水平面内机动飞行，由于产生侧向力的方法不同，因此，描述水平面内运动的方程组也不同。

1. 导弹在水平面内有侧滑而无倾斜的运动方程组

若导弹在水平面内做有侧滑而无倾斜运动，则有 $\theta\equiv 0$，y 为某一常值，$\gamma\equiv 0$，$\gamma_V=0$，$\omega_x\equiv 0$，由方程组(3-43)可得

$$\begin{cases} m\dfrac{\mathrm{d}V}{\mathrm{d}t}=P\cos\alpha\cos\beta-X \\ mg=P\sin\alpha+Y \\ -mV\dfrac{\mathrm{d}\psi_V}{\mathrm{d}t}=-P\cos\alpha\sin\beta+Z \\ J_y\dfrac{\mathrm{d}\omega_y}{\mathrm{d}t}=M_y \\ J_z\dfrac{\mathrm{d}\omega_z}{\mathrm{d}t}=M_z \\ \dfrac{\mathrm{d}x}{\mathrm{d}t}=V\cos\psi_V \\ \dfrac{\mathrm{d}z}{\mathrm{d}t}=-V\sin\psi_V \end{cases}$$

$$
\left\{
\begin{aligned}
&\frac{\mathrm{d}\psi}{\mathrm{d}t}=\frac{\omega_y}{\cos\vartheta}\\
&\frac{\mathrm{d}m}{\mathrm{d}t}=-m_c\\
&\beta=\psi-\psi_V\\
&\alpha=\vartheta\\
&\varphi_2=0\\
&\varphi_4=0\\
&\frac{\mathrm{d}\vartheta}{\mathrm{d}t}=\omega_z
\end{aligned}
\right.
\tag{3-46}
$$

此方程组共有 14 个方程，其中包含的参数有 $V(t)$、$\psi_V(t)$、$\omega_y(t)$、$\omega_z(t)$、$x(t)$、$z(t)$、$\vartheta(t)$、$\psi(t)$、$m(t)$、$\alpha(t)$、$\beta(t)$、$\delta_y(t)$、$\delta_z(t)$、$\delta_p(t)$等 14 个，该方程组是封闭的。

2. 导弹在水平面内有倾斜而无侧滑的运动方程组

若导弹在水平面内做有倾斜而无侧滑运动，则有 $\theta\equiv0$（y 为某一常值）、$\beta\equiv0$、$\omega_y\equiv0$。设攻角 α（或俯仰角 ϑ）、角速度 ω_z 比较小，简化后的有倾斜而无侧滑的水平面运动的近似方程组为

$$
\left\{
\begin{aligned}
&m\frac{\mathrm{d}V}{\mathrm{d}t}=P-X\\
&mg=P\alpha\cos\gamma_V+Y\cos\gamma_V\\
&-mV\frac{\mathrm{d}\psi_V}{\mathrm{d}t}=P\alpha\sin\gamma_V+Y\sin\gamma_V\\
&J_x\frac{\mathrm{d}\omega_x}{\mathrm{d}t}=M_x\\
&J_z\frac{\mathrm{d}\omega_z}{\mathrm{d}t}=M_z\\
&\frac{\mathrm{d}x}{\mathrm{d}t}=V\cos\psi_V\\
&\frac{\mathrm{d}z}{\mathrm{d}t}=-V\sin\psi_V\\
&\frac{\mathrm{d}\vartheta}{\mathrm{d}t}=\omega_z\cos\gamma\\
&\frac{\mathrm{d}\psi}{\mathrm{d}t}=-\omega_z\sin\gamma\\
&\frac{\mathrm{d}\gamma}{\mathrm{d}t}=\omega_x\\
&\frac{\mathrm{d}m}{\mathrm{d}t}=-m_c\\
&\alpha=-\arcsin\left[\frac{\sin(\psi-\psi_V)}{\sin\gamma}\right]\\
&\gamma_V=\gamma\\
&\phi_2=0\\
&\phi_4=0
\end{aligned}
\right.
\tag{3-47}
$$

此方程组共有 15 个方程，其中包含的参数有 $V(t)$、$\psi_V(t)$、$\omega_x(t)$、$\omega_z(t)$、$x(t)$、$z(t)$、$\vartheta(t)$、$\psi(t)$、$\gamma(t)$、$m(t)$、$\alpha(t)$、$\gamma_V(t)$、$\delta_x(t)$、$\delta_z(t)$、$\delta_p(t)$等 15 个，该方程组是封闭的。

3.5　导弹的质心运动

3.5.1　瞬时平衡假设

导弹的一般运动是由其质心的运动和绕其质心的转动组成的。在导弹初步设计阶段，为能简捷地得到导弹可能的飞行弹道及其主要飞行特性，研究导弹的飞行问题通常分两步进行：首先，暂且不考虑导弹绕质心的转动，而将导弹当作一个可操纵的质点来研究；然后，在此基础上研究导弹绕其质心的转动。采用这种简化处理的方法来研究导弹作为一个可操纵质点的运动特性，通常基于下列假设条件：

(1) 导弹绕弹体轴的转动是无惯性的，即 $J_x=J_y=J_z=0$。

(2) 导弹的控制系统理想地工作，既无误差，也无时间延迟。

(3) 略去飞行中的随机干扰对作用在导弹上法向力的影响。

前两点假设的实质就是认为导弹在整个飞行期间的任一瞬时都处于平衡状态，即导弹操纵机构偏转时，作用在导弹上的力矩在每一瞬时都处于平衡状态，这就是所谓的瞬时平衡假设。

由第 2 章可知，俯仰和偏航力矩一般可表示为

$$M_z = M_z(V,\ y,\ \alpha,\ \delta_z,\ \omega_z,\ \dot{\alpha},\ \dot{\delta}_z)$$

$$M_y = M_y(V,\ y,\ \beta,\ \delta_y,\ \omega_y,\ \omega_x,\ \dot{\beta},\ \dot{\delta}_y)$$

然而，在大多数情况下，角速度 ω_x、ω_y、ω_z 及导数$\dot{\alpha}$、$\dot{\beta}$、$\dot{\delta}_z$、$\dot{\delta}_y$ 对力矩 M_z 和 M_y 的影响，与角度 α、β、δ_z、δ_y 对力矩 M_z 和 M_y 的影响相比是次要的。采用瞬时平衡假设实际上也就是完全忽略前者的影响，于是有

$$M_z = M_z(V,\ y,\ \alpha,\ \delta_z) = 0$$

$$M_y = M_y(V,\ y,\ \beta,\ \delta_y) = 0$$

这些关系式通常称为平衡关系式。在攻角和侧滑角不大的情况下，轴对称型导弹具有线性空气动力特性，于是有

$$\left(\frac{\delta_z}{\alpha}\right)_B = -\frac{m_z^\alpha}{m_z^{\delta_z}}$$

$$\left(\frac{\delta_y}{\beta}\right)_B = -\frac{m_y^\beta}{m_y^{\delta_y}}$$

由此可见，关于导弹无惯性的假定意味着：当操纵机构偏转时，α 和 β 都瞬时达到它的平衡值。

实际上，导弹的运动过程是一个可控过程，由于控制系统本身以及控制对象(弹体)都存在惯性，导弹从操纵机构偏转到运动参数发生相应变化并不是在瞬间完成的，而要经过某一段时间。例如，升降舵阶跃偏转 δ_z 角以后，将引起弹体绕 Oz_1 轴振荡转动，其攻角变化过程也是振荡的(见图 3-8)，作用在导弹上的力和力矩也发生振荡变化，致使导弹的运

动参数也发生振荡变化，只有过渡过程结束才达到它的稳态值。大量的飞行试验结果表明，导弹的实际飞行轨迹总是在某一光滑的曲线附近变化。

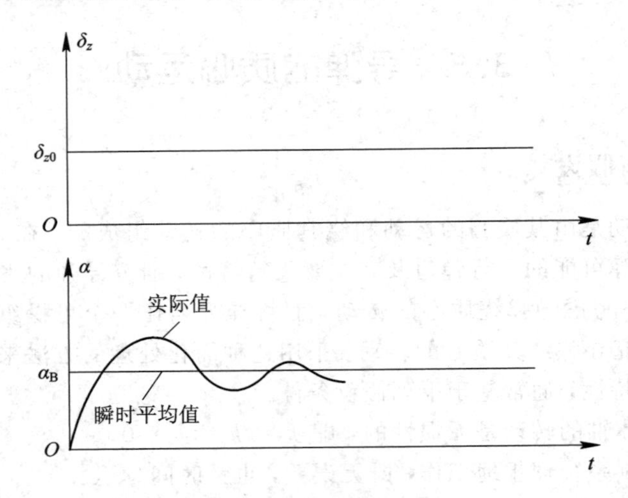

图 3-8　攻角的过渡过程

认为导弹的转动无惯性，忽略了控制系统工作的过渡过程，实际上则是认为导弹运动参数(如 α、β、δ_z、δ_y)的变化是在瞬间完成的，外力是随控制作用而瞬时地变化的。

在实际飞行中，总存在随机的干扰，这些干扰可能直接作用在导弹上(如阵风、燃料流动导致弹体振动等)，也可能通过控制系统作用在导弹上(如从目标反射的起伏信号、噪音的干扰等)。一般情况下，干扰使导弹绕质心发生随机振荡，这些振荡会引起升力 Y 和侧向力 Z 的随机增量及迎面阻力 X 的增大。在一次近似中，可不计及导弹的随机振荡对 Y 和 Z 的影响。但 X 增大会引起飞行速度略为减小，在把导弹的质心运动和绕质心的转动分开研究时，为尽可能得到接近于真实的弹道，必须将导弹的迎面阻力略为增大，以便计算导弹随机振荡的影响。

3.5.2　导弹质心运动方程组

基于上述简化，可以把导弹的质心运动和绕质心的转动分开研究。于是，从方程组(3-43)中就可以直接得到描述导弹质心(可操纵质点)的运动方程组：

$$\begin{cases} m\dfrac{\mathrm{d}V}{\mathrm{d}t} = P\cos\alpha_B\cos\beta_B - X - mg\sin\theta \\ mV\dfrac{\mathrm{d}\theta}{\mathrm{d}t} = P(\sin\alpha_B\cos\gamma_V + \cos\alpha_B\sin\beta_B\sin\gamma_V) + Y_B\cos\gamma_V - Z_B\sin\gamma_V - mg\cos\theta \\ -mV\cos\theta\dfrac{\mathrm{d}\psi_V}{\mathrm{d}t} = P(\sin\alpha_B\sin\gamma_V - \cos\alpha_B\sin\beta_B\cos\gamma_V) + Y_B\sin\gamma_V + Z_B\cos\gamma_V \\ \dfrac{\mathrm{d}x}{\mathrm{d}t} = V\cos\theta\cos\psi_V \\ \dfrac{\mathrm{d}y}{\mathrm{d}t} = V\sin\theta \end{cases}$$

$$
\left\{
\begin{aligned}
&\frac{\mathrm{d}z}{\mathrm{d}t}=-V\cos\theta\sin\psi_{V}\\
&\frac{\mathrm{d}m}{\mathrm{d}t}=-m_{c}\\
&\alpha_{B}=-\frac{m_{z}^{\delta_{z}}}{m_{z}^{\alpha}}\delta_{z}\\
&\beta_{B}=-\frac{m_{y}^{\delta_{y}}}{m_{y}^{\beta}}\delta_{y}\\
&\varepsilon_{1}=0\\
&\varepsilon_{2}=0\\
&\varepsilon_{3}=0\\
&\varepsilon_{4}=0
\end{aligned}
\right.
\tag{3-48}
$$

式中：α_{B}、β_{B}——平衡攻角、平衡侧滑角；

Y_{B}、Z_{B}——所对应的平衡升力、平衡侧向力。

方程组(3-48)共有 13 个方程，其中含有未知数 $V(t)$、$\theta(t)$、$\psi_{V}(t)$、$x(t)$、$y(t)$、$z(t)$、$m(t)$、$\alpha_{B}(t)$、$\beta_{B}(t)$、$\gamma_{V}(t)$、$\delta_{y}(t)$、$\delta_{z}(t)$、$\delta_{p}(t)$等 13 个，所以方程组(3-48)是封闭的。对于火箭发动机，其推力通常不进行调节，m_{c} 可以认为是时间的已知函数，那么方程组(3-48)的第 7 个方程可单独积分，且 $\delta_{p}(t)$也就不存在了。这样方程的个数减少了 2 个，而未知数也减少了 2 个(m、δ_{p})，剩下的方程组仍是封闭的。

利用方程组(3-48)计算得到的导弹运动参数的稳态值对弹体和制导系统的设计都有重要意义。

值得指出的是，对于操纵性能比较好，绕质心转动不太激烈的导弹，利用瞬时平衡假设导出的质心运动方程组(3-48)进行弹道计算，可以得到令人满意的结果。当导弹的操纵性能较差，并且绕质心的转动比较激烈时，必须考虑导弹绕质心的转动对质心运动的影响，否则会出现原则性的错误。

3.5.3 导弹在铅垂平面内的质心运动方程组

基于上述假设，简化方程组(3-44)，就可以得到导弹在铅垂平面内的质心运动方程组：

$$
\left\{
\begin{aligned}
&m\frac{\mathrm{d}V}{\mathrm{d}t}=P\cos\alpha_{B}-X-mg\sin\theta\\
&mV\frac{\mathrm{d}\theta}{\mathrm{d}t}=P\sin\alpha_{B}+Y_{B}-mg\cos\theta\\
&\frac{\mathrm{d}x}{\mathrm{d}t}=V\cos\theta\\
&\frac{\mathrm{d}y}{\mathrm{d}t}=V\sin\theta\\
&\frac{\mathrm{d}m}{\mathrm{d}t}=-m_{c}\\
&\varepsilon_{1}=0\\
&\varepsilon_{4}=0
\end{aligned}
\right.
\tag{3-49}
$$

方程组(3-49)共有7个方程，它包含未知数 $V(t)$、$\theta(t)$、$x(t)$、$y(t)$、$m(t)$、$\alpha_B(t)$、$\delta_p(t)$等7个，由于采用“瞬时平衡”假设，$\delta_z(t)$可根据平衡关系式单独求解，所以方程组(3-49)是封闭的。

3.5.4 导弹在水平面内的质心运动方程组

由上述简化假设，可以从运动方程组(3-46)、(3-47)中简化得到水平面内的质心运动方程组。如果是利用侧滑产生侧向力的情况，且攻角 α 和侧滑角 β 都不大，则导弹在水平面内的质心运动方程组为

$$\begin{cases} m\dfrac{\mathrm{d}V}{\mathrm{d}t} = P - X \\ mg = P\alpha_B + Y_B \\ -mV\dfrac{\mathrm{d}\psi_V}{\mathrm{d}t} = -P\beta_B + Z_B \\ \dfrac{\mathrm{d}x}{\mathrm{d}t} = V\cos\psi_V \\ \dfrac{\mathrm{d}z}{\mathrm{d}t} = -V\sin\psi_V \\ \dfrac{\mathrm{d}m}{\mathrm{d}t} = -m_c \\ \psi = \psi_V + \beta_B \\ \alpha_B = \vartheta \\ \varepsilon_2 = 0 \\ \varepsilon_4 = 0 \end{cases} \tag{3-50}$$

上述方程组含有未知数 $V(t)$、$\psi_V(t)$、$x(t)$、$z(t)$、$m(t)$、$\psi(t)$、$\alpha_B(t)$、$\beta_B(t)$、$\vartheta(t)$、$\delta_p(t)$等10个，至于舵偏角 $\delta_y(t)$、$\delta_z(t)$可利用瞬时平衡关系式求得。

3.5.5 理想弹道、理论弹道、实际弹道

所谓理想弹道，就是把导弹看作是一个可操纵质点，认为控制系统是理想工作的，且不考虑导弹绕质心转动，以及不考虑外界的各种干扰，由此所求得的飞行轨迹称“理想弹道”。理想弹道又是一种理论弹道。分别求解方程组(3-48)～(3-50)，可以得到导弹在空间或在铅垂平面、水平面内的理想弹道以及主要的飞行性能。

所谓理论弹道，是指将导弹视为某一力学模型(可操纵质点系或刚体，或弹性体)，它作为控制系统的一个环节(控制对象)，将动力学方程、运动学方程、控制系统方程以及附加其他方程(质量变化方程、几何关系方程等)综合在一起，通过数值积分而求得的弹道，而且方程中所用的弹体结构参数和外形几何参数，以及发动机的特性参数均取设计值，大气参数取标准值，控制系统的参数取额定值，方程组的初始条件符合规定值等。之所以称其为理论弹道，原因也在于此。由此可知，理想弹道是理论弹道的一种简化情况。

导弹在实际飞行中的轨迹称为实际弹道。显然，它不同于理论弹道或理想弹道，而且由于在飞行中存在各种随机干扰，因此，各发导弹飞行的实际弹道也是不相同的，这是由于各发导弹的参数和外界飞行环境不可能相同的缘故。

3.6　导弹的机动性和过载

导弹的机动性能是导弹飞行性能中的重要特性之一。导弹在飞行中所受到的作用力和所产生加速度的大小可以用过载来衡量。人们通常利用过载矢量的概念来评定导弹的机动性，过载与弹体、制导系统的设计有着密切的关系。本节将介绍导弹的机动性和过载的概念，导弹的运动与过载的关系，以及导弹设计中常用的几个过载的概念。

3.6.1　导弹的机动性和过载的概念

所谓导弹的机动性是指导弹可能迅速地改变飞行速度的大小和方向的能力。导弹要攻击活动的目标(特别是空中机动目标)，必须具备良好的机动性能。

如何评定导弹的机动性能呢？导弹的机动性可以用切向加速度和法向加速度来表征，它们分别表示导弹能改变飞行速度大小和方向的迅速程度；或者用产生控制力的能力来评定导弹的机动性。作用在导弹上的外力中，重力是不可控制的力，而空气动力和推力是可控制的力，控制力反映改变加速度的能力。

我们感兴趣的是利用过载矢量的概念来评定导弹的机动性。下面给出关于过载的概念。设 N 是作用在导弹上除重力以外的所有外力的合力(控制力)，则导弹质心的加速度 a 可表示为

$$a=\frac{N+G}{m}$$

如果以重力加速度 g 为度量单位，则得到相对加速度(量纲为 1)：

$$\frac{a}{g}=\frac{N}{G}+1$$

将其中 N 与 G 的比值定义为过载，以 n 表示，即

$$n=\frac{N}{G}$$

所谓导弹的过载，是指作用在导弹上除了重力以外所有外力的合力对导弹重量的比值。过载是矢量，它的方向与控制力 N 的方向一致，其模值表示控制力为导弹重量的倍数。

过载矢量表征控制力 N 的大小和方向，因此，可利用过载矢量来表征导弹的机动性。

导引弹道运动学分析中将引入另一种过载定义，定义为作用在导弹上的所有外力(包括重力)的合力对导弹重力的比值，以 n' 表示，即

$$n'=\frac{N+G}{G}$$

或者

$$n'=\frac{a}{g}$$

显然，由于过载定义的不同，同一情况下的过载值也就不同。

例如，某物体做垂直上升或下降运动，如果其加速度的数值均等于重力加速度 g，则由两种不同的过载定义将得出不同的过载值(如图 3-9 所示)。若按第二种定义(合力包括

重力)来求，在做上升或者下降运动时，该物体的过载值都等于1。而按第一种定义(不包括重力)来求，物体上升时的过载值是2，这说明在该物体上须施加两倍于重力的力，才能使物体以大小为 g 的加速度做上升运动；下降时，物体的过载值为零，这说明在物体上无须施加别的力，仅靠自身的重力就能产生下降的重力加速度。由此可见，按第一种定义求得的过载值更能说明力和运动之间的关系。

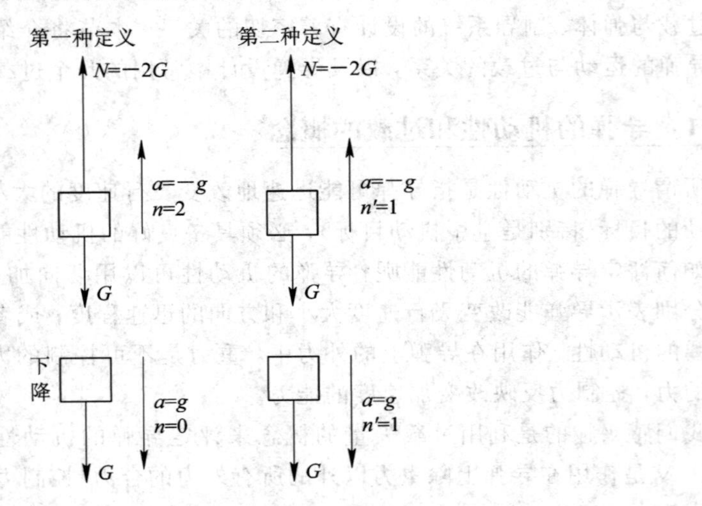

图3-9　垂直运动中过载的不同定义值

过载矢量的大小和方向通常是由它在某个坐标系上的投影来确定的。导弹质心运动的动力学方程可用过载矢量在弹道坐标系各轴上的投影分量来表示；对弹体或部件研究其受力情况并进行强度分析时，需要知道过载矢量在弹体坐标系各轴上的投影。

过载矢量 $\boldsymbol{n}$ 在弹道坐标系 $Ox_2y_2z_2$ 各轴上的投影为

$$\begin{cases} n_{x_2}=\dfrac{N_{x_2}}{G}=\dfrac{1}{G}(P\cos\alpha\cos\beta-X) \\ n_{y_2}=\dfrac{N_{y_2}}{G}=\dfrac{1}{G}[P(\sin\alpha\cos\gamma_V+\cos\alpha\sin\beta\sin\gamma_V)+Y\cos\gamma_V-Z\sin\gamma_V] \\ n_{z_2}=\dfrac{N_{z_2}}{G}=\dfrac{1}{G}[P(\sin\alpha\sin\gamma_V-\cos\alpha\sin\beta\cos\gamma_V)+Y\sin\gamma_V+Z\cos\gamma_V] \end{cases} \tag{3-51}$$

过载矢量 $\boldsymbol{n}$ 在速度坐标系 $Ox_3y_3z_3$ 各轴上的投影为

$$\begin{bmatrix} n_{x_3} \\ n_{y_3} \\ n_{z_3} \end{bmatrix}=\boldsymbol{L}(\gamma_V)\begin{bmatrix} n_{x_2} \\ n_{y_2} \\ n_{z_2} \end{bmatrix}$$

$$\begin{cases} n_{x_3}=\dfrac{1}{G}(P\cos\alpha\cos\beta-X) \\ n_{y_3}=\dfrac{1}{G}(P\sin\alpha+Y) \\ n_{z_3}=\dfrac{1}{G}(-P\cos\alpha\sin\beta+Z) \end{cases} \tag{3-52}$$

式(3-52)也可由式(3-51)中令 $\gamma_V=0$ 得到。

过载矢量在速度方向上的投影 n_{x_2} 和 n_{x_3} 称为切向过载，在垂直于速度方向上的投影 n_{y_2}、n_{z_2} 和 n_{y_3}、n_{z_3} 称为法向过载。

导弹的机动性可以用切向过载和法向过载来评定。显然，切向过载越大，导弹所能产生的切向加速度就越大，这表示导弹的速度值改变得越快，越能更快地接近目标；法向过载越大，导弹所能产生的法向加速度就越大，在相同的速度下，导弹改变飞行方向的能力就越大，即导弹越能做较弯曲的弹道飞行。因此，导弹过载越大，机动性能就越好。

过载矢量 $\boldsymbol{n}$ 在弹体坐标系 $Ox_1y_1z_1$ 各轴上的投影为

$$\begin{bmatrix} n_{x_1} \\ n_{y_1} \\ n_{z_1} \end{bmatrix} = \boldsymbol{L}(\alpha,\ \beta) \begin{bmatrix} n_{x_3} \\ n_{y_3} \\ n_{z_3} \end{bmatrix} = \begin{bmatrix} n_{x_3}\cos\alpha\cos\beta + n_{y_3}\sin\alpha - n_{z_3}\cos\alpha\sin\beta \\ -n_{x_3}\sin\alpha\cos\beta + n_{y_3}\cos\alpha + n_{z_3}\sin\alpha\sin\beta \\ n_{z_3}\sin\beta + n_{z_3}\cos\beta \end{bmatrix} \tag{3-53}$$

式(3-53)中过载矢量在弹体纵轴 Ox_1 上的投影分量 n_{x_1} 称为纵向过载；在垂直于弹体纵轴方向上的投影分量 n_{y_1}、n_{z_1} 一般称为横向过载。

3.6.2　运动与过载

过载矢量不仅是评定导弹机动性能的标志，而且它和导弹的运动有着密切的关系。描述导弹质心运动的动力学方程可用过载矢量在弹道坐标系各轴上的分量 n_{x_2}、n_{y_2}、n_{z_2} 表示为

$$\begin{cases} \dfrac{1}{g}\dfrac{\mathrm{d}V}{\mathrm{d}t} = n_{x_2} - \sin\theta \\ \dfrac{V}{g}\dfrac{\mathrm{d}\theta}{\mathrm{d}t} = n_{y_2} - \cos\theta \\ \dfrac{-V}{g}\cos\theta\dfrac{\mathrm{d}\psi_V}{\mathrm{d}t} = n_{z_2} \end{cases} \tag{3-54}$$

式(3-54)左端表示导弹质心的无量纲加速度在弹道坐标系上的三个分量，此式描述导弹质心运动与过载之间的关系。由此可见，用过载来表示导弹质心运动的动力学方程的形式很简单。

同样，过载也可用运动学参数(V、θ、ψ_V 等)来表示：

$$\begin{cases} n_{x_2} = \dfrac{1}{g}\dfrac{\mathrm{d}V}{\mathrm{d}t} + \sin\theta \\ n_{y_2} = \dfrac{V}{g}\dfrac{\mathrm{d}\theta}{\mathrm{d}t} + \cos\theta \\ n_{z_2} = -\dfrac{V}{g}\cos\theta\dfrac{\mathrm{d}\psi_V}{\mathrm{d}t} \end{cases} \tag{3-55}$$

式(3-55)中参数 V、θ、ψ_V 表示飞行速度的大小和方向，等号的右边含有这些参数对时间的导数。由此可见，过载矢量的投影表征导弹改变飞行速度大小和方向的能力。

从式(3-55)可得到某些特殊飞行情况下的过载：

在铅垂平面内飞行时，$n_{z_2}=0$；

在水平面内飞行时，$n_{y_2}=1$；

做直线飞行时，$n_{y_2}=\cos\theta=$常数，$n_{z_2}=0$；

做等速直线飞行时，$n_{x_2}=\sin\theta=$常数，$n_{y_2}=\cos\theta=$常数，$n_{z_2}=0$；

做水平直线飞行时，$n_{y_2}=1$，$n_{z_2}=0$；

做等速水平直线飞行时，$n_{x_2}=0$，$n_{y_2}=1$，$n_{z_2}=0$。

过载矢量的投影不仅表征导弹改变飞行速度大小和方向的能力，而且还能定性表示弹道上各点的切向加速度以及飞行弹道的形状。

由式(3-54)可得

$$\begin{cases}\dfrac{dV}{dt}=g(n_{x_2}-\sin\theta)\\[2mm]\dfrac{d\theta}{dt}=\dfrac{g(n_{y_2}-\cos\theta)}{V}\\[2mm]\dfrac{d\psi_V}{dt}=-\dfrac{g}{V\cos\theta}n_{z_2}\end{cases}\tag{3-56}$$

由式(3-56)可知，当$n_{x_2}=\sin\theta$时，导弹在该瞬时的飞行是等速的；当$n_{x_2}>\sin\theta$时，导弹在该瞬时的飞行是加速的；当$n_{x_2}<\sin\theta$时，导弹在该瞬时的飞行是减速的。

当研究飞行弹道在铅垂平面Ox_2y_2内的投影时，如果$n_{y_2}>\cos\theta$，则$\dfrac{d\theta}{dt}>0$，此时弹道向上弯曲；如果$n_{y_2}<\cos\theta$，则$\dfrac{d\theta}{dt}<0$，此时弹道向下弯曲；如果$n_{y_2}=\cos\theta$，则弹道在该点处的曲率为零(如图3-10所示)。

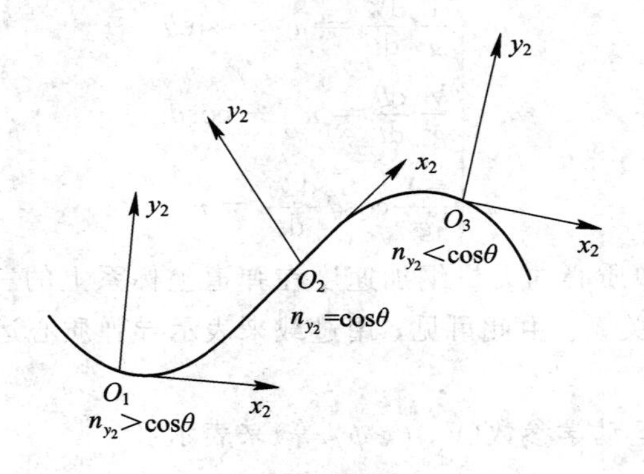

图3-10　铅垂面内弹道形状与n_{y_2}的关系

当研究飞行弹道在坐标平面Ox_2z_2内的投影时，如果$n_{z_2}>0$，则$\dfrac{d\psi_V}{dt}<0$，此时弹道向右弯曲；如果$n_{z_2}<0$，则$\dfrac{d\psi_V}{dt}>0$，此时弹道向左弯曲；如果$n_{z_2}=0$，则弹道在该点处的曲率为零(如图3-11所示)。

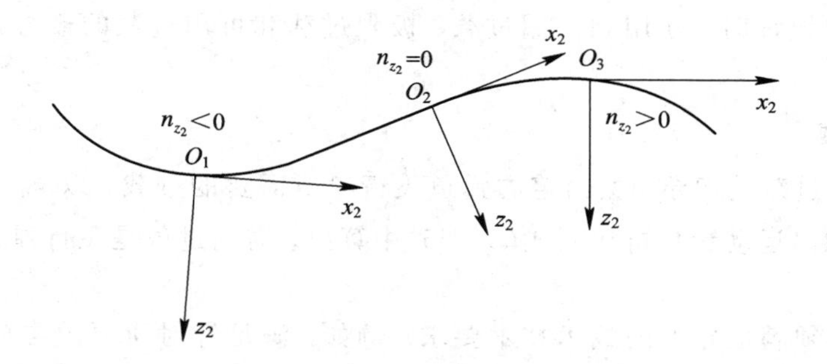

图 3-11　Ox_2z_2 平面内弹道形状与 n_{z_2} 的关系

3.6.3　弹道曲率半径与法向过载的关系

建立弹道曲率半径与法向过载之间的关系，对研究弹道特性也是必要的。现在来建立法向过载与弹道曲率半径之间的关系。

如果导弹在铅垂平面内运动，那么弹道上某点的曲率就是该点处的弹道倾角 θ 对弹道弧长 s 的导数，即

$$K=\frac{\mathrm{d}\theta}{\mathrm{d}s}$$

而该点的曲率半径 ρ_{y_2} 则为曲率 K 的倒数，所以有

$$\rho_{y_2}=\frac{\mathrm{d}s}{\mathrm{d}\theta}=\frac{V}{\mathrm{d}\theta/\mathrm{d}t}$$

将式(3-56)的第二个方程代入上式可得到

$$\rho_{y_2}=\frac{V^2}{g(n_{y_2}-\cos\theta)}$$

上式表明，在给定速度 V 的情况下，法向过载 n_{y_2} 越大，曲率半径越小，在该点处的弹道越弯曲，导弹转弯速率就越大；若在同样的法向过载 n_{y_2} 下，随着飞行速度 V 的增加，弹道曲率半径也增加，这说明导弹飞得越快，它越不容易转弯。

如果导弹在 Ox_2z_2 平面内飞行，同理，其曲率半径 ρ_{z_2} 可写成

$$\rho_{z_2}=-\frac{\mathrm{d}s}{\mathrm{d}\psi_V}=\frac{-V}{\mathrm{d}\psi_V/(\mathrm{d}t)}$$

将式(3-56)的第三个方程代入上式可得到

$$\rho_{z_2}=\frac{V^2\cos\theta}{gn_{z_2}}\tag{3-57}$$

3.6.4　需用过载、极限过载和可用过载

在弹体和控制系统设计中，常用到过载的概念。导弹的飞行过载决定了弹上各部件、各种仪器所受的载荷，而外载荷是弹体设计和控制系统设计的重要原始数据之一。因此，在设计某些部件或仪器时，需要考虑导弹在飞行中所受的过载。在设计中，为保证部件或仪器在飞行中能正常地工作，并根据导弹战术技术要求的规定，它们承受的过载不得超过某个数值，此值就决定了这些部件或仪器可能受到的最大载荷。

在进行导弹设计时，还用到需用过载、极限过载和可用过载的概念，下面分别进行叙述。

1. 需用过载

导弹的需用过载是指导弹按给定的弹道飞行时所需要的过载，以 n_R 表示，其值可由解算弹道方程求出运动参数再代入式(3-55)中算出。需用过载是飞行弹道一个很重要的特性。

需用过载必须满足导弹的战术技术要求。例如，满足针对所要攻击的目标特性的要求，攻击机动性能良好的空中目标，则导弹沿给定的导引规律飞行所需的法向过载必然要大；满足导弹主要飞行性能的要求；满足作战空域、可攻击区的要求等。

从设计和制造的观点来看，需用过载在满足导弹战术技术要求的前提下越小越好。因为需用过载越小，飞行中导弹所承受的载荷就越小，这对弹体结构、弹上仪器和设备的正常工作以及减小导引误差(特别是在临近目标时)都是有利的。

2. 极限过载

需用过载必须满足导弹的战术技术要求，这是问题的一个方面，即需要方面。另一方面，导弹在飞行过程中能否产生那么大的过载呢？这是可能方面。因为一枚导弹有一定的外形和几何尺寸，它在给定的飞行高度和速度下只能产生有限的过载。如果导弹在实际飞行中所能产生的过载大于或等于需用过载，那么它就能沿着要求(给定)的理论弹道飞行。如果小于需用过载，尽管控制系统能正常工作，但由于导弹所能产生的最大过载小于沿要求(给定)弹道飞行所需要的过载值，导弹就不可能继续沿着所要求(给定)的弹道飞行，导致导弹脱靶。

在给定飞行高度和速度的情况下，导弹在飞行中所能产生的过载取决于攻角 α、侧滑角 β 及操纵机构(舵面)的偏转角 δ_z、δ_y。

现在来建立它们之间的关系。

在飞行攻角和侧滑角都不太大的情况下，导弹具有线性空气动力特性，对于轴对称型导弹，这时有

$$\begin{cases} Y = Y^{\alpha}\alpha + Y^{\delta_z}\delta_z \\ Z = Z^{\alpha}\beta + Z^{\delta_z}\delta_y \end{cases} \tag{3-58}$$

若忽略 $m_z^{\bar{\omega}_z}$、$m_y^{\bar{\omega}_y}$、$m_z^{\bar{\dot{\alpha}}}$、$m_z^{\bar{\dot{\beta}}}$、$m_z^{\bar{\dot{\delta}}}$ 和 $m_y^{\dot{\delta}_y}$ 等力矩系数中较小的项，则导弹的平衡条件为

$$\begin{cases} m_z^{\alpha}\alpha + m_z^{\alpha_z}\delta_z = 0 \\ m_y^{\beta}\alpha + m_y^{\delta_y}\delta_y = 0 \end{cases} \tag{3-59}$$

将式(3-59)代入式(3-58)中，消去操纵机构(舵面)的偏转角，并将其结果代入式(3-51)中的第二、第三个方程，若 α、β、γ_V 比较小，经简化整理后就得到平衡时的法向过载和攻角、侧滑角的关系：

$$\begin{cases} n_{y_2 B} = n_{y_2 B}^{\alpha}\alpha \\ n_{z_2 B} = n_{z_2 B}^{\beta}\beta \end{cases} \tag{3-60}$$

式中：

$$\begin{cases} n_{y_2\text{B}}^{\alpha} = \dfrac{1}{G}\left(\dfrac{P}{57.3} + Y^{\alpha} - \dfrac{m_z^{\alpha}}{m_z^{\delta_z}} Y^{\delta_z}\right) \\ n_{z_2\text{B}}^{\beta} = \dfrac{1}{G}\left(-\dfrac{P}{57.3} + Z^{\beta} - \dfrac{m_y^{\beta}}{m_y^{\delta_y}} Y^{\delta_y}\right) \end{cases} \tag{3-61}$$

这里攻角 α 和侧滑角 β 的单位是度。由式(3-60)可见，平衡飞行时，导弹的法向过载正比于该瞬时的 α 和 β。但是飞行攻角和侧滑角是不能无限大的，它们的最大允许值与许多因素有关。例如，随着 α 或 β 的增加，导弹的静稳定度通常是减小的，甚至在大攻角或侧滑角情况下，导弹变为静不稳定的。这时，进行操纵角运动的控制系统的设计比较困难，因为自动驾驶仪不可能在各种飞行状况下都能得到满意的特性。因此，必须将 α 和 β 限制在比较小的数值范围内(通常 8°～12°)，使得力矩特性曲线近乎是线性的。攻角和侧滑角的最大允许值取决于导弹的气动布局和飞行马赫数 Ma。飞行攻角或侧滑角的最大允许值还受其临界值的限制。如果导弹的飞行攻角或侧滑角达到临界值，此时导弹的升力系数或侧向力系数也达到最大值。若再继续增大 α 或 β，升力系数或侧向力系数就会急剧下降，导弹将会失速飞行。显然，攻角或侧滑角的临界值是一种极限情况。

导弹的极限过载是指攻角或侧滑角达到临界值时所对应的过载，以 n_L 表示。

3. 可用过载

类似地，将式(3-61)代入式(3-60)中，消去 α 和 β，简化后得到平衡时的法向过载和操纵机构(舵面)偏转角之间的关系：

$$\begin{cases} n_{y_2\text{B}} = n_{y_2\text{B}}^{\delta_z}\delta_z \\ n_{z_2\text{B}} = n_{z_2\text{B}}^{\delta_y}\delta_y \end{cases} \tag{3-62}$$

式中：

$$\begin{cases} n_{y_2\text{B}}^{\delta_z} = \dfrac{1}{G}\left[\dfrac{-m_z^{\delta_z}}{m_z^{\alpha}}\left(\dfrac{P}{57.3} + Y^{\alpha}\right) + Y^{\delta_z}\right] \\ n_{z_2\text{B}}^{\delta_z} = \dfrac{1}{G}\left[\dfrac{-m_y^{\delta_y}}{m_y^{\beta}}\left(Z^{\beta} - \dfrac{P}{57.3}\right) + Z^{\delta_y}\right] \end{cases} \tag{3-63}$$

由式(3-62)可知，导弹所能产生的法向过载与操纵机构(舵面)偏转角 δ_z、δ_y 成正比，而 δ_z、δ_y 的大小亦会受一些因素限制。

例如，升降舵的最大偏转角 $\delta_{z\max}$ 与下列因素有关：

(1) 攻角临界值的限制。

对于轴对称型导弹，在平衡条件下有

$$\delta_{z\max} < \left|\frac{m_z^{\alpha}}{m_z^{\delta_z}}(\alpha_{\text{cr}})_{\text{B}}\right| \tag{3-64}$$

式中：$(\alpha_{\text{cr}})_{\text{B}}$——平衡攻角的临界值。

(2) 舵面效率的限制。

操纵机构(舵面)的效率随着偏转角的增大而降低。若舵面处在弹身尾部(正常式)，舵面处的平均有效攻角限制在 20°以内，则可用下式来限制最大舵偏角：

$$\delta_{z\max} < \frac{20}{1 - \dfrac{m_z^{\delta_z}}{m_z^{\alpha}}(1 - \varepsilon^{\alpha})} \tag{3-65}$$

式中：ε^{α}——单位攻角的下洗。

由式(3－65)决定的限制值往往比由式(3－64)决定的限制值大得多。

(3) 结构强度的限制。

由于存在结构强度的限制，要避免由舵面最大偏转角$\delta_{z\max}$决定的法向过载过大而使弹体结构受到破坏。

综合考虑影响$\delta_{z\max}$的各种因素，就可以确定$\delta_{z\max}$的数值。

导弹的可用过载是指操纵机构(舵面)偏转到最大角度时，处于平衡状态下，导弹所能产生的过载，以n_P表示。可用法向过载表征导弹产生法向控制力的实际能力。若要求导弹沿着导引规律所要求的理论弹道飞行，则在这条弹道上的任一点，可用过载都要大于或等于需用过载；否则导弹就不可能按照所要求的弹道飞行，从而导致脱靶。

因此，在确定导弹的可用过载时，既要考虑到保证导弹具有足够的机动性能，又必须考虑到上述因素的限制。在考虑安全系数以后，由最大舵偏角确定的可用过载将作为强度校核的依据。

在实际飞行过程中，各种干扰因素总是存在的，因此，在进行导弹设计中，必须留有一定的过载裕量，用以克服各种扰动因素导致的附加过载，所以有

$$n_P \geqslant n_R + \Delta n$$

式中：Δn——过载裕量。

综上所述，需用过载、可用过载和极限过载在一般情况下应满足如下不等式：

$$n_L > n_P > n_R$$

3.7 导弹运动方程组的数值解法

一般情况下，在描述导弹在空间的运动方程组中，方程右边是运动参数的非线性函数，因此，导弹运动方程组是非线性的一阶常微分方程组，这样的一组方程通常得不到解析解，只有在一些十分特殊的情况下，通过大量简化，方能求出近似方程的解析解。但是在导弹的弹道研究中进行比较精确的计算时，往往不允许进行过分的简化。因此，工程上多运用数值积分的方法求解微分方程组。采用数值积分法可以获得导弹各运动参数的变化规律，但由其只可能获得相应于某些初始条件下的特解，而得不到包含任意常数的一般解。采用数值积分法时，选取适当的步长，再进行逐步积分计算，计算量一般是很大的。目前广泛采用数字计算机来解算导弹的弹道问题。利用数字计算机能在一定的精度范围内获得微分方程的数值解。计算工作量很大的一条弹道在数字计算机上很快就能算出结果，这为弹道的分析研究工作提供了十分便利的条件。

3.7.1 微分方程数值积分

采用数值积分法时，常用的方法基本上有三类，即单步法、多步法和预测校正法。这些方法在数值分析教程中都有详细介绍。在数字计算机上常用的微分方程的数值解法有欧拉(Euler)法、龙格-库塔(Runge-Kutta)法和阿当姆斯(Adams)法，这里仅给出其计算式。

1. 欧拉法

欧拉法属于单步法，是最简单的数值积分方法。

设有一组常微分方程：

$$\frac{\mathrm{d}x_1}{\mathrm{d}t}=f_1(t,\ x_1,\ x_2,\ \cdots,\ x_n)$$
$$\frac{\mathrm{d}x_2}{\mathrm{d}t}=f_2(t,\ x_1,\ x_2,\ \cdots,\ x_n)$$
$$\vdots$$
$$\frac{\mathrm{d}x_n}{\mathrm{d}t}=f_n(t,\ x_1,\ x_2,\ \cdots,\ x_n)$$

若已知 t_k 瞬时的参数值 $(x_1)_k$，$(x_2)_k$，…，$(x_n)_k$，则可计算出该瞬时的右函数值 $(f_1)_k$，$(f_2)_k$，…，$(f_n)_k$，亦即求得各参数在 t_k 时刻的变化率 $\left(\frac{\mathrm{d}x_1}{\mathrm{d}t}\right)_k$，$\left(\frac{\mathrm{d}x_2}{\mathrm{d}t}\right)_k$，…，$\left(\frac{\mathrm{d}x_n}{\mathrm{d}t}\right)_k$。欲求瞬时 $t_{k+1}=t_k+\Delta t$ 的参数值，采用欧拉法可由下式求得：

$$(x_1)_{k+1}=(x_1)_k+\left(\frac{\mathrm{d}x_1}{\mathrm{d}t}\right)_k\Delta t=(x_1)_k+(f_1)_k\Delta t$$
$$(x_2)_{k+1}=(x_2)_k+\left(\frac{\mathrm{d}x_2}{\mathrm{d}t}\right)_k\Delta t=(x_2)_k+(f_2)_k\Delta t$$
$$\vdots$$
$$(x_n)_{k+1}=(x_n)_k+\left(\frac{\mathrm{d}x_n}{\mathrm{d}t}\right)_k\Delta t=(x_n)_k+(f_n)_k\Delta t$$

依此类推，有了 t_{k+1} 瞬时的参数 $(x_1)_{k+1}$，$(x_2)_{k+1}$，…，$(x_n)_{k+1}$ 的数值之后，又可以求得 $t_{k+2}=t_{k+1}+\Delta t$ 瞬时的参数值 $(x_1)_{k+2}$，$(x_2)_{k+2}$，…，$(x_n)_{k+2}$，如此循环下去，就可以求得任意时刻的参数值。一般做法是：由前一时刻 t_k 的数值 $(x_i)_k$ 就可以求出后一时刻 t_{k+1} 的数值 $(x_i)_{k+1}(i=1,\ 2,\ \cdots,\ n)$。这种方法称为单步法，由于可以直接由微分方程已知的初值 $(x_i)_0$ 作为递推计算时的初值，而不需要其他信息，因此欧拉法是一种自启动的算法。

误差是欧拉数值积分法本身固有的。从欧拉法可以清楚地看出，微分方程的数值解实质上就是以有限的差分解来近似地表示精确解，或者说是用一条折线来逼近精确解，故欧拉法有时也称为折线法。欧拉法的积分误差是比较大的，若积分步长 Δt 减小，其误差也减小。

2. 龙格-库塔法

欧拉法的特点是简单易行，但精度低。在同样计算步长的条件下，龙格-库塔法的计算精度要比欧拉法高，但计算工作量要比欧拉法大，其计算方法如下。

设有一阶微分方程

$$\frac{\mathrm{d}x}{\mathrm{d}t}=f(t,\ x)$$

若已知 t_k 时刻的参数值 x_k，则可用龙格-库塔法求得 $t_{k+1}=t_k+\Delta t$ 时刻 x_{k+1} 的近似值。4 阶龙格-库塔公式为

$$x_{k+1}=x_k+\frac{1}{6}(K_1+2K_2+2K_3+K_4)$$
$$K_1=\Delta t\cdot f(t_k,\ x_k)$$

$$K_2 = \Delta t \cdot f\left(t_k + \frac{\Delta t}{2},\ x_k + \frac{1}{2}K_1\right)$$

$$K_3 = \Delta t \cdot f\left(t_k + \frac{\Delta t}{2},\ x_k + \frac{1}{2}K_2\right)$$

$$K_4 = \Delta t \cdot f(t_k + \Delta t,\ x_k + K_3)$$

4 阶龙格-库塔法每积分一个步长，需要计算 4 次右端函数值，并求出被积函数的增量 Δx_k。4 阶龙格-库塔法除了精度较高外，还易于编制计算程序，改变步长方便，也是一种自启动的单步数值积分方法。

3. 阿当姆斯法

阿当姆斯法的递推计算公式如下：

预估公式：

$$x_{k+1} = x_k + \frac{\Delta t}{24}(55f_k - 59f_{k-1} + 37f_{k-2} - 9f_{k-3})$$

校正公式：

$$x_{k+1} = x_k + \frac{\Delta t}{24}(9f_{k+1} + 19f_k - 5f_{k-1} + f_{k-2})$$

由上述公式可以看出，用阿当姆斯法预估-校正公式求解 x_{k+1} 时，需要知道 t_k、t_{k-1}、t_{k-2}、t_{k-3} 各时刻的 $f(t, x)$ 值，所以阿当姆斯法又称为多步型算法。这种算法不是自启动的，它必须用其他方法先获得所求时刻以前多步的解。

利用阿当姆斯法进行数值积分时，一般先用龙格-库塔法自启动，算出前 4 步的积分结果，然后利用阿当姆斯法进行迭代计算，这是一种比较有效的方法。龙格-库塔法每积分一步需要计算 4 次右端函数值，计算量大，但该方法可以自启动。而阿当姆斯法每积分一步，只需要计算 2 次右端函数值，迭代计算量小，但是不能自启动。因此，把这两种数值积分法的优点结合起来，其效果是比较理想的。

总之，对一个微分方程(或微分方程组)进行数值积分时，数值积分方法的选取通常需要考虑的因素有积分精度、计算速度、数值解的稳定性等。这些问题在数值分析教程中都有比较详细的讨论。

3.7.2 运动方程组的数值积分举例

利用计算机编程求解运动方程组时，必须首先选定计算方案，包括数学模型、原始数据、计算方法、计算步长、初值及初始条件、计算要求等。针对不同的设计阶段，不同的设计要求，所选取的计算情况是不相同的。如在方案设计阶段，通常选用质点弹道的数学模型，计算步长以弹道计算结果不发散为条件而定。而在设计定型阶段，应采用空间弹道的数学模型，计算用的原始数据必须是经多次实验确认后的最可信数据；计算条件及计算要求则要根据导弹设计定型的有关文件要求确定。

求解运动方程组的一般步骤如下：

1) 建立数学模型

现以在铅垂平面内无控飞行的运动方程组为例，假设它的数学模型为

$$\begin{cases} m\dfrac{\mathrm{d}V}{\mathrm{d}t} = P\cos\alpha - X - G\sin\theta \\ mV\dfrac{\mathrm{d}\theta}{\mathrm{d}t} = P\sin\alpha + Y - G\cos\theta \\ J_z\dfrac{\mathrm{d}\omega_z}{\mathrm{d}t} = M_z^{\alpha}\alpha + M_z^{\bar{\omega}_z}\bar{\omega}_z \\ \dfrac{\mathrm{d}\vartheta}{\mathrm{d}t} = \omega_z \\ \dfrac{\mathrm{d}x}{\mathrm{d}t} = V\cos\theta \\ \dfrac{\mathrm{d}y}{\mathrm{d}t} = V\sin\theta \\ \dfrac{\mathrm{d}m}{\mathrm{d}t} = -m_c \\ \alpha = \vartheta - \theta \end{cases} \tag{3-66}$$

2）准备原始数据

求解导弹运动方程组时，必须给出所需的原始数据，它们一般来源于总体初步设计、估算和实验结果。这些原始数据可以曲线或表格函数的形式给出，也可以拟合的表达式给定。对运动方程组(3-66)进行数值积分，应当给出如下原始数据：

(1) 标准大气参数，包括大气密度 ρ、声速 C 以及重力加速度 g。

(2) 导弹空气动力和空气动力矩有关的数据，包括阻力系数 c_x、升力系数 c_y、ρ 随攻角 α 和马赫数 Ma 变化的关系曲线或相应的表格函数；静稳定力矩系数导数 m_z^{α} 随攻角 α、Ma 数及质心位置 x_G 变化的关系曲线或相应的表格函数；阻尼力矩系数导数 $m_z^{\bar{\omega}_z}$ 随攻角 α 和 Ma 数变化的关系曲线或相应的表格函数。

(3) 推力 $P(t)$、燃料质量流量 $m_c(t)$、质心位置 $x_G(t)$ 和转动惯量 $J_z(t)$ 的表格函数或相应的数学表达式。

(4) 导弹的外形几何尺寸，特征面积和特征长度。

(5) 积分初始条件，即 t_0、V_0、θ_0、ω_{z0}、ϑ_0、x_0、y_0、m_0、α_0 等值。

3）空气动力和空气动力矩表达式

空气动力和空气动力矩的表达式如下：

$$X = c_x\frac{1}{2}\rho V^2 S$$

$$Y = c_y\frac{1}{2}\rho V^2 S$$

$$M_z = M_z^{\alpha}\alpha + M_z^{\bar{\omega}_z}\bar{\omega}_z = (M_z^{\alpha}\alpha + M_z^{\bar{\omega}_z}\bar{\omega}_z)\frac{1}{2}\rho V^2 SL$$

其中：

$$m_z^{\alpha} = (m_z^{\alpha})_{x_G = x_{G0}} + \frac{c_y(x_G - x_{G0})}{\alpha L}$$

式中：$(m_z^{\alpha})_{x_G = x_{G0}}$——在质心位置为 x_{G0} 时的静稳定性导数值；

L——特征长度。

4）确定数值积分方法并选取积分步长

利用计算机编程求解时，通常采用龙格-库塔法或阿当姆斯法进行积分。本例采用4阶龙格-库塔法。积分方法确定以后，选择合适的积分步长，积分步长也可以在程序运算过程中根据不同步长下的积分结果精度比较来选取。

5）编制计算程序

弹道计算通常采用各种常规的算法，如FORTRAN语言、C语言、Matlab语言。计算程序采用模块化结构，便于各模块分别调试，最后联调，以缩短整个程序的调试时间。当然，并非每种弹道计算都要采用计算模块结构。例如，在初始设计阶段，对数学模型做了简化，计算情况也相对比较简单。

本例用C语言编制求解方程(3-66)的程序，现对程序说明如下；

该程序由8个函数组成，各函数之间的调用关系如图3-12所示。这些函数包括：

(1) 主函数main，其主要功能是读入原始数据，调用rk子函数进行弹道积分，并调用result子函数记录计算结果。

(2) 龙格-库塔子函数rk，是龙格-库塔积分算法子函数，其中调用右端函数dery子函数。

(3) result子函数，用于记录积分计算的结果，将积分结果写入输出数据文件中。

(4) 右端函数dery子函数，用于计算方程组(3-66)的右端函数，其中调用插值子函数interp。

(5) 插值子函数interp，所有需要插值的参数都集中在该函数中计算，其中调用子函数int11和int32。

(6) 不等距单变元线性插值子函数int11，主要用于转动惯量J_z、质心位置x_G、推力P等单变量函数的插值。

(7) 等距双变元抛物线线性插值子函数int32，主要用于气动力系数c_x、c_y，气动力矩系数m_z^α、$m_z^{\bar{\omega}_z}$等双变量函数的插值，该函数调用插值子函数int31。

(8) 等距单变元抛物线插值子函数int31，被int32调用，完成子函数int32的抛物线插值功能。

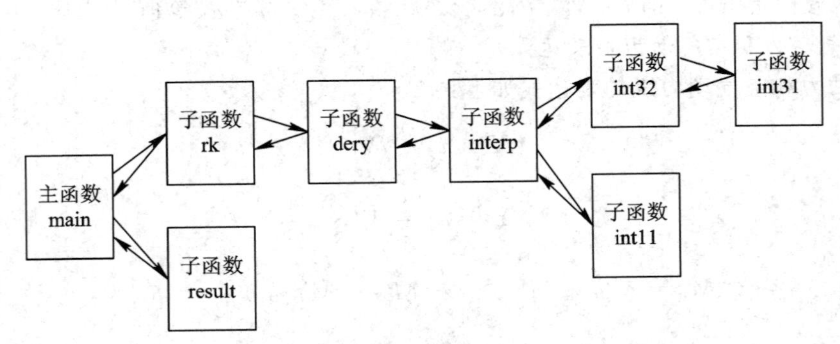

图3-12　各函数之间的调用关系示意图

思考题与习题

1. 简述导弹运动建模的简化处理方法。

2. 地面坐标系、弹道坐标系如何定义?

3. 弹道倾角、弹道偏角、速度偏角如何定义?

4. 导弹的三个姿态角是如何定义的?

5. 导弹质心运动和绕质心转动的动力学方程一般分别投影到哪个坐标系?为什么?

6. 导弹质心运动和绕质心转动的运动学方程一般分别投影到哪个坐标系?为什么?

7. 用矩阵法推导速度坐标系和地面坐标系之间坐标变换的规律,并以地面坐标系和弹体坐标系之间的变换为例加以说明。

8. 导弹运动方程组由哪些方程构成?共有多少个未知数?

9. 轴对称型导弹和面对称型导弹的控制飞行过程有何不同?

10. 何谓纵向运动和侧向运动?各自包括哪些参数?

11. 何谓瞬时平衡假设?它隐含的意义是什么?

12. 写出导弹在铅垂面内运动的质心运动方程组。

13. 什么叫理想弹道、理论弹道和实际弹道?

14. 过载和机动性如何定义?两者有何联系?

15. 法向过载与弹道形状有何关系?

16. 导弹曲率半径、导弹转弯速率与导弹法向过载有何关系?

17. 需用过载、可用过载和极限过载如何定义?它们之间有何关系?

第4章 方案飞行弹道

导弹的弹道可分为两大类：一类是方案飞行弹道；另一类是导引弹道。本章介绍导弹的方案飞行弹道。

所谓方案(飞行方案)，是指设计弹道时所选定的某个运动参数随时间的变化规律。运动参数是指俯仰角 $\vartheta_*(t)$、攻角 $\alpha_*(t)$、弹道倾角 $\theta_*(t)$或高度 $H_*(t)$等。在这类导弹上，一般装有一套按所选定的飞行方案设计的程序自动控制装置，导弹飞行时的舵面偏转规律就是由这套装置来实现的。因此，飞行方案选定以后，导弹在空间的飞行轨迹将由此而确定。也就是说，导弹发射出去后，它的飞行轨迹就不能随意变更。这类自动实现飞行方案的导弹属于自主控制导弹，导弹按预定的飞行方案所做的飞行称为方案飞行，它所对应的飞行弹道称为方案弹道。

飞行方案设计也就是导弹飞行轨迹设计。飞行方案设计的主要依据是使用部门提出的战术技术指标和使用要求，如装载发射载体、攻击目标类型、射程、巡航速度和高度、制导体制、动力系统体制、导弹的几何尺寸及发射质量等。若要求同一导弹可以从地面固定发射装置、地面车辆、飞机、水面舰艇、潜艇等多种载体上发射，在进行飞行方案设计时，则应掌握各种发射载体的运动特性、结构性能。不同目标有着不同的特性，因此，在进行飞行方案设计时，必须厘清攻击对象，掌握目标的物理特性，从而选用最有效的攻击方式。

进行飞行方案设计时，还必须掌握导弹自身的总体特性。如导弹的几何尺寸、质量、气动参数、动力系统的性能参数、控制体制、制导方式等。只有掌握了导弹的总体特性，才能扬长避短，充分发挥各系统的功能，优选出最为理想的飞行方案。

按方案飞行的情况是经常遇到的。例如，弹道式导弹攻击地面上静止的目标，其主动段通常按方案飞行。许多导弹的弹道除了导向目标的导引段之外，还具有方案飞行段。例如，飞航式导弹在攻击静止或运动缓慢的地面各种类型的目标(如桥梁、铁路枢纽、机场、雷达站、港口、工厂、城市设施、坦克群、军队集结地等)或海上目标(如军舰、运输船、潜艇等)时，其弹道的爬升段(或称初始段)和平飞段就是方案飞行段(如图 4-1 所示)。反坦克导弹的某些飞行段有按方案飞行的，一些垂直发射的地-空导弹的初始段也有采用方案

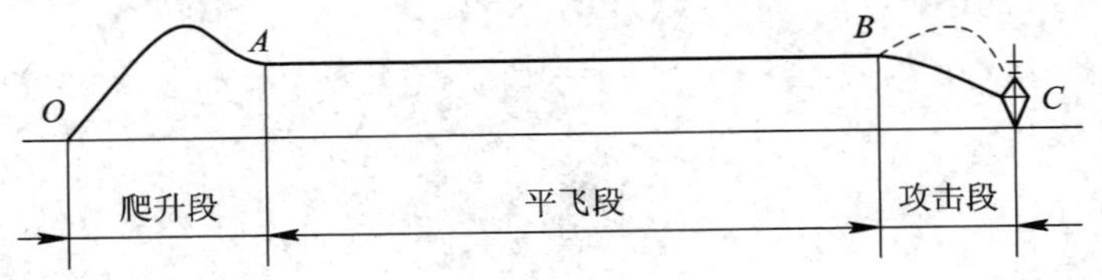

图 4-1　飞航式反舰导弹的弹道分段

飞行的。此外，方案飞行在一些无人驾驶靶机、侦察机上也被广泛地采用。

4.1　爬升段方案飞行

飞航式导弹一般用在岸-舰导弹、舰-舰导弹、空-地导弹等类型的导弹上。无论岸（舰）-舰导弹从地面爬升至预定高度的爬升段，还是空-地导弹从载机上发射至进入预定的飞行高度的下滑段，其运动的控制常常采用方案飞行的方法，且一般控制导弹在一个固定不变的铅垂平面内飞行。

4.1.1　铅垂平面内的导弹运动方程组

若地面坐标系的 Ax 轴选取在飞行平面内，则导弹质心的坐标 z 和弹道偏角 ψ_V 恒等于零。假定导弹的纵向对称面 Ox_1y_1 始终与飞行平面重合，则速度倾斜角 γ_V 和侧滑角 β 也等于零。这样，导弹在铅垂面内的质心运动方程组为

$$\left\{\begin{aligned}&m\frac{\mathrm{d}V}{\mathrm{d}t}=P\cos\alpha-X-mg\sin\theta\\&mV\frac{\mathrm{d}\theta}{\mathrm{d}t}=P\sin\alpha+Y-mg\cos\theta\\&\frac{\mathrm{d}x}{\mathrm{d}t}=V\cos\theta\\&\frac{\mathrm{d}y}{\mathrm{d}t}=V\sin\theta\\&\frac{\mathrm{d}m}{\mathrm{d}t}=-m_c\\&\varepsilon_1=0\\&\varepsilon_4=0\end{aligned}\right.\tag{4-1}$$

方程组(4-1)中含有7个未知参数：V、θ、x、y、m、α、P。

铅垂平面内的方案飞行取决于飞行速度的方向，其理想控制关系式为 $\varepsilon_1=0$；发动机的工作状态直接影响飞行速度的大小，其理想控制关系式为 $\varepsilon_4=0$。

飞行速度的方向直接由弹道倾角 $\theta_*(t)$ 给出，或者间接地由俯仰角 $\vartheta_*(t)$、攻角 $\alpha_*(t)$、法向过载 $n_{y_2*}(t)$、爬升率 $\dot{H}_*(t)$ 等给出。

若导弹采用火箭发动机，则燃料的质量流量 m_c 为已知（在许多情况下 m_c 是常值）；发动机的推力 P 仅与飞行高度有关，在计算弹道时，它们之间的关系通常也是给定的。因此，在采用火箭发动机的情况下，方程组(4-1)中的第五式和第七式可以分别用已知的关系式 $m(t)$ 和 $P(t, y)$ 代替。

对于空气喷气发动机（飞航式导弹多采用这种发动机），m_c 和 P 不仅与飞行速度和高度有关，而且与发动机的工作状态有关。因此，方程组(4-1)中必须给出约束方程 $\varepsilon_4=0$。但在进行弹道计算时，通常发动机产生额定推力，这时，燃料的质量流量取其平均值（取常值），方程组(4-1)中的第五式和第七式仍可以去掉。

下面分别讨论理论上可以采取的各种飞行方案的理想控制关系式。

1. 给定弹道倾角的变化规律 $\theta_*(t)$

如果给出弹道倾角的变化规律 $\theta_*(t)$，则理想控制关系式为

$$\varepsilon_1 = \theta(t) - \theta_*(t) = 0$$

即

$$\theta(t) = \theta_*(t)$$

或

$$\varepsilon_1 = \dot{\theta}(t) - \dot{\theta}_*(t) = 0$$

式中：$\theta_*(t)$——设计中所选择的飞行方案。

选择飞行方案是为了使导弹按照所要求的弹道飞行。例如，飞航式导弹以 θ_0 发射并逐渐爬升，然后转入平飞($\theta=0$)，这时飞行方案 $\theta_*(t)$可以设计成各种变化规律。如可以设计成直线(如图 4-2 中 a 所示)，也可以设计成曲线(如图 4-2 中 b、c 所示)。

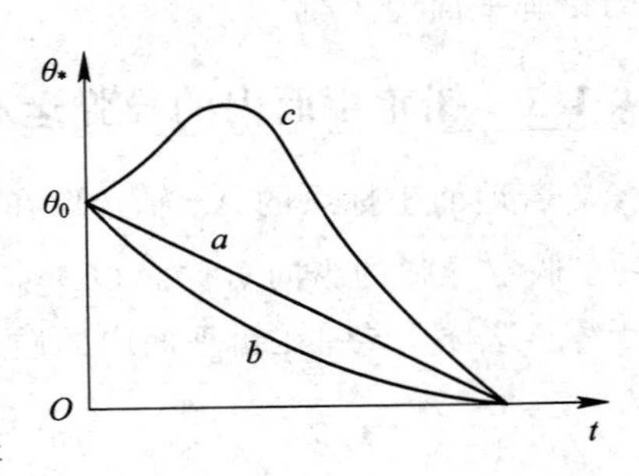

图 4-2　爬升曲线示意图

2. 给定俯仰角的变化规律 $\vartheta_*(t)$

如果给出俯仰角的变化规律 $\vartheta_*(t)$，则理想控制关系式为

$$\varepsilon_1 = \vartheta(t) - \vartheta_*(t) = 0$$

即

$$\vartheta(t) = \vartheta_*(t)$$

为了计算导弹的弹道，还需在方程组(4-1)中引入几何关系方程：

$$\alpha = \vartheta - \theta$$

3. 给定攻角的变化规律 $\alpha_*(t)$

给定攻角的变化规律 $\alpha_*(t)$是为了使导弹爬升得最快，即希望飞行所需的攻角始终等于允许的最大值 α_{max}；或者是为了防止需用法向过载超过可用法向过载值而对攻角加以一定的限制；若导弹采用了冲压式发动机，为了能正常工作，攻角也要限制在一定范围内。

如果给定攻角的变化规律 $\alpha_*(t)$，则理想控制关系式为

$$\varepsilon_1 = \alpha(t) - \alpha_*(t)$$

即

$$\alpha(t) = \alpha_*(t)$$

4. 给定法向过载的变化规律 $n_{y_2*}(t)$

给定法向过载的变化规律 $n_{y_2*}(t)$往往是为了保证导弹的强度，其理想控制关系式可表示为

$$\varepsilon_1 = n_{y_2}(t) - n_{y_2*}(t) = 0$$

即

$$n_{y_2}(t) = n_{y_2*}(t)$$

由第 3 章可知，在平衡条件下，导弹的法向过载 $n_{y_2\mathrm{B}}$可表示为

$$n_{y_2\mathrm{B}} = \frac{(P + Y^\alpha)\alpha_\mathrm{B}}{G}$$

即

$$\alpha_B = \frac{Gn_{y_2B}}{P + c_y^\alpha \frac{1}{2}\rho V^2 S}$$

根据力矩平衡条件可求得升降舵平衡偏角 $\delta_{zB}(t)$ 与法向过载 n_{y_2B} 之间的关系为

$$\delta_{zB}(t) = \frac{-m_z^\alpha}{m_z^{\delta_z}}\alpha_B = \frac{-m_z^\alpha}{m_z^{\delta_z}} \frac{Gn_{y_2B}(t)}{P + c_y^\alpha \frac{1}{2}\rho V^2 S}$$

从上式可以看出，对于法向过载的限制，可以通过限制攻角或升降舵偏角的方法来实现。

5. 给定爬升率 $\dot{H}_*(t)$

若给出爬升率的变化规律 $\dot{H}_*(t)$，则理想控制关系式为

$$\varepsilon_1 = \dot{H}(t) - \dot{H}_*(t) = 0$$

即

$$\frac{dy}{dt} = \dot{H}_*(t)$$

$\dot{H}_*(t)$ 的变化规律可以设计成各种各样的形状，如可以是一常值(如图 4－3 中 a 所示)，也可以是变值(如图 4－3 中 b 所示)。

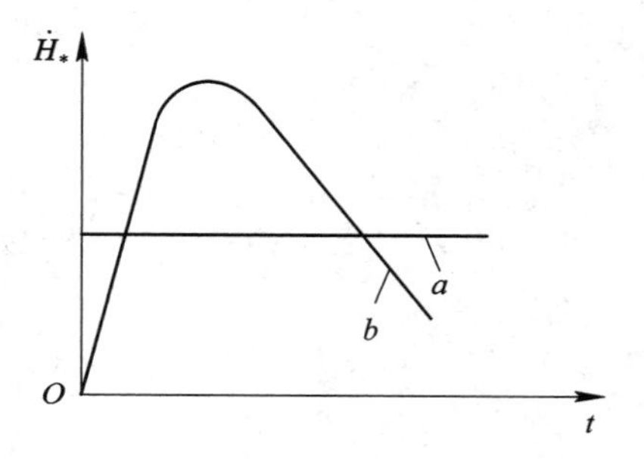

图 4－3　$\dot{H}_*(t)$ 曲线示意图

4.1.2　爬升段按给定俯仰角的方案飞行

为了使导弹按预定的规律爬高，在理论上可以给出攻角变化规律 $\alpha_*(t)$、弹道倾角变化规律 $\theta_*(t)$、俯仰角变化规律 $\vartheta_*(t)$、高度变化规律 $\dot{H}_*(t)$，选取上述几种规律中的一种或几种，均可实现爬升段的弹道设计。事实上，用于导弹的攻角传感器的测量精度较差，不能满足控制精度的要求，且结构安装还会带来一定的麻烦。虽然根据预定的爬升规律可以计算求得导弹的弹道倾角，但也存在一定的误差，而直接测量弹道倾角的设备目前还不能应用于导弹上。因此，在飞航式导弹上通常采用程序俯仰角、程序高度等来实现爬升段的方案控制。

当前，飞航式导弹上采用的自动驾驶仪控制系统或惯性控制系统均能实时提供导弹的俯仰角 ϑ_0。因此，可以设计合理的程序俯仰角，使导弹俯仰角按程序俯仰角飞行，即以导弹的实际俯仰角与程序俯仰角的差值作为控制信号来控制导弹的爬升飞行。

在进行程序俯仰角设计时，应充分考虑导弹发射基座的特性、初始发射角的限制、最小射程的要求、最大高度点的限制等条件；同时，还应考虑导弹自身的特性，如受结构限制、过载范围限制、发动机工作特性要求导弹攻角变化范围不宜太大，以及程序俯仰角在弹上实现的可能性等。

程序俯仰角在弹上的实现，视导弹采用的控制系统的不同而不同。对于自动驾驶仪控制系统，程序俯仰角可以装定在俯仰自由陀螺的基盘上；对于惯性控制系统，可在弹上综合控制计算机中编排上程序俯仰角规律。

飞航式导弹典型程序俯仰角的变化规律为

$$\vartheta_* = \begin{cases} \vartheta_0, & t < t_1 \\ (\vartheta_0 - \vartheta_p)\mathrm{e}^{-\frac{t-t_1}{K}} + \vartheta_p, & t_1 \leqslant t < t_2 \\ \vartheta_p, & t \geqslant t_2 \end{cases} \tag{4-2}$$

式中：ϑ_0—— 初始俯仰角；

ϑ_p—— 平飞时俯仰角；

t_1、t_2—— 给定的指令时间；

K—— 控制参数。

描述按给定俯仰角的方案飞行的运动方程组为

$$\begin{cases} \dfrac{\mathrm{d}V}{\mathrm{d}t} = \dfrac{P\cos\alpha - X}{m} - g\sin\theta \\ \dfrac{\mathrm{d}\theta}{\mathrm{d}t} = \dfrac{P\sin\alpha + Y - mg\cos\theta}{mV} \\ \dfrac{\mathrm{d}x}{\mathrm{d}t} = V\cos\theta \\ \dfrac{\mathrm{d}y}{\mathrm{d}t} = V\sin\theta \\ \dfrac{\mathrm{d}m}{\mathrm{d}t} = -m_c \\ \alpha = \vartheta - \theta \\ \varepsilon_1 = \vartheta(t) - \vartheta_*(t) = 0 \\ \varepsilon_4 = 0 \end{cases} \tag{4-3}$$

方程组(4-3)包含8个未知参数：V、θ、x、y、m、α、ϑ、P。计算这组方程就能得到这些参数随时间变化的规律，同时也就得到了按给定俯仰角的方案飞行弹道。

下面讨论两个特殊飞行情况的飞行方案。

1. 直线爬升的飞行方案 $\vartheta_*(t)$

当导弹进行直线爬升飞行时，弹道倾角为常值，它的变化率 $\mathrm{d}\theta/(\mathrm{d}t)$为零。于是由方程组(4-3)的第二式可以得到

$$P\sin\alpha + Y = G\cos\theta \tag{4-4}$$

上式表明，当导弹进行直线爬升飞行时，作用在导弹上的法向控制力必须和重力的法向分量平衡，而且在飞行攻角不大的情况下，攻角可表示成

$$\alpha = \frac{G\cos\theta}{P + Y^\alpha} \tag{4-5}$$

这样，直线爬升时的飞行方案 $\vartheta_*(t)$为

$$\vartheta_*(t) = \theta + \frac{G\cos\theta}{P + Y^\alpha} \tag{4-6}$$

式中 θ 为某一常值。显然，如果按式(4-6)方案 $\vartheta_*(t)$飞行，导弹就能实现直线爬升。

2. 等速直线爬升

若要求导弹做等速直线爬升飞行，则必须使 $\dot{V}=0$，$\dot{\theta}=0$。从方程组(4-3)的第一式和

第二式可得

$$\begin{cases} P\cos\alpha - X = G\sin\theta \\ P\sin\alpha + Y = G\cos\theta \end{cases} \tag{4-7}$$

上式表明，导弹要实现等速直线飞行，发动机推力在弹道切线方向上的分量与阻力之差必须等于重力在弹道切线方向上的分量；同时，作用在导弹上的法向控制力应等于重力在法线方向上的分量。下面就来讨论同时满足这两个条件的可能性。

假设导弹在等速直线爬升飞行过程中，发动机的推力和导弹的重力均为常值，且速度 V 和弹道倾角 θ 是已知常值。

第 2 章曾经指出：在导弹气动外形给定的情况下，阻力系数取决于导弹的飞行马赫数、飞行高度和攻角。对于从地面爬升的导弹来说，它的爬升高度一般不大，在此高度范围内的大气参数(如密度 ρ 和声速 C 等)可近似取海平面上的数值。于是，切向力 $P\cos\alpha - X$ 仅是攻角 α 的函数，它们之间的关系曲线如图 4-4 所示。

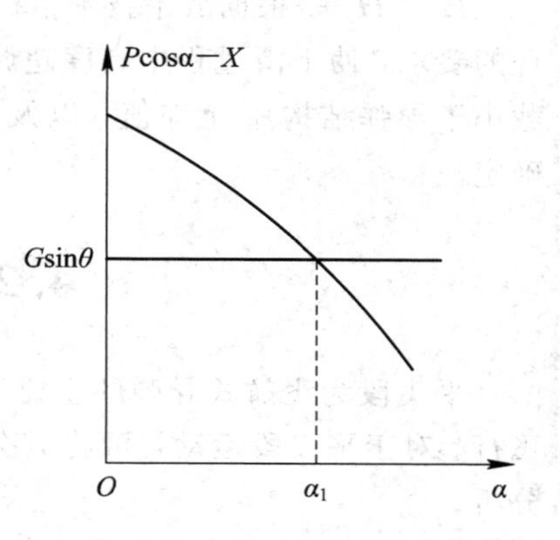

图 4-4　等速爬升时需用攻角的确定

为使导弹等速爬升，必须满足方程组(4-7)的第一式。根据上述假设，$G\sin\theta$ 为常值，它在图 4-4 中为一条平行于横坐标的直线。因此，图中两线的交点所对应的攻角 α 就是导弹做等速爬升飞行时的需用攻角。

在飞行攻角不大的情况下，由方程组(4-7)的第二式可得导弹做直线爬升时的需用攻角为

$$\alpha_2 = \frac{G\cos\theta}{P + Y^{\alpha}} \tag{4-8}$$

由此可以得出，导弹做等速直线爬升的条件应是

$$\alpha_1 = \alpha_2 \tag{4-9}$$

实际上，这些条件是很难得到满足的。因为即使通过精心设计，或许能找到一组参数(V，θ，P，G，c_x，c_y^{α} 等)满足式(4-7)，可是在飞行过程中，导弹不可避免地会受到各种干扰，一旦某一参数偏离了它的设计值，导弹就不可能真正实现等速直线飞行。更何况发动机的推力和导弹重力在等速直线爬升飞行过程中并非常值，而是随时间变化的，特别是在发动机不能自动调节的情况下，要使导弹时刻都严格地按等速直线爬升飞行是不可能的。即使发动机的推力可以自动调节，要实现等速直线爬升飞行也只能是近似的。

3. 下滑段按给定高度的方案飞行

对于空中投放攻击地面或海面目标的空-地导弹或空-舰导弹，导弹从投放到转入平飞的运动称为下滑段运动。为使导弹具有较好的隐蔽性和较强的突防能力，要求导弹在脱离载机后平稳下滑，较快地转入平飞。

目前，飞航式导弹控制系统中都有测量飞行高度的无线电高度表、气压高度表，因而，完全有可能利用高度信息对导弹进行高度控制。

为使导弹较快地下滑，并平稳地转入平飞，通常采用指数形式的高度程序，其表达式为

$$
H_* = \begin{cases} H_1, & t < t_1 \\ (H_1 - H_2)\mathrm{e}^{-K(t-t_1)} + H_2, & t_1 \leqslant t < t_2 \\ H_2, & t \geqslant t_2 \end{cases} \tag{4-10}
$$

式中：H_1—— 下滑段起点高度；

H_2—— 导弹巡航飞行时的平飞高度；

t_1、t_2—— 给定的指令时间；

K—— 控制常数。

H_1、H_2 是根据战术技术指标要求而确定的。t_1、t_2、K 应根据战术技术指标中最小射程的要求，使下滑过程中高度超调量小、转入平飞时间最短、下滑过程中导弹所承受的过载小于导弹结构所允许值，以及导弹运动姿态不影响发动机的正常工作等综合因素来确定。

4.2 平飞段方案飞行

平飞段为飞航式导弹的主要飞行段。此段特点是导弹不做大的机动飞行，为等速等高飞行。对于平飞段运动，可将其分解为铅垂平面内的运动和水平面内的运动加以研究和分析。

4.2.1 平飞段铅垂平面内的运动

平飞段铅垂平面内的运动比较简单，其简化运动方程组为

$$
\begin{cases} P\cos\alpha = X \\ P\sin\alpha + Y = G \\ \dfrac{\mathrm{d}x}{\mathrm{d}t} = V \\ \dfrac{\mathrm{d}m}{\mathrm{d}t} = -m_c \\ \delta_z = -\dfrac{m_z^\alpha}{m_z^{\delta_z}}\alpha \end{cases} \tag{4-11}
$$

对于给定的平飞高度和速度，在气动数据 c_x、c_y^α、m_z^α、$m_z^{\delta_z}$ 已知的情况下，可由方程组(4-11)求得使导弹保持等高等速飞行所需的推力 P、攻角 α、升降舵偏转角 δ_z 等。

对于绝大多数飞航式导弹，保持等高状态飞行所需的平衡攻角一般较小，由方程组(4-11)第二式可得

$$
\alpha(t) = \frac{G(t)}{P + c_y^\alpha qS} \tag{4-12}
$$

上式中，无论是火箭发动机，还是喷气发动机，在等高等速飞行时，其推力的理论值为常值。在给定的速度下，c_y^α 亦为定值。唯有导弹重量 G 随着燃料的不断消耗，其值将越来越小。由于发动机的推力一定，燃料质量秒消耗量也就一定，因而有

$$
m(t) = m_0 - m_c t
$$

对应有

$$\alpha(t)=\alpha_0-K_\alpha t$$

由此可得出等高等速飞行时俯仰角的变化规律，即 $\vartheta(t)=\alpha(t)$。只要控制俯仰角按照 $\vartheta(t)$ 的规律变化，就能实现等高等速飞行。

实际上，由于测量导弹俯仰角元器件的不完善性，测量结果与实际值之间存在差异。正是由于这种差异的存在，利用姿态角控制实现等高飞行的性能较差，尤其对于远程及超音速飞行的飞航式导弹更是如此。

随着测高技术的不断发展，直接利用导弹飞行的高度信息控制导弹实现等高飞行已在飞航式导弹上得以广泛使用。

下面讨论导弹作为刚体，在非理想控制条件下实现等高飞行的高度控制，这时升降舵偏转角的变化规律为

$$\begin{cases}\Delta\delta_z=K_{\Delta H}\cdot\Delta H\\ \Delta H=H-H_0\end{cases}\tag{4-13}$$

式中：H_0——要求的平飞高度；

H——实际飞行高度；

$K_{\Delta H}$——放大系数。

如图 4-5 所示，当实际飞行高度小于预定的平飞高度 H_0 时，高度差 $\Delta H<0$，为使导弹增加高度以保持平飞，升降舵应产生附加偏角 $\Delta\delta_z$，在其作用下，产生一个正的附加力矩 $\Delta M_z=M_z^{\delta_z}\Delta\delta_z$。这个力矩使导弹抬头，因而产生了一个正的附加攻角 $\Delta\alpha$，它使导弹产生一个向上的附加升力。导弹在这个附加升力的作用下高度增加，逐渐向预定的平飞高度 H_0 逼近。反之，当导弹的实际高度大于预定的平飞高度时，高度差 $\Delta H>0$。此时，应产生附加舵偏角 $\Delta\delta_z$，在其作用下，产生一个低头力矩 $\Delta M_z=M_z^{\delta_z}\Delta\delta_z<0$，并产生了一个负的附加攻角 $\Delta\alpha$，引起一个负的附加升力，从而使导弹的高度降低。

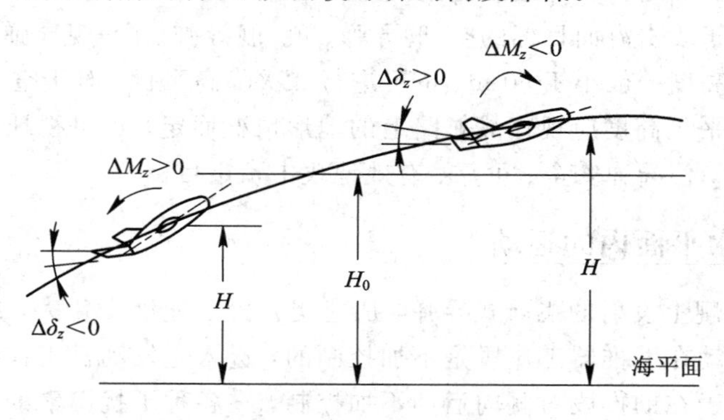

图 4-5　等高飞行

式(4-13)中 $\Delta\delta_z$ 的角度虽然是使导弹保持等高飞行所必需的，但是由于控制系统和弹体具有惯性，导弹在预定平飞高度上将出现振荡现象(如图 4-6 中的虚线所示)。因此，为了使导弹能尽快地稳定在预定的平飞高度上，必须在式(4-13)中再引入一项与高度变化率 $\Delta\dot{H}=\mathrm{d}\Delta H/(\mathrm{d}t)$ 有关的量，即

$$\Delta\delta_z=K_{\Delta H}\Delta H+K_{\Delta\dot{H}}\Delta\dot{H}\tag{4-14}$$

式中：$K_{\Delta\dot{H}}$—— 放大系数，表示当有单位高度变化率时升降舵所应偏转的角度。

附加舵偏转角增加了一项 $K_{\Delta \dot{H}}\Delta \dot{H}$，它将产生阻尼力矩，抑制高度变化率的数值，以防止导弹在进入预定平飞高度的飞行过程中产生超高或掉高的情况，使导弹能在预定的平飞高度上稳定地飞行，从而改善过渡过程的品质。图 4-6 中的实线是指由式(4-14)描述的舵面偏转规律所对应的飞行弹道。

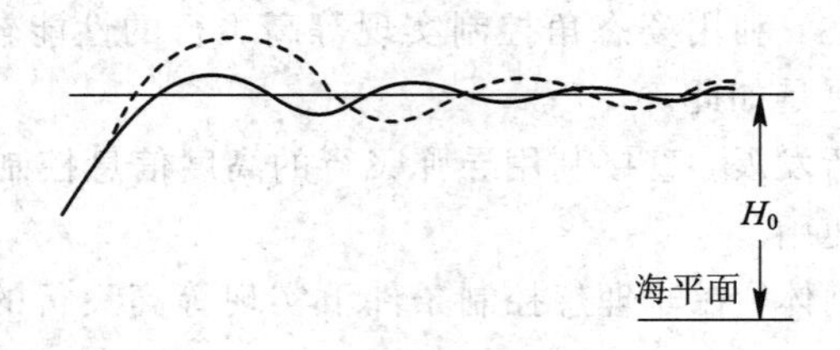

图 4-6　等高飞行时的弹道

现在来讨论 $K_{\Delta H}$值的符号。如上所述，当导弹的实际高度小于预定的平飞高度时，即 $\Delta H<0$，为使导弹增加高度以保持平飞，升降舵要相应地有附加偏转角，产生抬头力矩。对于正常式导弹来说，升降舵附加偏转角 $\Delta\delta_z$ 应为负值；对于鸭式导弹来说，升降舵附加偏转角 $\Delta\delta_z$ 则应为正值。因此，正常式导弹的 $K_{\Delta H}$为正值，鸭式导弹的 $K_{\Delta H}$为负值。

上面分析了 $\Delta\delta_z=K_{\Delta H}\Delta H+K_{\Delta \dot{H}}\Delta \dot{H}$ 时导弹飞行高度的变化情况。只要放大系数 $K_{\Delta H}$ 和 $K_{\Delta \dot{H}}$之间的比值选择得合理，就可以使导弹较快地稳定在预定的飞行高度上，得到比较满意的过渡过程。

为了进一步改善等高飞行的品质，实现等高飞行的高度控制规律可选取

$$\Delta\delta_z = K_{\Delta H}\Delta H + K_{\Delta \dot{H}}\Delta \dot{H} + K_{\int\Delta H}\int \Delta H \mathrm{d}t \tag{4-15}$$

式中：$K_{\int\Delta H}$——放大系数。

平飞高度 H_0 的确定：H_0 既要根据战术技术指标的要求，也要根据具体型号的作战使用背景来确定。对于攻击海面目标的空-舰导弹、舰-舰导弹、岸-舰导弹来说，为获得较高的突防能力，平飞高度一般小于 50 m，也可进行二次降高飞行。对于空-地导弹，由于地面情况比较复杂，其平飞高度应视作战航路上的地形情况而定，也可视地形变化情况装定几个不同的平飞高度，使导弹安全、可靠、有效地攻击预定目标。

4.2.2　平飞段水平面内的运动

对于从地面或舰上发射的飞航式导弹，加速爬升段的速度变化大，纵向运动参数变化激烈，从而侧向运动在助推器工作段是不加控制的，进入主发动机工作的飞行段才对侧向运动实施控制。由于在助推段对侧向运动不加控制，在各种干扰因素的作用下势必造成一定的姿态和位置偏差。若主发动机工作一开始就把较大的偏差量作为控制量加入，则极易造成侧向运动的振荡，严重时会造成发散。为避免此种由于控制不当而造成的失误，可采取下列偏航角程序信号：

$$\psi_* = \begin{cases} \psi_k, & t < t_k \\ \psi_k \mathrm{e}^{-K_\psi (t-t_k)}, & t_k \leqslant t < t_2 \\ 0, & t \geqslant t_2 \end{cases} \tag{4-16}$$

式中：t_k——助推器分离时刻；

t_2——给定时间；

ψ_k——t_k 时刻的偏航角；

K_ψ——控制系数。

控制规律为

$$\delta_y = K_{\Delta\psi}(\psi - \psi_*) + K_{\Delta\dot{\psi}}\Delta\dot{\psi} \tag{4-17}$$

式中：$\Delta\psi = \psi - \psi_*$，$\Delta\dot{\psi} = \mathrm{d}\Delta\psi/(\mathrm{d}t)$。

从上式可以看出，正是引入了偏航角程序信号，在主发动机工作后的起控时刻未将助推段终点时的偏航角偏差值直接引入控制，而是采取了按指数形式加入的过程，避免了因起控不当造成失控的现象发生。

为了提高导弹作战使用的效率，飞航式导弹在侧向通常都具有扇面发射能力。对于有初始扇面角的情况，同样在助推段对航向运动不加控制，导弹沿初始航向角方向飞行。进入主发动机工作后，开始只进行角度控制，使导弹航向角不断改变。到了一定的时刻，引入质心控制，导弹航向角保持常值，在指向目标的方向做直线飞行。对于采用惯性控制系统的飞航式导弹，实现上述控制是较为容易的。此时，偏航角程序信号和侧偏位置信号为

$$\psi_* = \begin{cases} \psi_0, & t < t_k \\ \psi_0 + K_{\psi_0}(t - t_k), & t_k \leqslant t < t_A \\ \psi_A, & t \geqslant t_A \end{cases} \tag{4-18}$$

$$z_* = z(x) \tag{4-19}$$

控制规律为

$$\delta_y = \begin{cases} K_{\Delta\psi}(\psi - \psi_*) - K_{\Delta\psi}\Delta\dot{\psi}, & t < t_A \\ K_{\Delta\psi}(\psi - \psi_*) + K_{\Delta\dot{\psi}}\Delta\dot{\psi} + K_z(z - z_*) + K_{\int z}\int(z - z_*)\mathrm{d}t, & t \geqslant t_A \end{cases} \tag{4-20}$$

式中：t_k—— 助推器分离时刻；

t_A—— 给定时间；

ψ_0—— 初始扇面角；

ψ_A—— 给定的偏航角；

K_{ψ_0}、$K_{\Delta\psi}$、$K_{\Delta\dot{\psi}}$、K_z、$K_{\int z}$—— 放大系数。

思考题与习题

1. 何谓“方案飞行”？有何研究意义？
2. 导弹在铅垂面内运动时，典型的飞行方案有哪些？
3. 写出按给定俯仰角的方案飞行的导弹运动方程组。
4. 导弹在水平面内做侧滑而无倾斜飞行的方案有哪些？
5. 导弹垂直飞行时的攻角是否一定等于零？如果攻角不等于零，怎样才能使导弹做垂直飞行？
6. 哪些导弹采用方案飞行？

第5章　导引弹道的运动学分析

5.1　概　　述

按制导方法不同，弹道分为方案弹道和导引弹道。导引弹道是根据目标运动特性以某种导引方法将导弹导向目标时的导弹质心运动轨迹。空-空导弹、地-空导弹、空-地导弹的弹道以及巡航导弹的末段弹道都是导引弹道。导引方法反映导弹制导系统的工作规律。导引导弹的制导系统有自动瞄准(或称自动寻的)和遥远控制两种基本类型，也有两者兼用的，称为复合制导。

所谓自动瞄准制导是由装在导弹上的敏感器(导引头)感受目标辐射或反射的能量，自动形成制导指令，控制导弹飞向目标的制导技术。自动瞄准制导系统由装在导弹上的导引头、指令计算装置和导弹控制装置组成。由于制导系统全部装在弹内，因此，导弹本身的装置比较复杂，但制导精度比较高。

所谓遥控制导是由制导站的测量装置和制导计算装置测量导弹相对目标的位置或速度，按预定规律加以计算处理形成制导指令，导弹接收指令后，通过姿态控制系统控制导弹，使它沿着适当的弹道飞行，直至命中目标。制导站可设在地面、空中或海上。遥控制导的优点是弹内装置较简单，作用距离较远，但制导过程中制导站不能撤离，易被敌方攻击，导弹离制导站愈远，制导精度愈差。

导引弹道的特性主要取决于导引方法和目标的运动特性。对于已经确定的某种导引方法，导引弹道的主要研究内容有弹道过载、导弹速度、飞行时间、射程和脱靶量等，这些参数最终影响导弹的命中率。

根据导弹和目标的运动学关系可把导引方法按下列情况来分类：

(1) 根据导弹速度矢量与目标线(导弹-目标连线，又称视线)的相对位置分为追踪法(两者重合)、常值前置角法(导弹速度矢量超前一个常值角度)等。

(2) 根据目标线在空间的变化规律分为平行接近法(目标线在空间只做平行移动)、比例导引法(导弹速度矢量的转动角速度与目标线的转动角速度成比例)等。

(3) 根据导弹纵轴与目标线的相对位置分为直接法(两者重合)、常值目标方位角法(导弹纵轴超前一个常值角度)等。

(4) 根据制导站-导弹连线与制导站-目标连线的相对位置分为三点法(两连线重合)、前置量法(制导站-导弹连线超前，前置量法又称角度法)。

对导引弹道的研究是以经典力学定律为基础的。在导弹和制导系统初步设计阶段，为了简化研究，通常采用运动学分析方法，并基于以下假设：

(1) 导弹、目标和制导站的运动视为质点运动；

(2) 制导系统的工作是理想的；

(3) 导弹速度是时间的已知函数；

(4) 目标和制导站的运动规律是已知的。

这样就避开了复杂的质点系的动力学问题。针对假想目标的某些典型轨迹，先确定导引弹道的基本特性，由此得出的导引弹道是可控质点的运动学弹道。导引弹道的运动学分析虽然是近似的，但它是最简单的研究方法。

为了简化研究起见，假设导弹、目标和制导站始终在同一固定平面内运动，该平面称为攻击平面。攻击平面可能是铅垂平面，也可能是水平面或倾斜平面。

本章应用导引弹道的运动学分析方法研究几种常见导引方法的弹道特性，其目的是选择合适的导引方法，改善现有导引方法存在的某些缺点，为寻找新的导引方法提供依据。分析各种导引方法的弹道特性是制导系统设计的基础，也是导弹飞行力学研究的重要课题之一。

5.2　相对运动方程

相对运动方程是指描述导弹、目标、制导站之间相对运动关系的方程。建立相对运动方程是导引弹道运动学分析方法的基础。相对运动方程习惯上建立在极坐标系中，其形式最简单。下面分别建立自动瞄准制导和遥控制导的相对运动方程。

5.2.1　自动瞄准制导的相对运动方程

自动瞄准制导的相对运动方程实际上是描述导弹与目标之间相对运动关系的方程。

假设在某一时刻，目标位于 T 点，导弹位于 M 点。连线$\overline{MT}$称为目标瞄准线(简称为目标线或视线)。选取基准线(或称参考线)$\overline{Ax}$，它可以任意选择，其位置的不同选择不会影响导弹与目标之间的相对运动特性，而只影响相对运动方程的繁简程度。为简单起见，一般选取攻击平面内的水平线作为基准线；若目标做直线飞行，则选取目标的飞行方向为基准线方向最为简便。

根据导引弹道的运动学分析方法，假设导弹与目标的相对运动方程可以用定义在攻击平面内的极坐标参数 r、q 的变化规律来描述，图 5-1 中所示的参数分别定义如下：

r—— 导弹相对目标的距离。导弹命中目标时，$r=0$。

q—— 目标线与基准线之间的夹角，称为目标线方位角(简称目标线角)。若由基准线逆时针旋转到目标线上，则 q 为正。

σ、σ_T——导弹、目标速度矢量与基准线之间的夹角，称为导弹弹道角和目标航向角。分别以导弹、目标所在位置为原点，若由基准线逆时针旋转到各自的速度矢量上，则 σ、σ_T 为正。当攻击平面为铅垂面时，σ 就是弹道倾角 θ；当攻击平面为水平面时，σ 就是弹道偏角 ψ_V。

η、η_T——导弹、目标速度矢量与目标线之间的夹角，称为导弹速度矢量前置角和目标速度矢量前置角(简称为前置角)。分别以导弹、目标所在位置为原点，若由各自的速度矢量逆时针旋转到目标线上，则 η、η_T 为正。

自动瞄准制导的相对运动方程是指描述相对距离 r 和目标线角 q 变化率的方程。根据图 5-1 所示的导弹与目标之间的相对运动关系就可以直接建立相对运动方程。将导弹速度矢量 $\boldsymbol{V}$ 和目标速度矢量 $\boldsymbol{V}_T$ 分别沿目标线的方向及其法线方向分解。沿目标线的分量 $V\cos\eta$ 指向目标，它使相对距离 r 减小；而分量 $V_T\cos\eta_T$ 背离导弹，它使相对距离 r 增大。显然有

$$\frac{\mathrm{d}r}{\mathrm{d}t}=V_T\cos\eta_T-V\cos\eta$$

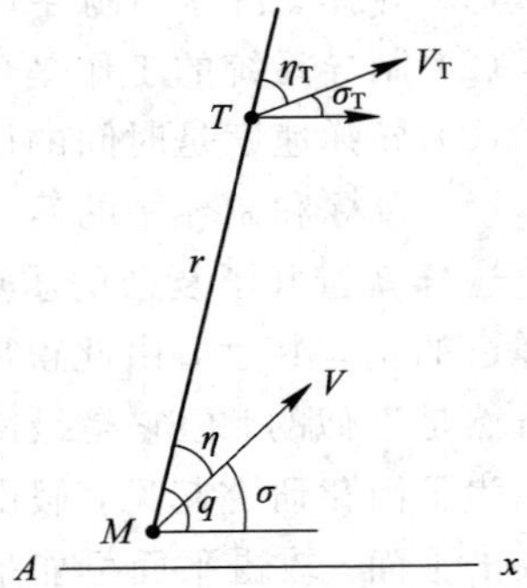

图 5-1　导弹与目标的相对位置

沿目标线的法线分量 $V\sin\eta$ 使目标线以目标所在位置为原点做逆时针旋转，使目标线角 q 增大；而分量 $V_T\sin\eta_T$ 使目标线以导弹所在位置为原点做顺时针旋转，使目标线角 q 减小。于是：

$$\frac{\mathrm{d}q}{\mathrm{d}t}=\frac{1}{r}(V\sin\eta-V_T\sin\eta_T)$$

同时考虑到图 5-1 所示角度间的几何关系，以及导引关系方程，就可以得到自动瞄准制导的相对运动方程组为

$$\begin{cases}\dfrac{\mathrm{d}r}{\mathrm{d}t}=V_T\cos\eta_T-V\cos\eta\\ \dfrac{\mathrm{d}q}{\mathrm{d}t}=\dfrac{1}{r}(V\sin\eta-V_T\sin\eta_T)\\ q=\sigma+\eta\\ q=\sigma_T+\eta_T\\ \varepsilon_1=0\end{cases}\tag{5-1}$$

在方程组(5-1)中，$\varepsilon_1=0$ 为描述导引方法的导引关系方程(或称理想控制关系方程)。在自动瞄准制导中常见的导引方法有追踪法、平行接近法、比例导引法等，相应的导引关系方程如下：

追踪法：

$$\eta=0,\ \varepsilon_1=\eta=0$$

平行接近法：

$$q=q_0=\text{常数},\ \varepsilon_1=\frac{\mathrm{d}q}{\mathrm{d}t}=0$$

比例导引法：

$$\dot{\sigma}=K\dot{q},\ \varepsilon_1=\dot{\sigma}-K\dot{q}=0$$

在上述方程组中，$V(t)$、$V_T(t)$、$\eta_T(t)$(或 $\sigma_T(t)$)为已知，方程组中只含有 5 个未知参数——$r(t)$、$q(t)$、$\sigma_T(t)$(或 $\eta_T(t)$)、$\sigma(t)$、$\eta(t)$，因此方程组是封闭的，可以求得确定解。根据 $r(t)$、$q(t)$ 可获得导弹相对目标的运动轨迹，称为导弹的相对弹道(观察者在目标上所观察到的导弹运动轨迹)。若已知目标相对于地面坐标系(惯性坐标系)的运动轨迹，则通过换算可获得导弹相对于地面坐标系的运动轨迹——绝对弹道。

5.2.2　遥控制导的相对运动方程

遥控制导导弹受弹外制导站导引。导弹的运动特性不仅与目标的运动状态有关，而且与制导站的运动状态有关。制导站可能是活动的(如空-空导弹或空-地导弹的制导站在载机上)，也可能是固定不动的(如地-空导弹的制导站通常是在地面固定不动的)。因此，在建立遥控制导的相对运动方程组时，还需要考虑制导站的运动状态对导弹运动的影响。在进行导引弹道运动学分析时，将制导站也看成运动质点，且运动状态是已知的时间函数，并认为导弹、制导站、目标始终处在某一攻击平面内运动。

建立遥控制导的相对运动方程组是通过导弹与制导站之间的相对运动关系以及目标与制导站之间的相对运动关系来描述的。在某一时刻，制导站处在 C 点位置，导弹处在 M 点位置，目标处在 T 点位置，它们之间的相对运动关系如图 5-2 所示，图中所示的参数分别定义如下：

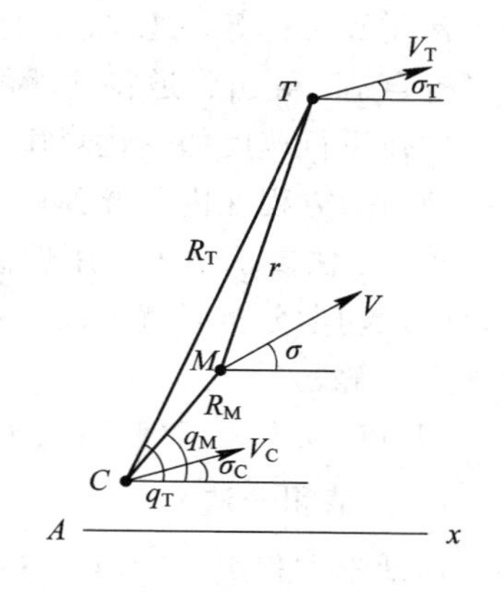

图 5-2　导弹、目标与制导站的相对位置

R_T—— 制导站与目标的相对距离；

R_M—— 制导站与导弹的相对距离；

σ_T、σ、σ_C—— 目标、导弹、制导站的速度矢量与基准线之间的夹角。

q_T，q_M——制导站-目标连线与基准线、制导站-导弹连线与基准线之间的夹角。

根据图 5-2，仿照上述建立自动瞄准制导的相对运动方程组的方法，就可以得到遥控制导的相对运动方程组：

$$\begin{cases}\dfrac{\mathrm{d}R_M}{\mathrm{d}t}=V\cos(q_M-\sigma)-V_C\cos(q_M-\sigma_C)\\ R_M\dfrac{\mathrm{d}q_M}{\mathrm{d}t}=-V\sin(q_M-\sigma)+V_C\sin(q_M-\sigma_C)\\ \dfrac{\mathrm{d}R_T}{\mathrm{d}t}=V_T\cos(q_T-\sigma_T)-V_C\cos(q_T-\sigma_C)\\ R_T\dfrac{\mathrm{d}q_T}{\mathrm{d}t}=-V_T\sin(q_T-\sigma_T)+V_C\sin(q_T-\sigma_C)\\ \varepsilon_1=0\end{cases} \tag{5-2}$$

在遥控制导中常见的导引方法有三点法、前置量法等，其相应的导引关系方程如下：

三点法：

$$q_M=q_T$$

前置量法：

$$q_M-q_T=C_q(R_T-R_M)$$

式中：C_q——比例系数。

在方程组(5-2)中，$V(t)$、$V_T(t)$、$V_C(t)$、$\sigma_T(t)$、$\sigma_C(t)$为已知时间函数，未知数有 5 个——$R_M(t)$、$R_T(t)$、$q_M(t)$、$q_T(t)$、$\sigma(t)$，因此，可以获得确定解。

由上述建立的相对运动方程组可知，相对运动方程组与作用在导弹上的力无直接关系，故称为运动学方程组。单独求解该方程组所得到的弹道称为运动学弹道。

5.2.3 相对运动方程组的解

由方程组(5－1)、(5－2)可知，无论是自动瞄准制导的导弹，还是遥控制导的导弹，导弹的运动特性都由以下因素确定：目标的运动特性，如飞行高度、速度及机动性；导弹飞行速度的变化规律；导弹所采用的导引方法等。对于遥控制导的导弹，还要考虑到制导站的运动状态。

在导弹研制过程中，并不能预先具体确定目标的运动特性，一般只能根据战术技术要求所确定的目标类型，在其性能范围内选择几种典型的运动特性，如目标做等速直线飞行或正常盘旋飞行等。这样，目标的运动特性可以认为是已知的。只要目标的典型运动特性选择得合适，导引弹道特性就可以估算出来。

导弹飞行速度的变化规律取决于发动机特性、导弹的结构参数和气动外形，它可以由包括动力学方程在内的导弹运动方程组求解得到。本章着重介绍导引弹道的运动学分析方法，这一方法要求预先采用近似计算的方法求出导弹速度的变化规律。因此，在进行导引弹道的运动学分析时就可以不考虑导弹的动力学方程，即相对运动方程组(5－1)、(5－2)可独立求解。

相对运动方程组(5－1)、(5－2)可以采用以下三种方法求解。

1. 数值积分法

运动学方程组(5－1)、(5－2)中含有微分方程，解此方程组一般采用数值积分法，从而获得导弹运动参数随时间变化的规律及其相应的弹道。给定一组初始条件可得到相应的一组特解，但并不能得到包含任意待定常数的一般解。因此，采用这种方法的计算工作量大，然而应用电子计算机可以大大提高计算效率，并可以得到足够的计算精度。

2. 解析法

只有在特定条件下(其中最基本的假定是目标做等速直线飞行，导弹的速度为常值)，才能得到满足任意初始条件下的解析表达式。虽然这些特定条件在实际中是很少见的，但是解析解可以说明导引方法的某些一般特性。

3. 图解法

图解法也应在目标的运动特性、导弹速度的变化规律及导引方法已知的条件下进行，所得到的弹道仍是给定初始条件下的运动学弹道。图解法的优点是简捷、直观，但误差大。作图时，如果比例尺选取适当，也可以得到较为满意的结果。图 5－3 为通过图解法得到的追踪法导引弹道。举例：根据相对弹道的含义，用图解法作出追踪法导引的相对弹道。为讨论方便起见，假设目标做等速直线飞行，导弹做等速飞行。图解法步骤如下：设目标固定不动，按追踪法导引关系，导弹速度矢量 $\boldsymbol{V}$ 应始终指向目标。假如导弹追踪起始位置在 $M_0(r_0, q_0)$，起始时刻导弹的相对速度 $V_r=V-V_T$，则沿 V_r 方向可得到经过 1 s 后导弹相对目标的位置 M_1 点。依此类推，可确定各瞬时导弹相对目标的位置 M_2、M_3、…。最后，用光滑的曲线连接 M_0、M_1、M_2、M_3、…各点，就得到追踪法导引时的相对弹道(如图 5－3(b)所示)。显然，相对弹道的切线即为该瞬时导弹相对速度 V_r 的方向。若导弹的起始位置 $M_0(r_0, q_0)$不同，则可以作出相对弹道族，其中每条相对弹道的形状均不相同(如图 5－4 所示)。

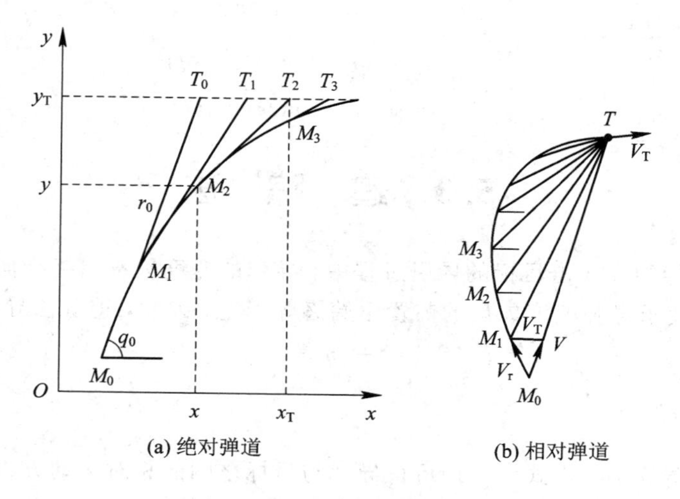

图 5－3　追踪法的导引弹道

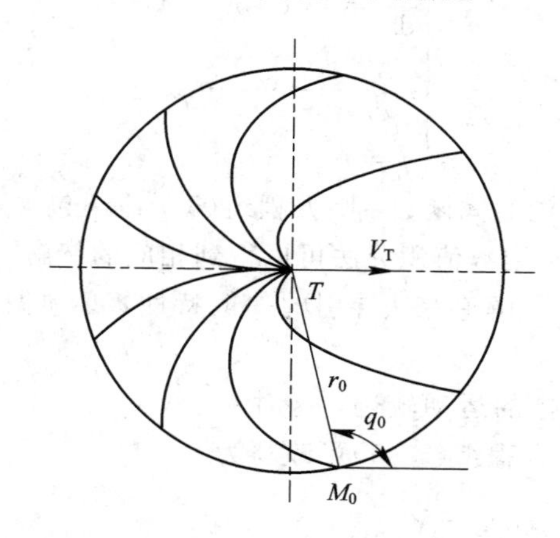

图 5－4　追踪法导引的相对弹道族

追踪法导引的绝对弹道的作图步骤如下：

(1) 根据目标的运动规律，画出目标的运动轨迹，选取适当的时间间隔 Δt_i(可以取等间隔或不等间隔)，并将目标轨迹相应地分成等于 $V_T\Delta t_i$ 的若干段，把每一瞬时 t_0、t_1、t_2、… 的目标位置 T_0、T_1、T_2、…标注出来。

(2) 设导弹的起始位置在 M_0 点，用直线连接 M_0 和 T_0 点，按追踪法定义，导弹的速度矢量 $\boldsymbol{V}$ 始终指向目标。经过时间间隔 $\Delta t_1 = t_1 - t_0$ 后，导弹飞过的距离为 $\overline{M_0M_1} = V(t_0)\Delta t_1$，点 M_1 应在连线 $\overline{M_0T_0}$ 上，据此得到在时刻 t_1 的导弹位置 M_1 点。

(3) 再连接 M_1 和 T_1 点，并求出在时间间隔 $\Delta t_2 = t_2 - t_1$ 内导弹飞过的距离 $\overline{M_1M_2} = V(t_1)\Delta t_2$，点 M_2 应在连线 $\overline{M_1T_1}$ 上，求得导弹在时刻 t_2 的位置 M_2 点。

(4) 依此类推，确定导弹位置 M_3、M_4、…各点，直至导弹与目标遭遇。最后，用光滑的曲线连接 M_0、M_1、M_2、M_3、…各点，就得到追踪法导引的绝对弹道(如图 5－3(a)所示)。导弹飞行的速度方向就是弹道上各点的切线方向。

如果给出目标相对于地面坐标系的运动规律 $x_T(t)$、$y_T(t)$，又用数值积分法或解析法解方程组(5－1)，分别得到 $r(t)$、$q(t)$，参照图 5－3(a)，就可以导出确定导弹相对于地面坐标系运动轨迹的表达式：

$$\begin{cases} x(t) = x_T(t) - r(t)\cos q(t) \\ y(t) = y_T(t) - r(t)\sin q(t) \end{cases} \tag{5-3}$$

5.3 追踪法

追踪法是指导弹在攻击目标的导引过程中，导弹的速度矢量始终指向目标的一种导引方法。这种方法要求导弹速度矢量的前置角始终等于零。因此，追踪法导引关系方程为

$$\varepsilon_1 = \eta = 0$$

5.3.1 弹道方程

采用追踪法导引时，由式(5-1)可得导弹与目标之间的相对运动方程组：

$$\begin{cases} \dfrac{\mathrm{d}r}{\mathrm{d}t} = V_T\cos\eta_T - V \\ r\dfrac{\mathrm{d}q}{\mathrm{d}t} = -V_T\sin\eta_T \\ q = \sigma_T + \eta_T \end{cases} \tag{5-4}$$

若 V、V_T 和 σ_T 为已知的时间函数，则方程组(5-4)还包含 r、q 和 η_T 3 个未知参数。给出初始值 r_0、q_0 和 η_{T0}，利用数值积分法可以得到相应的特解。

为了得到解析解，以便了解追踪法导引的一般特性，必须做以下假定：目标做等速直线运动，导弹做等速运动。

取基准线$\overline{Ax}$平行于目标的运动轨迹，这时 $\sigma_T=0$，$q=\eta_T$(由图 5-5 看出)，则方程组(5-4)可改写为

$$\begin{cases} \dfrac{\mathrm{d}r}{\mathrm{d}t} = V_T\cos q - V \\ r\dfrac{\mathrm{d}q}{\mathrm{d}t} = -V_T\sin q \end{cases} \tag{5-5}$$

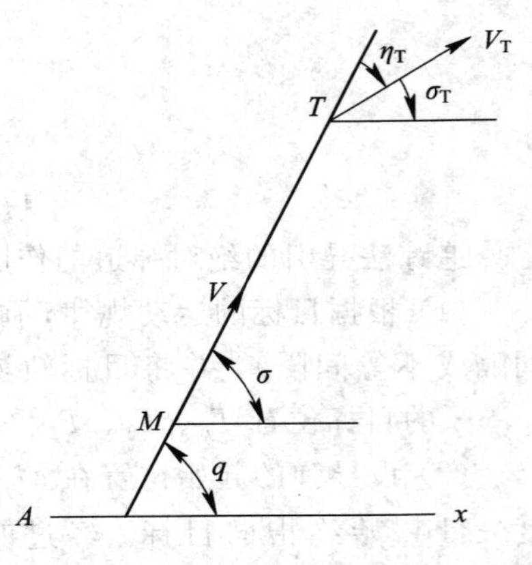

图 5-5　追踪法导引导弹与目标的相对运动关系

由方程组(5-5)可以导出相对弹道方程 $r=f(q)$。用方程组(5-5)的第二式除第一式可得相对运动关系：

$$\frac{\mathrm{d}r}{r} = \frac{V_T\cos q - V}{-V_T\sin q}\mathrm{d}q$$

令 $p=V/V_T$(称为速度比)，因假设导弹和目标做等速运动，所以 p 为常值，于是有

$$\frac{\mathrm{d}r}{r} = \frac{-\cos q + p}{\sin q}\mathrm{d}q$$

积分得

$$r = r_0\frac{\tan^p\dfrac{q}{2}\sin q_0}{\tan^p\dfrac{q_0}{2}\sin q} \tag{5-6}$$

令

$$c = r_0 \frac{\sin q_0}{\tan^p \frac{q_0}{2}} \tag{5-7}$$

式中：(r_0, q_0)为开始导引瞬时导弹相对于目标的位置。

最后得到以目标为原点的极坐标形式表示的导弹相对弹道方程为

$$r = c \frac{\tan^p \frac{q}{2}}{\sin q} = c \frac{\sin^{(p-1)} \frac{q}{2}}{2\cos^{(p+1)} \frac{q}{2}} \tag{5-8}$$

由方程(5－8)即可画出追踪法导引的相对弹道(又称追踪曲线)，步骤如下：

(1) 求命中目标时的 q_k 值，命中目标时，$r_k=0$，当 $p>1$ 时，由式(5－8)得到 $q_k=0$。

(2) 在 q_0 与 q_k 之间取一系列 q 值，由目标所在位置(T 点)相应地引出射线。

(3) 将一系列 q 值分别代入式(5－8)中，可以求得对应的 r 值，并在射线上截取相应的线段长度，则可求得导弹的对应位置。

(4) 逐点描绘即可得到导弹的相对弹道。

5.3.2　直接命中目标的条件

从方程组(5－5)的第二式可以看出，$\dot{q}$ 与 q 的符号总是相反，这表明不管导弹开始追踪瞬时的 q_0 为何值，导弹在整个导引过程中$|q|$是不断减小的，即导弹总是绕到目标的正后方去命中目标(见图 5－4)。因此，命中目标时，$q\to 0$。

由式(5－8)可以得到：

若 $p>1$，且 $q\to 0$，则 $r\to 0$；

若 $p=1$，且 $q\to 0$，则 $r\to r_0 \dfrac{\sin q_0}{2\tan^p \frac{q_0}{2}}$；

若 $p<1$，且 $q\to 0$，则 $r\to \infty$。

显然，只有导弹的速度大于目标的速度才有可能直接命中；若导弹的速度等于或小于目标的速度，则导弹与目标最终将保持一定的距离或距离越来越远而不能直接命中目标。由此可见，导弹直接命中目标的必要条件是导弹的速度大于目标的速度($p>1$)。

5.3.3　导弹命中目标所需的飞行时间

导弹命中目标所需的飞行时间直接关系着控制系统及弹体参数的选择，它是导弹武器系统设计的必要数据。

将方程组(5－5)中的第一式和第二式分别乘以 $\cos q$ 和 $\sin q$，然后相减，经整理得

$$\cos q \frac{\mathrm{d}r}{\mathrm{d}t} - r\sin q \frac{\mathrm{d}q}{\mathrm{d}t} = V_{\mathrm{T}} - V\cos q \tag{5-9}$$

方程组(5－5)的第一式可改写为

$$\cos q = \frac{\frac{\mathrm{d}r}{\mathrm{d}t} + V}{V_{\mathrm{T}}}$$

将上式代入式(5－9)中，整理后得

$$(p+\cos q)\frac{\mathrm{d}r}{\mathrm{d}t}-r\sin q\frac{\mathrm{d}q}{\mathrm{d}t}=V_{\mathrm{T}}-pV$$

$$\mathrm{d}[r(p+\cos q)]=(V_{\mathrm{T}}-pV)\mathrm{d}t$$

积分得

$$t=\frac{r_0(p+\cos q_0)-r(p+\cos q)}{pV-V_{\mathrm{T}}} \tag{5-10}$$

将命中目标的条件($r\to 0$，$q\to 0$)代入式(5-10)中，可得到导弹从开始追踪至命中目标所需的飞行时间为

$$t_{\mathrm{k}}=\frac{r_0(p+\cos q_0)}{pV-V_{\mathrm{T}}}=\frac{r_0(p+\cos q_0)}{(V-V_{\mathrm{T}})(1+p)} \tag{5-11}$$

由式(5-11)可以看出：

迎面攻击($q_0=\pi$)时，$t_{\mathrm{k}}=\dfrac{r_0}{V+V_{\mathrm{T}}}$；

尾追攻击($q_0=0$)时，$t_{\mathrm{k}}=\dfrac{r_0}{V-V_{\mathrm{T}}}$；

侧面攻击($q_0=\pi/2$)时，$t_{\mathrm{k}}=\dfrac{r_0 p}{(V-V_{\mathrm{T}})(1+p)}$。

因此，在 r_0、V 和 V_{T} 相同的条件下，q_0 在 $0\sim\pi$ 范围内，随着 q_0 的增大，命中目标所需的飞行时间将缩短，且迎面攻击($q_0=\pi$)时所需的飞行时间最短。

5.3.4 导弹的法向过载

导弹的过载特性是评定导引方法优劣的重要标志之一。过载的大小直接影响制导系统的工作条件和导引误差，也是计算导弹弹体结构强度的重要条件。沿导引弹道飞行的需用法向过载必须小于可用法向过载。否则，导弹的飞行将脱离追踪曲线并按照可用法向过载所决定的弹道曲线飞行，在这种情况下，直接命中目标已是不可能的。

本章的法向过载定义为法向加速度与重力加速度之比，即

$$n=\frac{a_{\mathrm{n}}}{g} \tag{5-12}$$

式中：a_{n}——作用在导弹上所有外力(包括重力)合力所产生的法向加速度。

追踪法导引导弹的法向加速度为

$$a_{\mathrm{n}}=V\frac{\mathrm{d}\sigma}{\mathrm{d}t}=V\frac{\mathrm{d}q}{\mathrm{d}t}=-\frac{VV_{\mathrm{T}}\sin q}{r} \tag{5-13}$$

将式(5-6)代入上式得

$$a_{\mathrm{n}}=-\frac{4VV_{\mathrm{T}}}{r_0}\frac{\tan^{p}\dfrac{q_0}{2}}{\sin q_0}\cos^{(p+2)}\frac{q}{2}\sin^{(2-p)}\frac{q}{2} \tag{5-14}$$

将式(5-14)代入式(5-12)中，且法向过载只考虑其绝对值，则可表示为

$$n=\frac{4VV_{\mathrm{T}}}{gr_0}\left|\frac{\tan^{p}\dfrac{q_0}{2}}{\sin q_0}\cos^{(p+2)}\frac{q}{2}\sin^{(2-p)}\frac{q}{2}\right| \tag{5-15}$$

导弹命中目标时，$q_0 \to 0$，由式(5－15)可以看出：

当 $p>2$ 时，$\lim\limits_{q\to\infty} n=\infty$；

当 $p=2$ 时，$\lim\limits_{q\to\infty} n=\dfrac{4VV_T}{gr_0}\left|\dfrac{\tan^p \dfrac{q_0}{2}}{\sin q_0}\right|$；

当 $p<2$ 时，$\lim\limits_{q\to 0} n=0$。

由此可见，以追踪法导引飞行时，考虑到命中点的法向过载，只有当速度比 $1<p\leqslant 2$ 时，导弹才有可能直接命中目标。

5.3.5　允许攻击区

所谓允许攻击区是指导弹在此区域内以追踪法导引飞行，其飞行弹道上的需用法向过载均不超过可用法向过载值。

由式(5－13)得

$$r=-\frac{VV_T\sin q}{a_n}$$

将式(5－12)代入上式，如果只考虑其绝对值，则上式可改写为

$$r=\frac{VV_T}{gn}|\sin q| \tag{5-16}$$

在 V、V_T 和 n 给定的条件下，在由 r、q 所组成的极坐标系中，式(5－16)是圆的方程，即追踪曲线上过载相同点的连线(简称等过载曲线)是一个圆，圆心在($VV_T/(2gn)$，$\pm\pi/2$)上，圆的半径等于 $VV_T/(2gn)$。在 V、V_T 一定时，给出不同的 n 值，就可以绘出圆心在 $q=\pm\pi/2$ 上、半径大小不同的圆族，且 n 越大，等过载圆的半径越小。这族圆正通过目标，与目标的速度相切(如图 5－6 所示)。

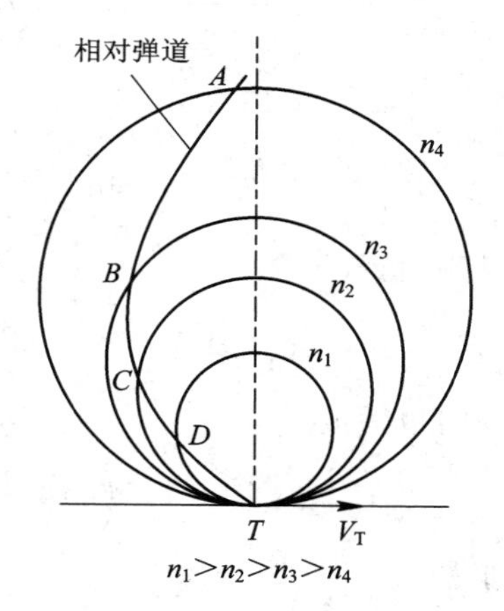

图 5－6　等过载圆族

假设可用法向过载为 n_p，相应地有一等过载圆。现在要确定追踪导引起始瞬时导弹相对于目标的距离 r_0 为某一给定值的允许攻击区。

设导弹的初始位置分别在 M_{01}、M_{02}、M_{03} 点，各自对应的追踪曲线为 1、2、3(如图 5－7 所示)。追踪曲线 1 不与 n_p 决定的圆相交，因而追踪曲线 1 上任意一点的法向过载 $n<n_p$；追踪曲线 3 与 n_p 决定的圆相交，因而追踪曲线 3 上有一段的法向过载 $n>n_p$，显然，导弹从 M_{03} 点开始追踪导引是不允许的，因为它不能直接命中目标；追踪曲线 2 与 n_p 决定的圆正好相切，切点 E 的过载最大，且 $n=n_p$，追踪曲线 2 上任意一点均满足 $n\leqslant n_p$。因此，M_{02} 点是追踪法导引的极限初始位置，它由 r_0、q_0^* 确定。于是 r_0 值一定时，允许攻击区必须满足 $|q_0|\leqslant|q_0^*|$。

(r_0、q_0^*)对应的追踪曲线 2 把攻击平面分成两个区域，$|q_0|<|q_0^*|$ 的那个区域就是由导弹可用法向过载所决定的允许攻击区(如图 5－8 中阴影线所示的区域)。因此，要确定允许攻击区，在 r_0 值一定时，首先必须确定 q_0^* 值。

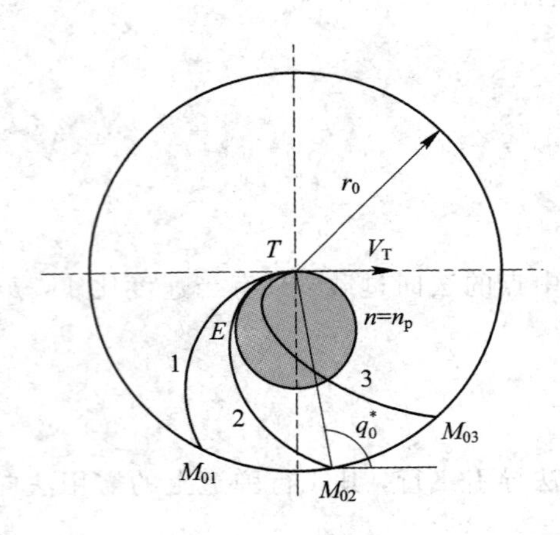

图 5-7　确定极限起始位置

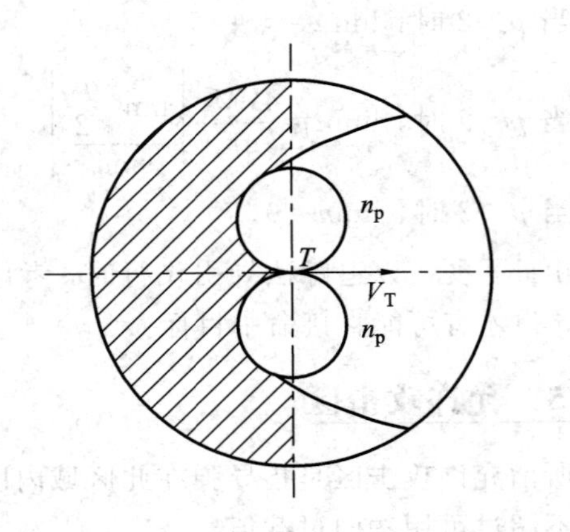

图 5-8　追踪法导引的允许攻击区

在追踪曲线 2 上，E 点过载最大，此点所对应的坐标为$(r,\ q^*)$，q^* 值可以由$\dfrac{dn}{dq}=0$求得。

由式(5-15)可得

$$\frac{dn}{dq}=\frac{2VV_T}{r_0 g\dfrac{\sin q_0}{\tan^p\dfrac{q_0}{2}}}\left[(2-p)\sin^{(1-p)}\frac{q}{2}\cos^{(p+3)}\frac{q}{2}-(2+p)\sin^{(3-p)}\frac{q}{2}\cos^{(p+1)}\frac{q}{2}\right]=0$$

$$(2-p)\sin^{(1-p)}\frac{q^*}{2}\cos^{(p+3)}\frac{q^*}{2}=(2+p)\sin^{(3-p)}\frac{q^*}{2}\cos^{(p+1)}\frac{q^*}{2}$$

整理后得

$$(2-p)\cos^2\frac{q^*}{2}=(2+p)\sin^2\frac{q^*}{2}$$

又可以写成

$$2\left(\cos^2\frac{q^*}{2}-\sin^2\frac{q^*}{2}\right)=p\left(\sin^2\frac{q^*}{2}-\cos^2\frac{q^*}{2}\right)$$

于是

$$\cos q^*=\frac{p}{2}$$

由上式可知，追踪曲线上法向过载最大值处的目标线角 q^* 仅取决于速度比 p 的大小。

由于 E 点在 n_p 的等过载圆上，且所对应的 r^* 值满足式(5-16)，于是

$$r^*=\frac{VV_T}{gn_p}|\sin q^*|$$

因为

$$\sin q^*=\sqrt{1-\frac{p^2}{4}}$$

所以

$$r^{*}=\frac{VV_{\mathrm{T}}}{gn_{\mathrm{p}}}\left(1-\frac{p^{2}}{4}\right)^{\frac{1}{2}} \tag{5-17}$$

E 点在追踪曲线 2 上，r^{*} 也同时满足弹道方程式(5-6)，即

$$r^{*}=r_{0}\frac{\tan^{p}\dfrac{q^{*}}{2}\sin q_{0}^{*}}{\tan^{p}\dfrac{q_{0}^{*}}{2}\sin q^{*}}=\frac{r_{0}\sin(q_{0}^{*})2(2-p)^{\frac{p-1}{2}}}{\tan^{p}\left(\dfrac{q_{0}^{*}}{2}\right)(2+p)^{\frac{p+1}{2}}} \tag{5-18}$$

r^{*} 同时满足式(5-17)和式(5-18)，于是有

$$\frac{VV_{\mathrm{T}}}{gn_{\mathrm{p}}}\left(1-\frac{p}{2}\right)^{1/2}\left(1+\frac{p}{2}\right)^{1/2}=\frac{r_{0}\sin(q_{0}^{*})2(2-p)^{\frac{p-1}{2}}}{\tan^{p}\left(\dfrac{q_{0}^{*}}{2}\right)(2+p)^{\frac{p+1}{2}}} \tag{5-19}$$

显然，当 V、V_{T}、n_{p} 和 r_{0} 给定时，由式(5-19)可解出 q_{0}^{*} 值，那么允许攻击区也就相应地确定了。

如果在导弹发射时刻就开始实现追踪法导引，那么 $|q_{0}|<|q_{0}^{*}|$ 所确定的范围就是允许发射区。

追踪法是最早提出的一种导引方法，技术上实现追踪法导引是比较简单的。例如，只要在弹内安装一个风标装置，再将目标位标器安装在风标上，使其轴线与风标指向平行，由于风标的指向始终沿着导弹速度矢量的方向，假若目标影像偏离了位标器轴线，这时导弹速度矢量没有指向目标，则制导系统就会形成控制指令，以消除偏差，从而实现追踪法导引。追踪法导引在技术实施方面比较简单，部分空-地导弹、激光制导炸弹采用了这种导引方法。但是这种导引方法的弹道特性存在着严重的缺点，因为导弹的绝对速度始终指向目标，相对速度总是落后于目标线，不管从哪个方向发射，导弹总是要绕到目标的后方去命中目标，这样导致导弹弹道较弯曲(特别在命中点附近)，需用法向过载较大，要求导弹要有很高的机动性，由于可用法向过载的限制，不能实现全向攻击，同时追踪法导引考虑到命中点的法向过载，速度比受到严格的限制($1<p\leqslant 2$)，因此追踪法目前应用很少。

5.4　平行接近法

5.4.1　平行接近法的弹道方程

平行接近法是指在整个导引过程中，目标瞄准线在空间保持平行移动的一种导引方法，其导引关系方程为

$$\varepsilon_{1}=\frac{\mathrm{d}q}{\mathrm{d}t}=0$$

或

$$\varepsilon_{1}=q-q_{0}=0$$

式中：q_{0}—— 平行接近法开始导引瞬间的目标线角。

按平行接近法导引时，导弹与目标之间的相对运动方程组为

$$
\begin{cases}
\dfrac{dr}{dt}=V_T\cos\eta_T-V\cos\eta \\
\dfrac{dq}{dt}=\dfrac{1}{r}(V\sin\eta-V_T\sin\eta_T) \\
q=\sigma+\eta \\
q=\sigma_T+\eta_T \\
\varepsilon_1=\dfrac{dq}{dt}=0
\end{cases}
\tag{5-20}
$$

由方程组(5-20)第二式可以导出实现平行接近法的运动关系式为

$$V\sin\eta=V_T\sin\eta_T \tag{5-21}$$

上式表明，按平行接近法导引时，不管目标做何种机动飞行，导弹速度矢量 $\boldsymbol{V}$ 和目标速度矢量 $\boldsymbol{V}_T$ 在垂直于目标线上的分量相等。由图 5-9 可见，导弹的相对速度 $\boldsymbol{V}_r$ 正好落在目标线上，即导弹相对速度始终指向目标。因此，在整个导引过程中相对弹道是直线弹道。

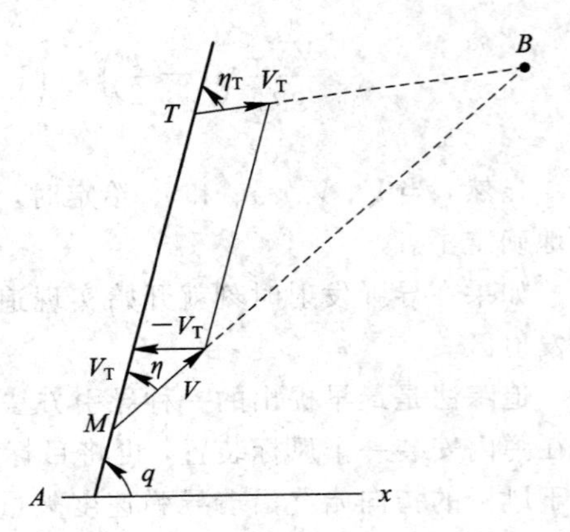

图 5-9　平行接近法导引导弹与目标的相对运动关系

显然，按平行接近法导引时，导弹的速度矢量 $\boldsymbol{V}$ 超前于目标线，导弹速度矢量的前置角 η 应满足

$$\eta=\arcsin\left(\frac{V_T}{V}\sin\eta_T\right) \tag{5-22}$$

5.4.2　直线弹道的条件

按平行接近法导引时，在整个导引过程中目标线角 q 保持不变。如果导弹速度矢量的前置角 η 保持常值，则导弹弹道角 σ 为常值，导弹飞行的绝对弹道是一条直线弹道。显然，由式(5-22)可知，在攻击平面内，目标做直线飞行(η_T 为常值)时，只要速度比 p 保持常值(且 $p>1$)，则 η 为常值，即导弹不论从什么方向攻击目标，它的飞行弹道(绝对弹道)都是直线弹道。

5.4.3　导弹的法向过载

为逃脱导弹的攻击，目标往往做机动飞行，并且导弹的飞行速度通常也是变化的。下面研究这种情况下导弹的需用法向过载。

由式(5-21)求导得

$$\frac{dV}{dt}\sin\eta+V\cos\eta\frac{d\eta}{dt}=\frac{dV_T}{dt}\sin\eta_T+V_T\cos\eta_T\frac{d\eta_T}{dt} \tag{5-23}$$

由于

$$\frac{d\eta}{dt}=-\frac{d\sigma}{dt},\quad \frac{d\eta_T}{dt}=-\frac{d\sigma_T}{dt}$$

代入式(5-23)中可得

$$\frac{dV}{dt}\sin\eta-V\cos\eta\frac{d\sigma}{dt}=\frac{dV_T}{dt}\sin\eta_T-V_T\cos\eta_T\frac{d\sigma_T}{dt}$$

令 $a_n = V\dfrac{d\sigma}{dt}$ 为导弹的法向加速度；$a_{nT} = V_T\dfrac{d\sigma_T}{dt} = n_T g$ 为目标的法向加速度，于是导弹的需用法向过载为

$$n = \frac{a_n}{g} = n_T\frac{\cos\eta_T}{\cos\eta} + \frac{1}{g}\left(\frac{dV}{dt}\frac{\sin\eta}{\cos\eta} - \frac{dV_T}{dt}\frac{\sin\eta_T}{\cos\eta}\right) \tag{5-24}$$

由式(5－24)可知，导弹的需用法向过载不仅与目标的机动性有关，还与导弹和目标的切向加速度 $dV/(dt)$、$dV_T/(dt)$有关。

当目标做机动飞行，导弹做变速飞行时，若速度比 p 保持常值，采用平行接近法导引，则导弹的需用法向过载总比目标机动时的法向过载要小。证明如下：

将式(5－21)对时间 t 求一阶导数得

$$p\dot{\eta}\cos\eta = \dot{\eta}_T\cos\eta_T$$

由于

$$\dot{\eta} = -\dot{\sigma},\ \dot{\eta}_T = -\dot{\sigma}_T$$

代入上式得

$$\frac{V\dot{\sigma}}{V_T\dot{\sigma}_T} = \frac{\cos\eta_T}{\cos\eta}$$

因恒有 $V > V_T$，由式(5－21)得

$$\eta_T > \eta$$

因此

$$\frac{V\dot{\sigma}}{V_T\dot{\sigma}_T} = \frac{a_n}{a_{nT}} < 1$$

或

$$n < n_T$$

由此可以得出结论：无论目标做何种机动飞行，采用平行接近法导引时，导弹的需用法向过载总是小于目标机动时的法向过载，即导弹弹道的弯曲程度比目标航迹的弯曲程度小(见图 5－10)。因此，导弹的机动性就可以小于目标的机动性。

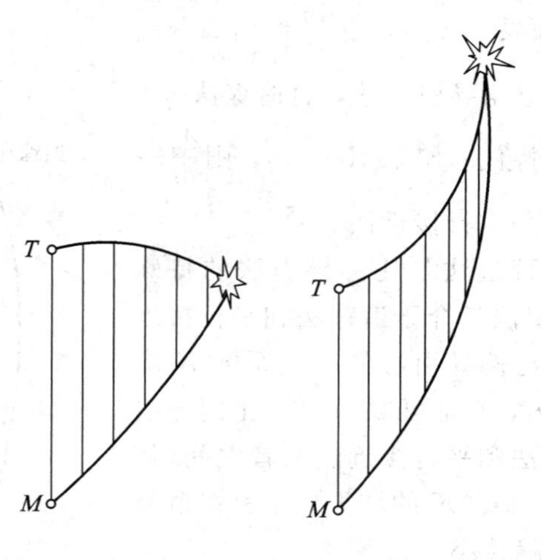

图 5－10　平行接近法导引的导弹弹道

与其他导引方法相比，平行接近法导引弹道最为平直，因而需用法向过载比较小，这样所需的弹翼面积可以缩小，且对弹体结构的受力和控制系统工作均为有利，此时，它可

以实现全向攻击。因此，从这个意义上说，平行接近法是最好的一种导引方法。可是，到目前为止，平行接近法并未得到广泛应用，其主要原因是实施这种导引方法对制导系统提出了严格的要求，使得制导系统复杂化。它要求制导系统在每一瞬间都要精确地测量目标、导弹速度及其前置角，并严格保持平行接近法的运动关系（$V\sin\eta=V_T\sin\eta_T$）。实际上，由于发射瞬时有偏差或飞行过程中存在干扰，不可能绝对保证导弹的相对速度 V_r 始终指向目标，因此平行接近法很难实现。

5.5 比例导引法

比例导引法是指导弹在攻击目标的导引过程中，导弹速度矢量的旋转角速度与目标线的旋转角速度成比例的一种导引方法，其导引关系方程为

$$\varepsilon_1=\frac{\mathrm{d}\sigma}{\mathrm{d}t}-K\frac{\mathrm{d}q}{\mathrm{d}t}=0 \tag{5-25}$$

式中：K——比例系数。

假定比例系数 K 是常数，对式(5-25)进行积分，就可以得到比例导引关系方程的另一种表达形式：

$$\varepsilon_1=(\sigma-\sigma_0)-K(q-q_0)=0 \tag{5-26}$$

将几何关系式 $q=\sigma+\eta$ 对时间 t 求导数，可得

$$\frac{\mathrm{d}q}{\mathrm{d}t}=\frac{\mathrm{d}\sigma}{\mathrm{d}t}+\frac{\mathrm{d}\eta}{\mathrm{d}t}$$

将上式代入式(5-25)中，可得到比例导引关系方程的另外两种表达形式：

$$\frac{\mathrm{d}\eta}{\mathrm{d}t}=(1-K)\frac{\mathrm{d}q}{\mathrm{d}t} \tag{5-27}$$

和

$$\frac{\mathrm{d}\eta}{\mathrm{d}t}=\frac{1-K}{K}\frac{\mathrm{d}\sigma}{\mathrm{d}t} \tag{5-28}$$

由式(5-27)可知，如果 $K=1$，则 $\frac{\mathrm{d}\eta}{\mathrm{d}t}=0$，即 $\eta=\eta_0$ 为常数，这就是常值前置角导引方法，而追踪法 $\eta=0$ 是常值前置角法的一个特例；如果 $K\to\infty$，则 $\frac{\mathrm{d}q}{\mathrm{d}t}\to 0$，即 $q=q_0$ 为常数，这就是平行接近法。

因此，追踪法和平行接近法是比例导引法的特殊情况。换句话说，比例导引法是介于追踪法和平行接近法之间的一种导引方法。比例导引法的比例系数 K 应选择在 $1<K<\infty$ 的范围内，通常可取 2～6。比例导引法的弹道特性也介于追踪法和平行接近法两者之间（如图 5-11 所示）。随着比例系数 K 的增大，导引弹道越加平直，需用法向过载也就越小。

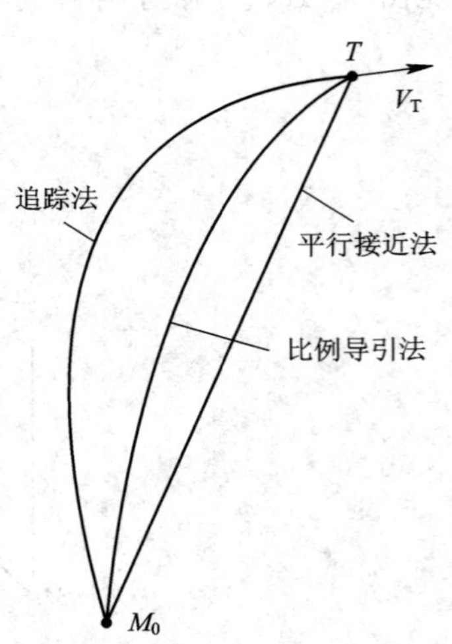

图 5-11　三种导引方法的弹道比

比例导引法既可用于自动瞄准制导的导弹，也可用于遥控制导的导弹。

5.5.1　比例导引法的相对运动方程组

按比例导引法飞行时，导弹与目标之间的相对运动方程组为

$$\begin{cases}\dfrac{\mathrm{d}r}{\mathrm{d}t}=V_{\mathrm{T}}\cos\eta_{\mathrm{T}}-V\cos\eta \\ \dfrac{\mathrm{d}q}{\mathrm{d}t}=\dfrac{1}{r}(V\sin\eta-V_{\mathrm{T}}\sin\eta_{\mathrm{T}}) \\ q=\sigma+\eta \\ q=\sigma_{\mathrm{T}}+\eta_{\mathrm{T}} \\ \dfrac{\mathrm{d}\sigma}{\mathrm{d}t}=K\dfrac{\mathrm{d}q}{\mathrm{d}t}\end{cases} \tag{5-29}$$

若给出 V、V_{T}、σ_{T} 的变化规律和初始条件(r_0、q_0、σ_0 或 η_0)，则方程组(5－29)可用数值积分法或图解法计算。仅在特殊条件下(如比例系数 $K=2$，目标做等速直线飞行，导弹做等速飞行时)，方程组(5－29)才可能得到解析解。

例 5－1　设坦克(目标)做水平等速直线运动，$V_{\mathrm{T}}=12\ \mathrm{m/s}$，反坦克导弹采用自动瞄准制导，按比例导引侧面拦击目标，导弹是等速飞行，$V=120\ \mathrm{m/s}$，比例系数 $K=4$，攻击平面为一水平面(如图 5－12)。设初始条件为 $r_0=3000\ \mathrm{m}$，$q_0=70°$，$\eta_0=-2$。试用欧拉数值积分法解算运动学弹道。

解　选取基准线 $\overline{Az}$ 平行于目标的运动方向，根据上述已知条件，列出导弹与目标的相对运动方程组为

$$\begin{cases}\dfrac{\mathrm{d}r}{\mathrm{d}t}=-V_{\mathrm{T}}\cos q-V\cos\eta \\ r\dfrac{\mathrm{d}q}{\mathrm{d}t}=V_{\mathrm{T}}\sin q+V\sin\eta \\ \psi_{\mathrm{V}}=q-\eta \\ \dot{\psi}_{\mathrm{V}}=K\dot{q}\end{cases}$$

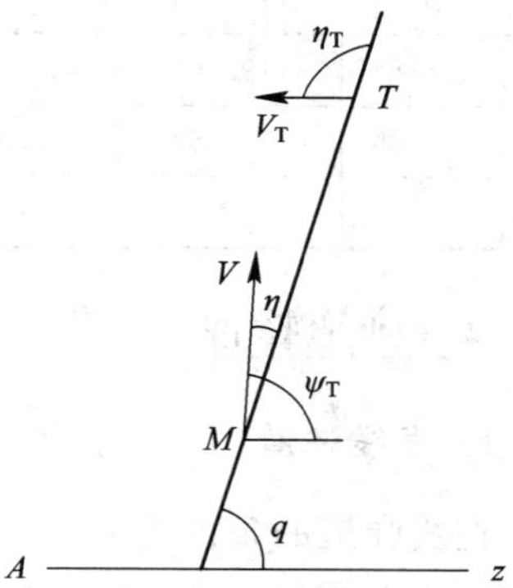

图 5－12　比例导引法导弹与目标的相对运动关系

将上述方程组改写成便于进行数值积分的形式。由上述方程组第四式和第三式得

$$\psi_{\mathrm{V}}=\psi_{\mathrm{V0}}+K(q-q_0)$$

$$\eta=q-\psi_{\mathrm{V}}=Kq_0-\psi_{\mathrm{V0}}-(K-1)q$$

将其代入上述方程组的第一式和第二式中得

$$\frac{\mathrm{d}r}{\mathrm{d}t}=-V_{\mathrm{T}}\cos q-V\cos[Vq_0-\psi_{\mathrm{V0}}-(K-1)q]$$

$$\frac{\mathrm{d}q}{\mathrm{d}t}=\frac{1}{r}\{V_{\mathrm{T}}\sin q+V\sin[Kq_0-\psi_{\mathrm{V0}}-(K-1)q]\}$$

确定绝对弹道时，所选地面坐标系 Oxz 的原点与导弹初始位置重合，弹道的参数为 (x,z)，其表达式为

$$x=x_{\mathrm{T}}-r\sin q$$

$$z=z_{\mathrm{T}}-r\cos q$$

式中：$x_{\mathrm{T}}=x_{\mathrm{T0}}=r_0\sin q_0$，$z_{\mathrm{T}}=z_{\mathrm{T0}}-V_{\mathrm{T}}t=r_0\cos q_0-V_{\mathrm{T}}t$。

本例选取等积分步长 $\Delta t=2$ s，列表计算结果见表 5－1。根据命中条件 $x=x_{\mathrm{T}}$，$z=z_{\mathrm{T}}$ 还可以确定导弹命中目标所需的飞行时间 t_{k}（本例 $t_{\mathrm{k}}\approx 24.28$ s）。

表 5－1　例 5－1 计算结果

t/s	$V_{\mathrm{T}}\cos q$ /(m·s^{-1})	$V\cos[Kq_0-\psi_{V0}-(K-1)q]$ /(m·s^{-1})	$\frac{\mathrm{d}r}{\mathrm{d}t}$ /(m·s^{-1})	r/m	$V_{\mathrm{T}}\sin q$ /(m·s^{-1})	$V\sin[Kq_0-\psi_{V0}-(K-1)q]$ /(m·s^{-1})	$\frac{\mathrm{d}q}{\mathrm{d}r}$/s^{-1}	q/(°)	z/m	x/m
0	4.1042	119.927	−124.031	3000	11.2763	−4.1879	0.002 363	70	0	0
2	4.0510	119.855	−123.906	2751.937	11.2956	−5.8879	0.001 965	70.2708	73.061	228.672
4	4.0064	119.778	−123.784	2504.124	11.3114	−7.3007	0.001 602	70.4960	142.008	458.633
6	3.9702	119.702	−123.672	2256.556	11.3242	−8.5412	0.001 273	70.6795	207.478	689.603
8	3.9414	119.634	−123.575	2 009.212	11.3343	−9.3654	0.000 980	70.8254	270.134	921.329
10	3.9192	119.577	−123.496	1762.061	11.3420	−10.0687	0.000 723	70.9377	330.571	1153.640
12	3.9027	119.532	−123.435	1515.069	11.3477	−10.5870	0.000 502	71.0205	389.305	1386.360
14	3.8914	119.500	−123.391	1268.199	11.351 5	−10.9468	0.000 319 1	71.0780	446.808	1619.40
16	3.8841	119.478	−123.363	1021.417	11.3540	−11.1758	0.000 174 5	71.1146	503.448	1852.636
18	3.8802	119.467	−123.347	774.692	11.3554	−11.3009	0.000 070 3	71.1346	559.563	2085.994
20	3.8786	119.462	−123.340	527.998	11.3559	−11.3516	0.000 008 2	71.1427	615.406	2319.410
22	3.8784	119.461	−123.340	281.317	11.3560	−11.3572	−0.000 004 3	71.1436	671.138	2552.851
24	3.8785	119.462	−123.340	34.638	11.3559	−11.3541	0.000 052 3	71.1431	726.865	2786.29
24.28				0				71.1439	734.690	2819.07

5.5.2　弹道特性

1. 直线弹道

直线弹道的条件为 $\dot{\sigma}=0$，因而 $\dot{q}=0$，$\dot{\eta}=0$，即 $\eta=\eta_0=0$ 为常数。

考虑方程组(5－29)的第二式，比例导引时沿直线弹道飞行的条件可改写为

$$V\sin\eta-V_{\mathrm{T}}\sin\eta_{\mathrm{T}}=0 \tag{5-30}$$

此式表示导弹和目标的速度矢量在垂直于目标线方向上的分量相等，即导弹的相对速度始终指向目标。因此，要获得直线弹道，开始导引瞬时，导弹速度矢量的前置角 η_0 要严格满足：

$$\eta_0=\arcsin\left(\frac{V_{\mathrm{T}}}{V}\sin\eta_{\mathrm{T}}\right)\Bigg|_{t=t_0} \tag{5-31}$$

图 5－13 所示为目标做等速直线运动，导弹等速运动，$K=5$，$\eta_0=0°$，$\sigma_{\mathrm{T}}=0°$，$p=2$ 时，从不同方向发射的导弹相对弹道示意图。当 $q_0=0°$及 $q_0=180°$时，满足式(5－31)，对应的是两条直线弹道。而从其他方向发射时，不满足式(5－31)，$\dot{q}\neq 0°$，即目标线在整个导引过程中不断转动，所以 $\dot{\sigma}\neq 0$，导弹的相对弹道和绝对弹道都不是直线弹道。但导弹在整

个导引过程中 q 值的变化很小，并且对于同一发射方向（q_0 值相同），虽然开始导引时的相对距离 r_0 不同，但导弹命中目标时的目标线角 q_k 值却是相同的，即 q_k 值与 r_0 无关。以上结论可证明如下：

命中目标时，$r_k=0$，由方程组(5－29)第二式得

$$\eta_k = \arcsin\left[\frac{1}{p}\sin(q_k - \sigma_{Tk})\right] \tag{5-32}$$

对式(5－27)进行积分得

$$\eta_k = \eta_0 + (1-K)\cdot(q_k - q_0)$$

将此式代入式(5－32)中，并将 $\eta_0=0°$（相当于直接瞄准发射的情况）和 $\sigma_T\equiv 0°$ 代入，则

$$q_k = q_0 - \frac{1}{K-1}\arcsin\left(\frac{\sin q_k}{q}\right)$$

由此式可知，q_k 值与初始相对距离 r_0 无关。

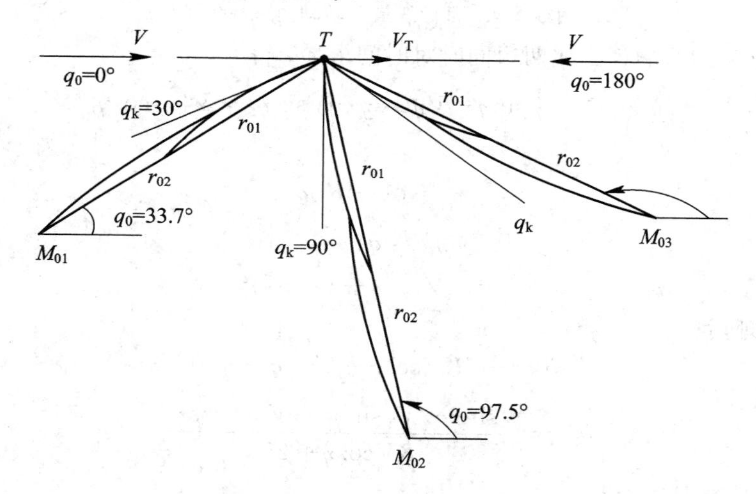

图 5－13　从不同方向发射的相对弹道示意图（$K=5$，$p=2$，$\eta_0=0°$，$\sigma_T=0°$）

由于

$$\sin q_k \leqslant 1$$

故

$$|q_k - q_0| \leqslant \frac{1}{K-1}\arcsin\left(\frac{1}{p}\right) \tag{5-33}$$

对于从不同方向发射的弹道，若把目标线转动角度的量大值 $|q_k-q_0|_{max}$ 记作 Δq_{max}，并设 $K=5$，$p=2$，则代入式(5－33)中可得 $\Delta q_{max}=7.5°$，它对应于 $q_0=97.5°$，$q_k=90°$ 的情况。目标线实际上转过的角度不超过 Δq_{max}。当 $q_0=33.7°$时，$q_k=30°$，目标线只转过 3.7°。

Δq_{max} 值取决于速度比 p 和比例系数 K，变化趋势如图 5－14 所示。由图可见，目标线最大转动角随着速度比 p 和比例系数 K 的增大而减小。

2. 导弹的需用法向过载

比例导引法要求导弹的转弯速度 $\dot{\sigma}$ 与目标线旋转角速度 $\dot{q}$ 成正比，因而导弹的需用法向过载也与 $\dot{q}$ 成正比。要了解导弹弹道上各点需用法向过载的变化规律，只需讨论 $\dot{q}$ 的变化规律。

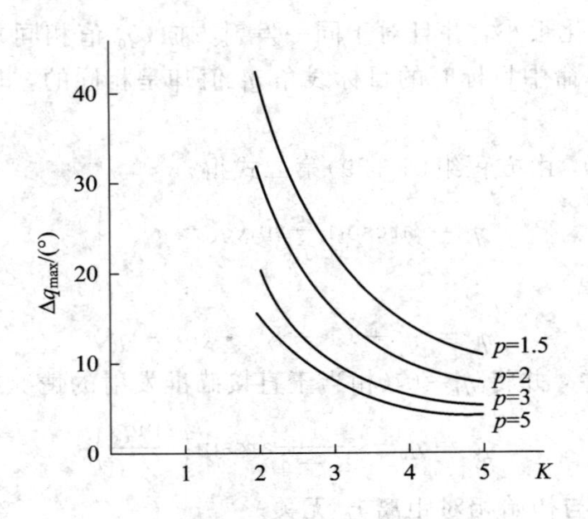

图 5-14　目标线最大转动角($\eta_0=0°$)

将方程组(5-29)的第二式两边同时对时间求导，得

$$\dot{r}\dot{q}+r\ddot{q}=\dot{V}\sin\eta+V\dot{\eta}\cos\eta-\dot{V}\sin\eta_T-V_T\dot{\eta}_T\cos\eta_T$$

由于

$$\dot{\eta}=(1-K)\dot{q}$$

$$\dot{\eta}_T=\dot{q}-\dot{\sigma}_T$$

$$\dot{r}=-V\cos\eta+V_T\cos\eta_T$$

代入上式，整理后得

$$r\ddot{q}=-(KV\cos\eta+2\dot{r})(\dot{q}-\dot{q}^*)\tag{5-34}$$

式中：

$$\dot{q}^*=\frac{\dot{V}\sin\eta-\dot{V}_T\sin\eta_T+V_T\dot{\sigma}_T\cos\eta_T}{KV\cos\eta+2\dot{r}}\tag{5-35}$$

下面分两种情况讨论。

1) 目标做等速直线飞行，导弹做等速飞行的情况

在此特殊情况下，由式(5-35)可知

$$\dot{q}^*=0$$

于是式(5-34)可改写为

$$\ddot{q}=-\frac{1}{r}(KV\cos\eta+2\dot{r})\dot{q}\tag{5-36}$$

由式(5-36)可知，如果$(KV\cos\eta+2\dot{r})>0$，则 $\ddot{q}$ 与 $\dot{q}$ 的符号相反：当 $\dot{q}>0$ 时，$\ddot{q}<0$，即 $\dot{q}$ 值将减小；当 $\dot{q}<0$ 时，$\ddot{q}>0$，$\dot{q}$ 值将增大。总之，$|\dot{q}|$将不断减小。如图 5-15 所示，$\dot{q}$ 随时间的变化规律是向横坐标接近，弹道的需用法向过载随$|\dot{q}|$的减小而减小，弹道变得平直。这种情况称为 $\dot{q}$“收敛”。

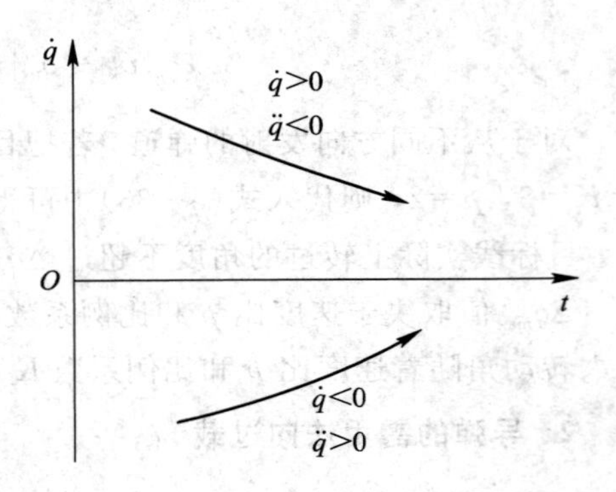

图 5-15　$(KV\text{cog}\eta+2\dot{r})>0$ 时 $\dot{q}$ 随时间的变化规律

若$(KV\cos\eta+2\dot{r})<0$，则 $\ddot{q}$ 与 $\dot{q}$ 同号，$|\dot{q}|$将不断增大，$\dot{q}$ 随时间的变化规律如图 5-16 所示。弹道的需用法向过载随$|\dot{q}|$的增大而增大，弹道变得弯曲。这种情况称为 $\dot{q}$“发散”。

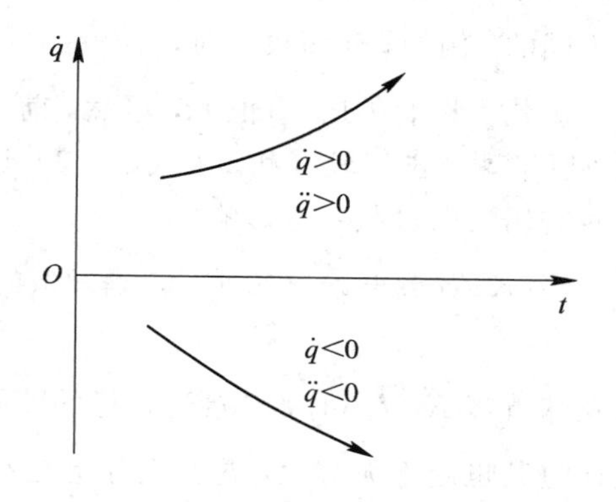

图 5-16　$(KV\cos\eta+2\dot{r})<0$ 时 $\dot{q}$ 随时间的变化规律

因此，要使导弹平缓转弯，就必须使 $\dot{q}$“收敛”。为此，应满足条件：

$$K>\frac{2|\dot{r}|}{V\cos\eta} \tag{5-37}$$

由此得出结论：只要比例系数 K 选择得足够大，使其满足式(5-37)的条件，则$|\dot{q}|$值就可逐渐减小而趋于零；相反，如果不满足式(5-37)的条件，则$|\dot{q}|$将逐渐增大，在接近目标时，导弹要以无穷大的速率转弯，这在实际上是无法实现的，最终将导致脱靶。

2) 目标做机动飞行，导弹做变速飞行的情况

由式(5-35)可知，$\dot{q}^*$ 是随时间变化的函数，它与目标的切向加速度 $\dot{V}_T$、法向加速度 $V_T\dot{\sigma}_T$ 和导弹的切向加速度 $\dot{V}$ 有关。因此，$\dot{q}^*$ 不再为零。当$(KV\cos\eta+2\dot{r})\neq 0$ 时，$\dot{q}^*$ 是有限值。

由式(5-34)可知，如果$(KV\cos\eta+2\dot{r})>0$，且 $\dot{q}<\dot{q}^*$，则 $\ddot{q}>0$，这时 $\dot{q}$ 将不断增大；而当 $\dot{q}>\dot{q}^*$ 时，$\ddot{q}<0$，这时 $\dot{q}$ 将不断减小。总之，当$(KV\cos\eta+2\dot{r})>0$ 时，$\dot{q}$ 有逐渐接近 $\dot{q}^*$ 的趋势。反之，当$(KV\cos\eta+2\dot{r})<0$ 时，$\dot{q}$ 有逐渐离开 $\dot{q}^*$ 的趋势，弹道变得弯曲，在接近目标时，导弹要以极大的速率转弯。

下面讨论命中目标时的 $\dot{q}_k$ 值。

如果$(KV\cos\eta+2\dot{r})>0$，则 $\ddot{q}$ 是有限值。由式(5-34)可以看出，在命中点处 $r_k=0$，则此式左端是零，这就要求在命中点处 $\dot{q}$ 与 $\dot{q}^*$ 应相等，即

$$\dot{q}_k=\dot{q}_k^*=\left.\frac{\dot{V}\sin\eta-\dot{V}_T\sin\eta_T+V_T\dot{\sigma}_T\cos\eta_T}{KV\cos\eta+2\dot{r}}\right|_{t=t_k} \tag{5-38}$$

命中目标时，导弹的需用法向过载为

$$n_k=\frac{V_k\dot{\sigma}_k}{g}=\frac{KV_k\dot{q}_k}{g}=\frac{1}{g}\left.\frac{\dot{V}\sin\eta-\dot{V}_T\sin\eta_T+V_T\dot{\sigma}_T\cos\eta_T}{\cos\eta-\dfrac{2|\dot{r}|}{KV}}\right|_{t=t_k} \tag{5-39}$$

从式(5-39)可知，导弹命中目标时的需用法向过载与在命中点处的导弹速度和导弹与目标运动的相对速度 $\dot{r}$(或导弹攻击方向)有直接关系。如果命中点处导弹的速度小，则需用法向过载将增大。特别是对于空-空导弹来说，通常是在被动段命中目标的，由于在被动段速度下降，命中点附近的需用法向过载将增大。导弹从不同方向攻击目标时，$|\dot{r}|$值

是不同的。例如，迎面攻击时，$|\dot{r}|=V+V_T$，尾追攻击时，$|\dot{r}|=V-V_T$。由于前半球攻击$|\dot{r}|$值比后半球攻击$|\dot{r}|$值大，显然，前半球攻击的需用法向过载就比后半球攻击的大，因此，后半球攻击比较有利。由式(5-39)还可看出，命中时刻导弹的速度变化和目标的机动性对需用法向过载也有影响。

当$(KV\cos\eta+2\dot{r})<0$时，$\dot{q}$是发散的，$|\dot{q}|$不断增大而趋于无穷大，因此有

$$\dot{q}_k \to \infty$$

这意味着当K较小时，在接近目标的瞬间，导弹要以无穷大的速率转弯，命中点处的需用法向过载也趋于无穷大，这在实际上是不可能实现的。因此，当$K<2|\dot{r}|/(V\cos\eta)$时，导弹不能直接命中目标。

3. 比例系数K的选择

从前面的讨论可知，比例系数K的大小直接影响弹道特性，影响导弹能否直接命中目标。选择合适的K值还需要考虑结构强度所允许的承受过载的能力，以及制导系统能否稳定地工作等因素。

1) K值的下限应满足$\dot{q}$收敛的条件

$\dot{q}$收敛使导弹在接近目标的过程中目标线的旋转角速度$|\dot{q}|$不断减小，相应地，需用法向过载也不断减小。$\dot{q}$收敛的条件为

$$K>\frac{2|\dot{r}|}{V\cos\eta} \tag{5-40}$$

这就限制了K的下限值。由式(5-40)可知，当导弹从不同的方向攻击目标时，$|\dot{r}|$值是不同的，K的下限值也不相同，这就要依据具体情况选择适当的K值，使导弹从各个方向攻击的性能都能适当照顾，不至于优劣悬殊；或者只考虑充分发挥导弹在主攻方向上的性能。

2) K值受可用法向过载的限制

式(5-40)限制了比例系数K的下限值。但其上限值如果取得过大，由$n=KV\dot{q}/g$可知，即使$\dot{q}$值不太大，也可能使需用法向过载很大。导弹在飞行中的可用法向过载受到最大舵偏转角的限制，若需用法向过载超过可用法向过载，则导弹将不能沿比例导引弹道飞行。因此，可用法向过载限制了K的上限值。

3) K值应满足制导系统稳定工作的要求

如果K值选得过大，那么外界干扰对导弹飞行的影响明显增大。$\dot{q}$的微小变化将引起$\dot{\sigma}$的很大变化。从制导系统能稳定地工作出发，K值的上限要受到限制。

综合考虑上述因素，才能选择出一个合适的K值。它可以是常数，也可以是变数。

4. 比例导引法的优缺点

比例导引法的优点是：在满足$K>2|\dot{r}|/(V\cos\eta)$的条件下，$|\dot{q}|$值逐渐减小，弹道前段较为弯曲，能充分利用导弹的机动能力；弹道后段较为平直，使导弹具有较充裕的机动能力。只要K、η_0、q_0、p等参数组合适当，就可以使全弹道上的需用法向过载均小于可用

法向过载，因而能实现全向攻击。另外，与平行接近法相比，比例导引法对瞄准发射时的初始条件要求不严，在技术实施上只需测量 $\dot{q}$、$\dot{\sigma}$，实现起来比较容易，且比例导引法的弹道也较平直，因此，空-空导弹、地-空导弹等自动瞄准制导的导弹都广泛采用比例导引法。

比例导引法的缺点是：命中目标时的需用法向过载与在命中点处的导弹速度和导弹的攻击方向有直接关系。

5. 其他形式的比例导引规律

为了消除上述比例导引法的缺点，改善比例导引特性，多年来人们致力于对比例导引法的改进，并对于不同的应用条件提出了许多不同的改进比例导引形式。以下仅举几例说明。

1）广义比例导引法

广义比例导引法的导引关系为需用法向过载与目标线旋转角速度成比例，即

$$n = K_1 \dot{q} \tag{5-41}$$

或

$$n = K_2 |\dot{r}| \dot{q} \tag{5-42}$$

式中：K_1、K_2——比例系数。

下面讨论这两种广义比例导引法在命中点处的需用法向过载。

将关系式 $n=K_1\dot{q}$ 与比例导引法 $n=KV\dot{q}/g(\dot{\sigma}=K\dot{q})$进行比较，得

$$K = \frac{K_1 g}{V}$$

代入式(5-39)中，得命中目标时导弹的需用法向过载为

$$n_{\mathrm{k}} = \frac{1}{g}\left.\frac{\dot{V}\sin\eta - \dot{V}_{\mathrm{T}}\sin\eta_{\mathrm{T}} + V_{\mathrm{T}}\dot{\sigma}_{\mathrm{T}}\cos\eta_{\mathrm{T}}}{\cos\eta - \dfrac{2|\dot{r}|}{K_1 g}}\right|_{t=t_{\mathrm{k}}} \tag{5-43}$$

由式(5-43)可知，按 $n=K_1\dot{q}$ 形式的比例导引规律导引，命中点处的需用法向过载与导弹的速度没有直接关系。

按 $n=K_2|\dot{r}|\dot{q}$ 形式导引时，其在命中点处的需用法向过载可仿照前面的推导方法，此时

$$K = \frac{K_2 g|\dot{r}|}{V}$$

代入式(5-39)中，就可以得到按 $n=K_2|\dot{r}|\dot{q}$ 形式的比例导引规律导引时在命中点处的需用法向过载为

$$n_{\mathrm{k}} = \frac{1}{g}\left.\frac{\dot{V}\sin\eta - \dot{V}_{\mathrm{T}}\sin\eta_{\mathrm{T}} + V_{\mathrm{T}}\dot{\sigma}_{\mathrm{T}}\cos\eta_{\mathrm{T}}}{\cos\eta - \dfrac{2}{K_2 g}}\right|_{t=t_{\mathrm{k}}} \tag{5-44}$$

由式(5-44)可知，按 $n=K_2|\dot{r}|\dot{q}$ 形式的比例导引规律导引，命中点处的需用法向过载不仅与导弹速度无关，而且与导弹攻击方向也无关，这有利于实现全向攻击。

2) 改进比例导引法

根据式(5-29)，相对运动方程可以写为

$$\begin{cases} \dot{r} = -V\cos(\sigma - q) + V_{\mathrm{T}}\cos(\sigma_{\mathrm{T}} - q) \\ r\dot{q} = -V\sin(\sigma - q) + V_{\mathrm{T}}\sin(\sigma_{\mathrm{T}} - q) \end{cases} \tag{5-45}$$

对方程(5-45)第二式求导，并将第一式代入，整理得

$$r\ddot{q} + 2\dot{r}\dot{q} = -\dot{V}\sin(\sigma - q) + \dot{V}_{\mathrm{T}}\sin(\sigma_{\mathrm{T}} - q) + V_{\mathrm{T}}\dot{\sigma}_{\mathrm{T}}\cos(\sigma_{\mathrm{T}} - q) - V\dot{\sigma}\cos(\sigma - q) \tag{5-46}$$

控制系统实现比例导引时，一般是使弹道需用法向过载与目标线的旋转角速度成比例，即

$$n = A\dot{q} \tag{5-47}$$

又知

$$n = \frac{V}{g}\dot{\sigma} + \cos\sigma \tag{5-48}$$

式中：过载 n 定义为控制力(不含重力)产生的过载(第3章中第一种定义)。

将式(5-48)代入式(5-47)中，可得

$$\dot{\sigma} = \frac{g}{V}(A\dot{q} - \cos\sigma) \tag{5-49}$$

将式(5-49)代入式(5-46)中，整理得

$$\ddot{q} + \frac{|\dot{r}|}{r}\left[\frac{Ag\cos(\sigma - q)}{|\dot{r}|} - 2\right]\dot{q} = \frac{1}{r}[-\dot{V}\sin(\sigma - q) + \dot{V}_{\mathrm{T}}\sin(\sigma_{\mathrm{T}} - q) + V_{\mathrm{T}}\dot{\sigma}_{\mathrm{T}}\cos(\sigma_{\mathrm{T}} - q) + g\cos\sigma\cos(\sigma - q)] \tag{5-50}$$

令 $N = Ag\cos(\sigma - q)/|\dot{r}|$(称为有效导航比)，于是，式(5-50)可改写为

$$\ddot{q} + \frac{|\dot{r}|}{r}(N-2)\dot{q} = \frac{1}{r}[-\dot{V}\sin(\sigma - q) + \dot{V}_{\mathrm{T}}\sin(\sigma_{\mathrm{T}} - q) + V_{\mathrm{T}}\dot{\sigma}_{\mathrm{T}}\cos(\sigma_{\mathrm{T}} - q) + g\cos\sigma\cos(\sigma - q)] \tag{5-51}$$

由式(5-51)可知，导弹按比例导引法导引飞行时，目标线转动角速度(弹道需用法向过载)还受到导弹切向加速度、目标切向加速度、目标机动和重力作用的影响。

目前有许多自动瞄准制导的导弹采用改进比例导引法。改进比例导引法就是对引起目标线转动的几个因素进行补偿，使得由它们产生的弹道需用法向过载在命中点附近尽量小。目前采用较多的是对导弹切向加速度和重力作用进行补偿，然而目标切向加速度和目标机动是随机的，用一般的方法进行补偿比较困难。

改进比例导引根据设计思想的不同可有多种形式。这里根据使导弹切向加速度和重力作用引起的弹道需用法向过载在命中点处的影响为零来设计，假设改进比例导引的形式为

$$n = A\dot{q} + y \tag{5-52}$$

式中：y—— 待定的修正项。

于是

$$\dot{\sigma} = \frac{g}{V}(A\dot{q} + y - \cos\sigma) \tag{5-53}$$

将式(5-53)代入式(5-46)中，并设 $\dot{V}_{\mathrm{T}} = 0$，$\dot{\sigma}_{\mathrm{T}} = 0$ 得

$$r\ddot{q}+2\dot{r}\dot{q}+Ag\cos(\sigma-q)\dot{q}=-\dot{V}\sin(\sigma-q)+g\cos\sigma\cos(\sigma-q)-$$
$$g\cos(\sigma-q)y\ddot{q}+\frac{|\dot{r}|}{r}(N-2)\dot{q}$$
$$=\frac{1}{r}[-\dot{V}\sin(\sigma-q)+g\cos\sigma\cos(\sigma-q)-g\cos(\sigma-q)y] \tag{5-54}$$

若假设

$$r=r_0-|\dot{r}|t,\quad T=\frac{r_0}{|\dot{r}|}$$

式中：t—— 导弹飞行时间；

T—— 导引段飞行总时间。

则方程式(5-54)就成为

$$\ddot{q}+\frac{1}{T-t}(N-2)\dot{q}=\frac{1}{r}[-\dot{V}\sin(\sigma-q)+g\cos\sigma\cos(\sigma-q)-g\cos(\sigma-q)y] \tag{5-55}$$

对式(5-55)积分可得

$$\dot{q}=\dot{q}_0\left(1-\frac{t}{T}\right)^{N-2}+\frac{1}{(N-2)|\dot{r}|}[-\dot{V}\sin(\sigma-q)-g\cos(\sigma-q)y+$$
$$g\cos\sigma\cos(\sigma-q)]\left[1-\left(1-\frac{t}{T}\right)^{N-2}\right] \tag{5-56}$$

于是

$$n=A\dot{q}+y=A\dot{q}_0\left(1-\frac{t}{T}\right)^{N-2}+\frac{A}{(N-2)|\dot{r}|}[-\dot{V}\sin(\sigma-q)-$$
$$g\cos(\sigma-q)y+g\cos\sigma\cos(\sigma-q)]\left[1-\left(1-\frac{t}{T}\right)^{N-2}\right]+y \tag{5-57}$$

在命中点处有 $t=T$，欲使 n 为零，必须有

$$\frac{A}{(N-2)|\dot{r}|}[-\dot{V}\sin(\sigma-q)-g\cos(\sigma-q)y+g\cos\sigma\cos(\sigma-q)]+y=0$$

则

$$y=-\frac{N}{2g}\dot{V}\tan(\sigma-q)+\frac{N}{2}\cos\sigma \tag{5-58}$$

于是，改进比例导引法的导引关系式为

$$n=A\dot{q}-\frac{N}{2g}\dot{V}\tan(\sigma-q)+\frac{N}{2}\cos\sigma \tag{5-59}$$

式(5-59)中右端第二项为导弹切向加速度补偿项，第三项为重力补偿项。

6. 实现比例导引方法举例

比例导引的制导系统容易实现，其制导控制回路如图 5-17 所示。它基本上由导引头回路、导弹控制指令形成装置、导弹自动驾驶回路三部分组成，加上导弹及目标的运动学环节使回路得到闭合。导引头连续跟踪目标，使天线瞄准目标，产生与目标线旋转角速度 $\dot{q}$ 成正比的控制信号。图 5-18 为导引头的方块图，其中，目标位标器用来测量目标线角 q

与目标位标器光轴视线角 q_1 之间的差值 Δq，力矩马达是为陀螺提供进动力矩 M 的装置。下面以导弹在纵向平面内的导引为例，假定目标位标器、放大器、力矩马达、进动陀螺等环节均是理想比例环节，忽略其惯性，各个环节的输入量和输出量之间的关系式为

$$u = K_\varepsilon(q - q_1) = K_\varepsilon \Delta q \tag{5-60}$$

$$M = K_M u \tag{5-61}$$

$$\frac{dq_1}{dt} = K_H M \tag{5-62}$$

式中：K_ε——放大器的放大系数；

K_M——力矩马达的比例系数；

K_H——进动陀螺的比例系数。

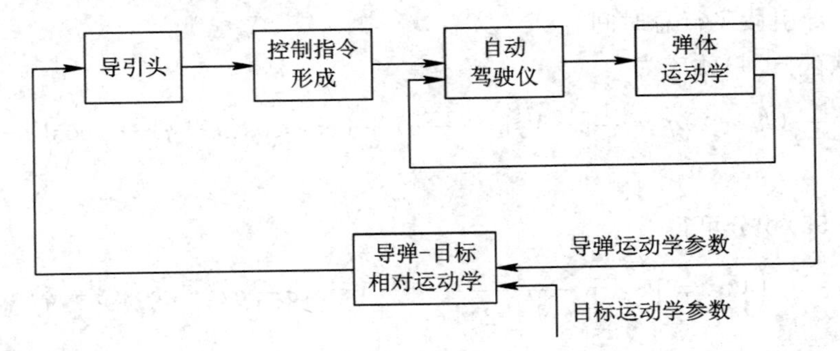

图 5-17　比例导引制导规律回路示意图

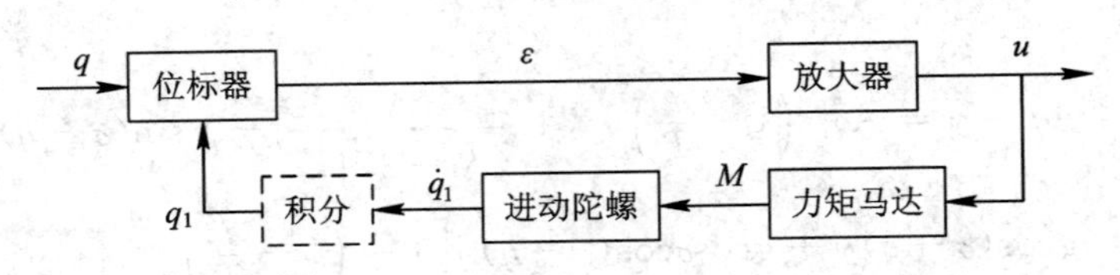

图 5-18　导引头方块图

将式(5-60)对时间求一次导数得

$$\frac{du}{dt} = K_\varepsilon \frac{d\Delta q}{dt} = K_\varepsilon \left(\frac{dq}{dt} - \frac{dq_1}{dt}\right)$$

将式(5-62)和式(5-61)代入上式得

$$\frac{du}{dt} = K_\varepsilon \left(\frac{dq}{dt} - K_H K_M u\right)$$

或写成

$$\frac{du}{dt} + K_\varepsilon K_H K_M u = K_\varepsilon \frac{dq}{dt}$$

当 u 达到稳态值$\left(\frac{du}{dt}=0\right)$时，上式可改写为

$$u = \frac{1}{K_H K_M} \frac{dq}{dt}$$

由上式可知，导引头的输出信号 u 与目标线的旋转角速度 $\dot{q}$ 成正比。

导引头输出的信号 u 用来驱动舵机，使舵面偏转。假定舵面的偏转角 δ_z 与 u 之间呈线

性关系，即

$$\delta_z = K_P u$$

式中：K_P——比例系数。

由于舵面偏转改变了导弹的攻角 α，最终使导弹产生一个法向加速度 $V(\mathrm{d}\theta/\mathrm{d}t)$。如果忽略重力的影响，在平衡条件下可得

$$\begin{cases} u = \dfrac{1}{K_H K_M}\dfrac{\mathrm{d}q}{\mathrm{d}t} \\ \delta_z = K_P u \\ \alpha = -\dfrac{m_z^{\delta_z}}{m_z^{\alpha}}\delta_z \\ V\dfrac{\mathrm{d}\theta}{\mathrm{d}t} = \dfrac{1}{m}\left(\dfrac{P}{57.3} + Y^{\alpha}\right)\alpha \end{cases} \tag{5-63}$$

由此可以求得导弹速度矢量的转动角速度的表达式为

$$\frac{\mathrm{d}\theta}{\mathrm{d}t} = -K_P \frac{1}{K_H K_M} \frac{\left(\dfrac{P}{57.3} + Y^{\alpha}\right)}{mV} \frac{m_z^{\delta_z}}{m_z^{\alpha}} \frac{\mathrm{d}q}{\mathrm{d}t}$$

当比例导引法是采用 $\dot{\theta} = K\dot{q}$ 的形式时，由上式可得比例系数 K 为

$$K = -\frac{K_P}{K_H K_M} \frac{\left(\dfrac{P}{57.3} + Y^{\alpha}\right)}{mV} \frac{m_z^{\delta_z}}{m_z^{\alpha}} \tag{5-64}$$

由上式可知，比例系数 K 与导弹控制系统的参数(如 K_P、K_H 和 K_M 等)、导弹的气动特性(如 Y^{α}、$m_z^{\delta_z}$ 和 m_z^{α} 等)、导弹的飞行性能(如 V 等)、导弹的结构参数和推力特性(如 m、P 等)有关。由于这些参数在导弹的飞行过程中是不断变化的，故比例系数 K 也在不断变化，这就使得导弹在飞行过程中的弹道特性也将随之变化。

当比例导引法是采用 $n = K_1\dot{q}$ 的形式时，其比例系数 K_1 为

$$K_1 = \frac{K_P}{K_H K_M} \frac{\left(\dfrac{P}{57.3} + Y^{\alpha}\right)}{mg} \frac{m_z^{\delta_z}}{m_z^{\alpha}} \tag{5-65}$$

5.6 三　点　法

下面研究遥控制导导弹的导引方法。遥控导引时，导弹和目标的运动参数均由制导站来测量。研究遥控导引弹道时，既要考虑目标的运动特性，还要考虑制导站的运动状态对导弹运动的影响。在讨论遥控导引弹道特性时，把导弹、目标和制导站看成质点，并设目标和制导站的运动特性 V_T、V_C、σ_T、σ_C 的变化规律和导弹速度 V 的变化规律为已知。

遥控制导习惯上采用雷达坐标系 $Ox_R y_R z_R$，如图 5-19 所示，并定义如下：

原点 O—— 与制导站位置 C 重合；

Ox_R 轴—— 指向跟踪物，包括目标和导弹；

Oy_R 轴—— 位于包含 Ox_R 轴的铅垂面内，垂直于 Ox_R 轴，并指向上方；

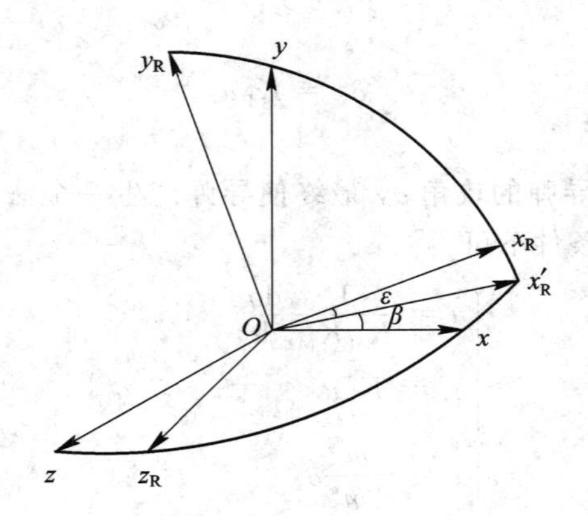

图 5-19 雷达坐标系

Oz_R 轴—— 与 Ox_R 轴和 Oy_R 轴组成右手直角坐标系。

根据雷达坐标系 $Ox_Ry_Rz_R$ 和地面坐标系 $Oxyz$ 的定义，它们之间的关系由以下两个角度来确定(见图 5-19)。

高低角 ε—— Ox_R 轴与地平面 Ox_z 之间的夹角，且 $0°\leqslant\varepsilon\leqslant 90°$。若跟踪物为目标，则称之为目标高低角，用 ε_T 表示；若跟踪物为导弹，则称之为导弹高低角，用 ε_M 表示。

方位角 β—— Ox_R 轴在地平面的投影 Ox_R' 与地面坐标系 Ox 轴之间的夹角。若由 Ox 轴以逆时针转到 Ox_R' 上，则 β 为正。若跟踪物为目标，则称之为目标方位角，以 β_T 表示；若跟踪物为导弹，则称之为导弹方位角，以 β_M 表示。

跟踪物的坐标可以用(x_R，y_R，z_R)表示，也可以用($\boldsymbol{R}$，ε，β)表示，其中 $\boldsymbol{R}$ 表示坐标原点到跟踪物的距离，称为矢径。

5.6.1 三点法导引关系方程

三点法导引是指导弹在攻击目标的导引过程中，导弹始终处于制导站与目标的连线上。若观察者从制导站上看目标，则目标的影像正好被导弹的影像所覆盖。因此，三点法又称目标覆盖法或重合法(见图 5-20)。

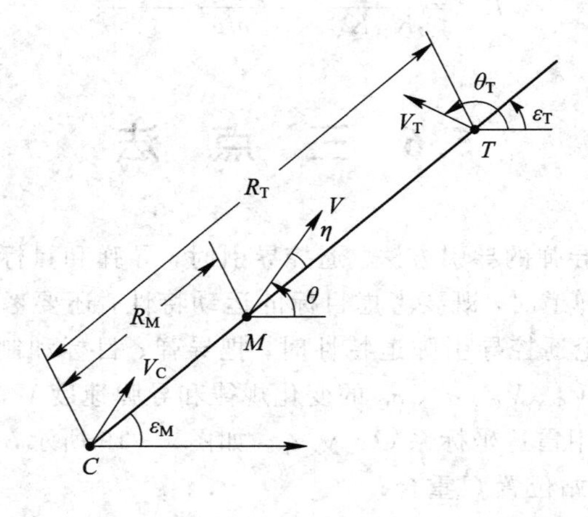

图 5-20 三点法

按三点法导引，由于制导站与导弹的连线$\overline{CM}$和制导站与目标的连线$\overline{CT}$重合在一起，因此三点法的导引关系方程为

$$\varepsilon_M = \varepsilon_T, \beta_M = \beta_T \tag{5-66}$$

技术上实施三点法导引较容易。例如，反坦克导弹是射手利用光学瞄准具对目标进行目视跟踪，并控制导弹时刻处在制导站与目标的连线上；地-空导弹是用一根雷达波束既跟踪目标，同时又制导导弹，使导弹始终处在波束中心线上运动。若导弹偏离了波束中心线，则制导系统就会发出指令，控制导弹回到波束中心线上来(如图 5-21 所示)。

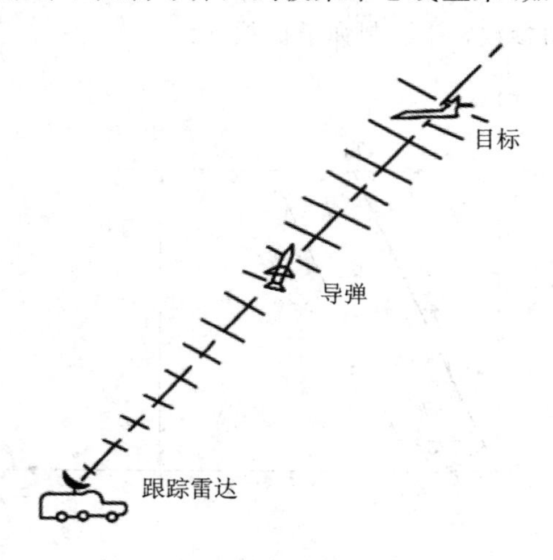

图 5-21　三点法波束制导

5.6.2　三点法导引的运动学方程组

以下研究在铅垂平面内的三点法导引。设制导站是静止的，攻击平面为铅垂平面，即目标和导弹始终处在通过制导站的铅垂平面内运动(参考图 5-20)，三点法导引的相对运动方程组为

$$\begin{cases} \dfrac{dR_M}{dt} = V\cos\eta \\ R_M \dfrac{d\varepsilon_M}{dt} = -V\sin\eta \\ \dfrac{dR_T}{dt} = V_T\cos\eta_T \\ R_T \dfrac{d\varepsilon_T}{dt} = -V_T\sin\eta_T \\ \varepsilon_M = \theta + \eta \\ \varepsilon_T = \theta_T + \eta_T \\ \varepsilon_M = \varepsilon_T \end{cases} \tag{5-67}$$

在方程组(5-67)中，目标运动参数$V_T(t)$、$\theta_T(t)$和导弹速度$V(t)$的变化规律是已知的。求解方程组可采用数值积分法或解析法，当然也可以利用图解法求出三点法导引的绝对弹道和相对弹道。

利用数值积分法解算方程组(5-67)时，在给定初始条件(R_{M0}、ε_{M0}、R_{T0}、ε_{T0}、θ_{T0}、η_0、η_{T0})下，可首先积分方程组中第三、第四和第六式，求出目标运动参数 $R_T(t)$、$\varepsilon_T(t)$、$\eta_T(t)$，然后积分其余方程，解出导弹运动参数 $R_M(t)$、$\varepsilon_T(t)$、$\theta(t)$、$\eta(t)$。由 $R_M(t)$ 和 $\varepsilon_M(t)$ 可以绘出三点法导引的运动学弹道。

例 5-2 设坦克做水平等速直线运动，$V_T=12$ m/s，反坦克导弹按三点法导引拦截目标，并做等速飞行，$V=120$ m/s。攻击平面为一水平面，制导站静止。导弹开始导引瞬间的条件为 $R_{T0}=3000$ m，$R_{M0}=50$ m，$q_{M0}=q_{T0}=70°$(见图 5-22)。用欧拉数值积分法解出三点法导引时的导弹运动参数，并绘制弹道曲线。

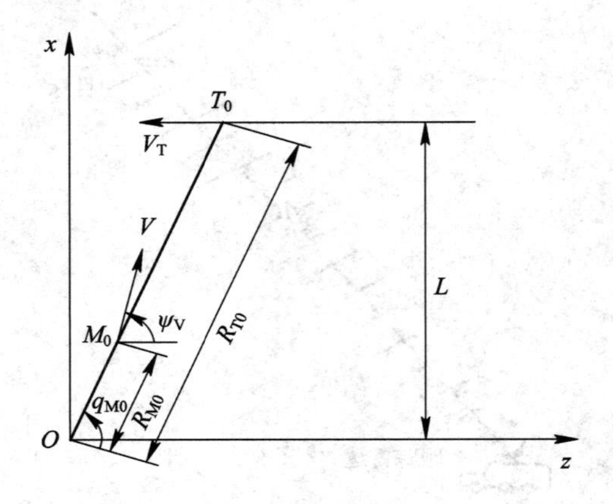

图 5-22 反坦克导弹三点法导引

解 选取地面坐标系 Oxz，原点 O 与制导站重合，Oz 轴平行于目标的运动方向(见图 5-22)。根据已知条件，三点法导引的相对运动方程组为

$$\begin{cases}\dfrac{dR_M}{dt}=V\cos(q_M-\psi_V)\\ R_M\dfrac{dq_M}{dt}=-V\sin(q_M-\psi_V)\\ \dfrac{dR_T}{dt}=-V_T\cos q_T\\ R_T\dfrac{dq_T}{dt}=V_T\sin q_T\\ q_M=q_T\end{cases}\tag{5-68}$$

将此方程组改写成便于进行数值积分的形式，即

$$\begin{cases}\psi_V=q_M+\arcsin\left(\dfrac{V_T}{V}\dfrac{R_M}{R_T}\sin q_M\right)\\ \dfrac{dR_M}{dt}=V\cos(q_M-\psi_V)\\ \dfrac{dR_T}{dt}=-V_T\cos q_M\\ \dfrac{dq_M}{dt}=-\dfrac{V}{R_M}\sin(q_M-\psi_V)\end{cases}\tag{5-69}$$

为便于绘制弹道曲线，列出以下两个方程：

$$x = R_{\mathrm{M}}\sin q_{\mathrm{M}},\ z = R_{\mathrm{M}}\cos q_{\mathrm{M}} \tag{5-70}$$

根据上述方程组列表计算，计算结果见表 5-2。本例选取等积分步长 $\Delta t=2$ s。

表 5-2　例 5-2 的计算结果

t/s	ψ_{V}/(°)	$\frac{\mathrm{d}R_{\mathrm{M}}}{\mathrm{d}t}$/(m·s^{-1})	R_{M}/m	$\frac{\mathrm{d}R_{\mathrm{T}}}{\mathrm{d}t}$/(m·s^{-1})	R_{T}/m	$\frac{\mathrm{d}q_{\mathrm{M}}}{\mathrm{d}r}$/s^{-1}	q_{M}/(°)	x/m	z/m
0	70.0897	120	50	−4.104	3000	0.003 75	70	46.985	17.1
2	70.9530	119.995	290	−4.02	2991.79	0.003 78	70.4298	273.238	97.15
4	71.8244	119.983	529.990	−3.9336	2983.75	0.003 799	70.8629	500.682	173.73
6	72.7026	119.964	769.956	−3.8472	2975.88	0.003 82	71.2983	729.30	246.85
8	73.5875	119.937	1009.884	−3.7608	2968.18	0.003 839	71.7360	958.99	316.50
10	74.4791	119.903	1249.759	−3.6732	2960.66	0.003 859	72.1760	1189.77	382.55
12	75.3770	119.861	1489.565	−3.5844	2953.31	0.003 877	72.6182	1421.49	444.93
14	76.2814	119.811	1279.287	−3.4956	2946.14	0.003 896	73.0626	1654.24	503.74
16	77.1921	119.752	1968.948	−3.4068	2939.15	0.003 915	73.5091	1887.99	558.97
18	78.1086	119.685	2208.412	−3.3156	2932.34	0.003 933	73.9578	2122.50	610.18
20	79.0307	119.610	2447.782	−3.2256	2925.71	0.003 951	74.4085	2357.70	657.84
22	79.9587	119.525	2687.001	−3.1344	2919.26	0.003 968	74.8612	2593.76	701.84
24	80.8918		2926.052		2912.99		75.3159	2830.37	741.75

按照计算结果作图，可以得到三点法导引的运动学弹道曲线（见图 5-23）。根据命中时 $R_{\mathrm{M}}=R_{\mathrm{T}}$，利用线性内插可确定由开始三点法导引至命中目标所需的时间 $t_{\mathrm{k}}=23.9$ s。

命中点位置一定在目标运动轨迹上，则导弹在命中点处所对应的 x_{k} 值为

$$x_{\mathrm{k}} = L = R_{\mathrm{T0}}\sin q_{\mathrm{T0}} = 3000 \times 0.9397 = 2819.1\ \mathrm{m}$$

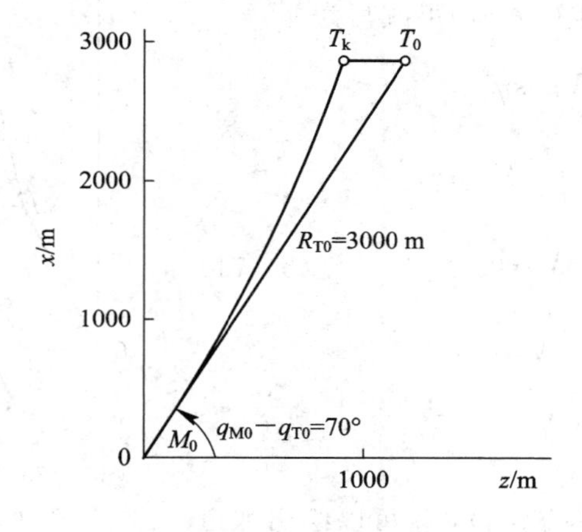

图 5-23　三点法动力学弹道

5.6.3 运动学弹道的图解法

这里只讨论制导站静止，攻击平面为铅垂面的情况。假定目标的运动规律 $V_T(t)$、$\theta_T(t)$和导弹速度 $V(t)$为已知。

在三点法导引的起始时刻 t_0，导弹和目标分别处于点 M_0 和 T_0 位置(见图 5-24)。选取适当小的时间间隔 Δt，目标在时刻 t_1、t_2、t_3、…的位置分别以点 T_1、T_2、T_3、…表示。将制导站的位置 C 点分别与 T_1、T_2、T_3、…点相连。按三点法导引的定义，在每一时刻导弹的位置应位于 C 点与对应时刻目标位置的连线上。导弹在时刻 t_1 的位置 M_1 点，即是以 M_0 点为圆心，以 $[(V(t_0)+V(t_1))/2](t_1-t_0)$为半径作圆弧圆与线段$\overline{CT_1}$的交点。$t_2$ 时刻导弹的位置 M_2 点，同样是以 M_1 点为圆心，以$[(V(t_1)+V(t_2))/2](t_2-t_1)$为半径作圆弧与线段$\overline{CT_2}$的交点。依此类推，用光滑的曲线连接 M_0、M_1、M_2、…各点，就得到三点法导引的运动学弹道曲线。为使计算的导弹平均速度$(V(t_i)+V(t_{i+1}))/2$ 逼近对应瞬间的导弹速度，时间间隔 Δt 应尽可能取得小一些，特别是在命中点附近。由图 5-24 可以看出，导弹速度对目标速度的比值愈小，运动学弹道的曲率愈大。

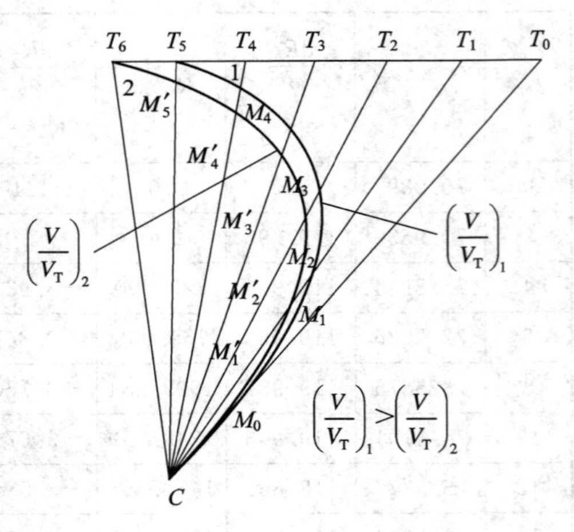

图 5-24 三点法导引弹道图解法

5.6.4 运动学弹道的解析解

为了说明三点法导引的一般特性，必须采用解析法求解，为此需做如下假设：制导站为静止状态，攻击平面与通过制导站的铅垂平面重合，目标做水平等速直线飞行，导弹的速度为常值。

取地面参考轴 Ox 平行于目标飞行航迹。参考图 5-25，相对运动方程组(5-67)可改写为

$$\begin{cases}\dfrac{\mathrm{d}R_M}{\mathrm{d}t}=V\cos\eta \\ R_M\dfrac{\mathrm{d}\varepsilon_M}{\mathrm{d}t}=-V\sin\eta \\ \dfrac{\mathrm{d}R_T}{\mathrm{d}t}=-V_T\cos\varepsilon_T \\ R_T\dfrac{\mathrm{d}\varepsilon_T}{\mathrm{d}t}=V_T\sin\varepsilon_T \\ \theta=\varepsilon_M-\eta \\ \varepsilon_M=\varepsilon_T\end{cases} \tag{5-71}$$

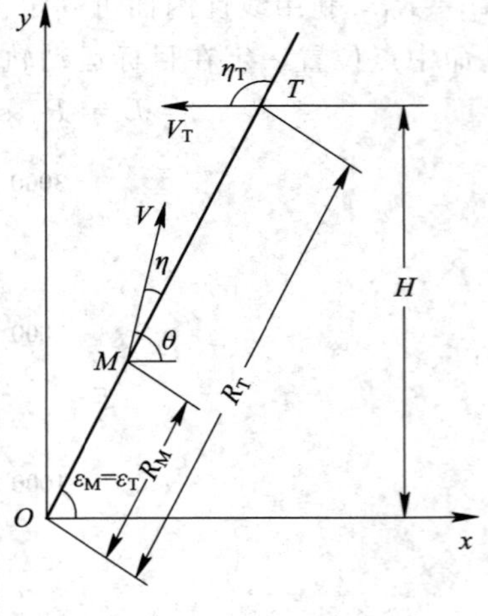

图 5-25 铅垂平面内三点法导引

只要解出弹道方程 $y=f(\varepsilon_M)$，就可以绘出弹道曲线。

由图 5-25 可得

$$\begin{cases} y = R_M \sin\varepsilon_M \\ H = R_T \sin\varepsilon_T \end{cases} \tag{5-72}$$

将方程组(5-72)中的第一式对 ε_M 求导，则有

$$\frac{dy}{d\varepsilon_M} = \frac{dR_M}{d\varepsilon_M}\sin\varepsilon_M + R_M\cos\varepsilon_M \tag{5-73}$$

将方程组(5-71)中的第二式除第一式得

$$\frac{dR_M}{d\varepsilon_M} = -\frac{R_M\cos\eta}{\sin\eta}$$

将此式代入式(5-73)中，并利用(5-72)中的第一式，将 R_M 换成 y，整理得

$$\frac{dy}{d\varepsilon_M} = -\frac{y\sin(\varepsilon_M - \eta)}{\sin\eta\sin\varepsilon_M} \tag{5-74}$$

为了求出弹道方程 $y = f(\varepsilon_M)$，必须对式(5-74)进行积分。但是直接积分该式是比较困难的，通过引入弹道倾角 θ，分别求出 y 与 θ 和 ε_M 与 θ 的关系：

$$\begin{cases} y = f_1(\theta) \\ \varepsilon_M = f_2(\theta) \end{cases} \tag{5-75}$$

即可求出 y 和 ε_M 的关系。下面求参量方程(5-75)。

利用几何关系式得

$$\theta = \varepsilon_M - \eta \tag{5-76}$$

上式对 ε_M 求导得

$$\frac{d\theta}{d\varepsilon_M} = 1 - \frac{d\eta}{d\varepsilon_M} \tag{5-77}$$

根据三点法导引关系：$\varepsilon_M = \varepsilon_T$，$\dot{\varepsilon}_M = \dot{\varepsilon}_T$，由方程组(5-71)可得

$$\sin\eta = -\frac{V_T}{V}\frac{R_M}{R_T}\sin\varepsilon_M \tag{5-78}$$

将式(5-72)代入上式得

$$\sin\eta = -\frac{y}{pH}\sin\varepsilon_M \tag{5-79}$$

式中：$p = V/V_T$。

上式对 ε_M 求导，并把式(5-74)代入，将其结果代入式(5-77)中，整理得

$$\frac{d\theta}{d\varepsilon_M} = \frac{2\sin(\varepsilon_M - \eta)}{\sin\varepsilon_M\cos\eta} \tag{5-80}$$

用上式除式(5-74)，并将式(5-76)和式(5-79)代入得

$$\frac{dy}{d\theta} = \frac{y}{2}\cot\theta + \frac{pH}{2\sin\theta} \tag{5-81}$$

式(5-81)为一阶线性微分方程，其通解为

$$y = e^{\int\frac{1}{2}\cot\theta d\theta}\left[c + \int\frac{pH}{2\sin\theta}e^{-\int\frac{1}{2}\cot\theta d\theta}d\theta\right] \tag{5-82}$$

因为

$$\int\cot\theta d\theta = \ln\sin\theta$$

$$e^{\int \frac{1}{2}\cot\theta d\theta} = \sqrt{\sin\theta}$$

当 $\theta=\theta_0$ 时，$y=y_0$，则

$$c = \frac{y_0}{\sqrt{\sin\theta}}$$

将其代入式(5-82)中，可得

$$y = \sqrt{\sin\theta}\left[\frac{y_0}{\sqrt{\sin\theta}} + \frac{pH}{2}\int_{\theta_0}^{\theta}\frac{d\theta}{\sin^{3/2}\theta}\right] \tag{5-83}$$

式中：θ_0、y_0 分别为导弹按三点法导引起始瞬间的飞行高度和弹道倾角。

$\int_{\theta_0}^{\theta}\frac{d\theta}{\sin^{3/2}\theta}$ 可用椭圆函数 $F(\theta_0)=\int_{\theta_0}^{\frac{\pi}{2}}\frac{d\theta}{\sin^{3/2}\theta}$ 和 $F(\theta)=\int_{\theta}^{\frac{\pi}{2}}\frac{d\theta}{\sin^{3/2}\theta}$ 表示，则式(5-83)可改写成

$$y = \sqrt{\sin\theta}\left\{\frac{y_0}{\sqrt{\sin\theta}} + \frac{pH}{2}\left[F(\theta_0) - F(\theta)\right]\right\} \tag{5-84}$$

式(5-84)表示出了 y 和 θ 的关系，式中 $F(\theta_0)$ 和 $F(\theta)$ 可查椭圆函数表 5-3。

表 5-3　椭圆函数 $F(\theta)$ 表

θ/(°)	$F(\theta)$	尾差	θ/(°)	$F(\theta)$	尾差
6	5.4389	−1.2304	51	0.7749	−0.0741
9	4.2085	−0.6646	54	0.7008	−0.0699
12	3.5439	−0.6646	57	0.6309	−0.0665
15	2.8793	−0.4628	60	0.5644	−0.0637
18	2.4165	−0.3464	63	0.5007	−0.0615
21	2.0701	−0.2214	66	0.4392	−0.0588
24	1.8487	−0.1855	69	0.3804	−0.0572
27	1.6632	−0.1586	72	0.3232	−0.0557
30	1.5046	−0.1387	75	0.2675	−0.0546
33	1.3659	−0.1239	78	0.2129	−0.0539
36	1.2420	−0.1120	81	0.1590	−0.0538
39	1.1300	−0.0998	84	0.1052	−0.0529
42	1.0302	−0.0917	87	0.0523	−0.0523
45	0.9385	−0.0847	90	0	
48	0.8538	−0.0789			

下面求 ε_M 和 θ 的关系式。将式(5-76)代入式(5-79)中得

$$\cot\varepsilon_M = \cot\theta + \frac{y}{pH\sin\theta} \tag{5-85}$$

将给定的一系列 θ 值代入式(5-84)中，求出对应的一系列 y 值，再代入式(5-85)中，可求出相应的 ε_M 值。这样，利用下列方程组即可求得弹道参数，并可绘出目标做等速水平

直线飞行和导弹做等速飞行时按三点法导引的运动学弹道。

$$\begin{cases} y = \sqrt{\sin\theta}\left\{\dfrac{y_0}{\sqrt{\sin\theta_0}} + \dfrac{pH}{2}[F(\theta_0) - F(\theta)]\right\} \\ \cot\varepsilon_M = \cot\theta + \dfrac{y}{pH\sin\theta} \\ R_M = \dfrac{y}{\sin\varepsilon_M} \end{cases} \tag{5-86}$$

例 5-3　对例 5-2 采用解析解确定三点法导引的弹道参量，将其结果与采用数值积分法的结果进行比较。

解　已知 $L=R_{T0}\sin q_{T0}=2819.1$ m，$x_0=46.985$ m，$\psi_{V0}=70.0897°$，$p=V/V_T=10$。

计算弹道的参量方程为

$$\begin{cases} x = \sqrt{\sin\psi_V}\left[\dfrac{x_0}{\sqrt{\sin\psi_{V_0}}} + \dfrac{pL}{2}[F(\psi_{V0}) - F(\psi_V)]\right] \\ \cot q_M = \cot\psi_V + \dfrac{x}{pL\sin\psi_V} \\ R_M = \dfrac{x}{\sin q_M} \\ z = R_M\cos q_M \end{cases} \tag{5-87}$$

根据方程组(5-87)列表计算，需先给出一系列 ψ_V 值。为便于将其结果与数值积分法的计算结果进行比较，可参照表 5-2 给出的 ψ_V 值。

计算结果列于表 5-4 中。结果表明，用解析解确定三点法导引的弹道参量与数值积分法的结果十分接近。

表 5-4　例 5-3 计算结果

ψ_V/(°)	$F(\psi_V)$	$F(\psi_{V0})$	x/m	q_M/(°)	R_M/m	z/m
70.0897	0.359 62	0.359 62	46.985	70.0000	50.000	17.101
70.9530	0.343 16	0.359 62	272.682	70.4306	289.398	96.934
71.8244	0.326 55	0.359 62	501.590	70.8613	530.935	174.072
72.7026	0.310 16	0.359 62	728.567	71.2997	769.172	246.612
73.5875	0.293 73	0.359 62	957.087	71.7400	1007.842	315.787
74.4791	0.277 17	0.359 62	1188.354	72.1790	1248.245	382.013
75.3770	0.260 64	0.359 62	1420.054	72.6210	1487.980	444.445
76.2814	0.244 18	0.359 62	1651.561	73.0684	1 726.400	502.780
77.1921	0.227 60	0.359 62	1 885.439	73.5151	1966.272	557.949
78.1086	0.210 95	0.359 62	2120.899	73.9622	2206.787	609.669
79.0307	0.194 38	0.359 62	2355.770	74.474 7	2445.698	657.110
79.9587	0.177 71	0.359 62	2592.477	74.8658	2685.614	701.160
80.8917	0.160 94	0.359 62	2830.944	75.3173	2926.524	741.786

5.6.5 导弹的转弯速率

设导弹在铅垂平面内飞行。如果已知转弯速率 $\dot{\theta}(t)$，就可得到需用法向过载沿弹道上各点的变化规律。因此，转弯速率是一个很重要的弹道特性参量。

1. 目标做机动飞行，导弹做变速飞行时的情况

参考图 5-20，将方程组(5-67)的第二式和第四式改写为

$$\dot{\varepsilon}_M = \frac{V}{R_M}\sin(\theta - \varepsilon_M)$$

$$\dot{\varepsilon}_T = \frac{V_T}{R_T}\sin(\theta_T - \varepsilon_T)$$

对于三点法导引，有 $\varepsilon_M = \varepsilon_T$，$\dot{\varepsilon}_M = \dot{\varepsilon}_T$，于是

$$VR_T\sin(\theta - \varepsilon_T) = V_T R_M \sin(\theta_T - \varepsilon_T)$$

对上式两边求导得

$$(\dot{\theta} - \dot{\varepsilon}_T)VR_T\cos(\theta - \varepsilon_T) + \dot{V}R_T\sin(\theta - \varepsilon_T) + V\dot{R}_T\sin(\theta - \varepsilon_T)$$
$$= (\dot{\theta}_T - \dot{\varepsilon}_T)V_T R_M \sin(\theta_T - \varepsilon_T) + \dot{V}_T R_M \sin(\theta_T - \varepsilon_T) + V_T\dot{R}_M\sin(\theta_T - \varepsilon_T)$$

再将下面的运动学关系式：

$$\cos(\theta - \varepsilon_T) = \frac{\dot{R}_M}{V}, \quad \cos(\theta_T - \varepsilon_T) = \frac{\dot{R}_T}{V_T}$$

$$\sin(\theta - \varepsilon_T) = \frac{R_M\dot{\varepsilon}_T}{V}, \quad \sin(\theta_T - \varepsilon_T) = \frac{R_T\dot{\varepsilon}_T}{V_T}, \quad \tan(\theta - \varepsilon_T) = \frac{R_M\dot{\varepsilon}_T}{\dot{R}_M}$$

代入，整理得

$$\dot{\theta} = \frac{R_M\dot{R}_T}{\dot{R}_M R_T}\dot{\theta}_T + \left(2 - \frac{2R_M\dot{R}_T}{\dot{R}_M R_T} - \frac{R_M\dot{V}}{\dot{R}_M V}\right)\dot{\varepsilon}_T + \frac{\dot{V}_T}{V_T}\tan(\theta - \varepsilon_T) \tag{5-88}$$

当命中目标时，$R_M = R_T$，则命中点处导弹的转弯速率为

$$\dot{\theta}_k = \left[\frac{\dot{R}_T}{\dot{R}_M}\dot{\theta}_T + \left(2 - \frac{2\dot{R}_T}{\dot{R}_M} - \frac{R_M\dot{V}}{\dot{R}_M V}\right)\dot{\varepsilon}_T + \frac{\dot{V}_T}{V_T}\tan(\theta - \varepsilon_T)\right]_{t=t_k} \tag{5-89}$$

式(5-89)表明，导弹按三点法导引时，在命中点处导弹过载受目标机动的影响很大，以致在命中点附近可能造成相当大的导引误差。

2. 目标做水平等速直线飞行，导弹做等速飞行的情况

设目标的飞行高度为 H，导弹在铅垂平面内拦截目标(见图 5-25)。

此时，$\dot{V}_T = 0$，$\dot{\theta}_T = 0$，$\dot{V} = 0$，将这些条件代入式(5-88)，则得

$$\dot{\theta} = \left(2 - \frac{2R_M\dot{R}_T}{\dot{R}_M R_T}\right)\dot{\varepsilon}_T \tag{5-90}$$

考虑以下关系式：

$$\varepsilon_M = \varepsilon_T, \quad \dot{\varepsilon}_M = \dot{\varepsilon}_T$$

$$R_T = \frac{H}{\sin\varepsilon_T}$$

$$\dot{\varepsilon}_T = \frac{V_T}{R_T}\sin\varepsilon_T = \frac{V_T}{H}\sin^2\varepsilon_T$$

$$\dot{R}_M = V\cos\eta = V\sqrt{1-\sin^2\eta} = V\sqrt{1-\left(\frac{R_M\dot{\varepsilon}_T}{V}\right)^2}$$

$$\dot{R}_T = -V_T\cos\varepsilon_T$$

代入式(5-90)中，整理得

$$\dot{\theta} = \frac{V_T}{H}\sin^2\varepsilon_T\left[2+\frac{R_M\sin 2\varepsilon_T}{\sqrt{p^2H^2-R_M^2\sin^4\varepsilon_T}}\right] \tag{5-91}$$

当命中目标时，$H=R_{Mk}\sin\varepsilon_{Tk}$，将其代入式(5-91)中，就可以得到命中点处导弹的转弯速率：

$$\dot{\theta}_k = \frac{2V_T}{H}\sin^2\varepsilon_{Tk}\left[1+\frac{\cos\varepsilon_{Tk}}{\sqrt{p^2-\sin^2\varepsilon_{Tk}}}\right] \tag{5-92}$$

式(5-91)表明，在 V_T、$V\left(\text{或 } p=\dfrac{V}{V_T}\right)$和 H 已知时，按三点法导引，导弹的转弯速率完全取决于导弹所处的位置(R_M，ε_M)，即 $\dot{\theta}$ 是导弹矢径 R_M 与高低角 ε_M 的函数。

5.6.6　等法向加速度曲线

若给定 $\dot{\theta}$ 为某一常值，则由式(5-91)得到一个只包含变量 ε_M 与 R_M 的关系式，即

$$f(R_M, \varepsilon_M) = 0$$

上式在极坐标系中表示一条曲线，在这条曲线上，各点的 $\dot{\theta}$ 值均相等。显然，在速度 V 为常值的情况下，该曲线上各点的法向加速度 a_n 也是常值。因此，这条曲线称为等法向加速度曲线或等 $\dot{\theta}$ 曲线。如果给出一系列 $\dot{\theta}$ 值，从式(5-91)就可以得到相应的一族等法向加速度曲线，将其画在极坐标系中，如图 5-26 中实线所示。

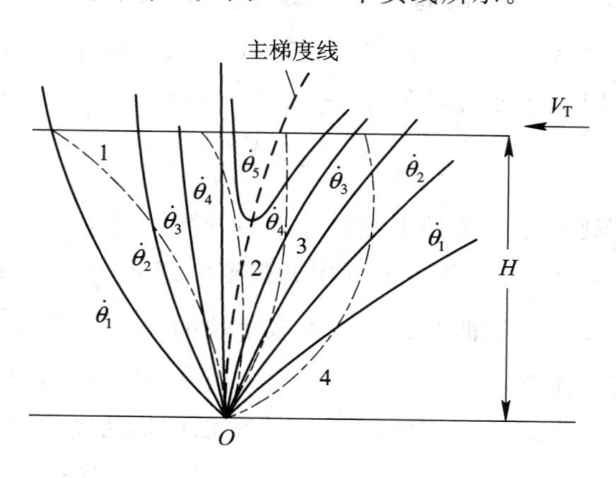

图 5-26　三点法导引弹道与等法向加速度曲线

图中 $\dot{\theta}_4$ 曲线的铅垂线对应 $\varepsilon_M=90°$ 的情况，这时 $\dot{\theta}_4=2V_T/H$。$\dot{\theta}_1$、$\dot{\theta}_2$、$\dot{\theta}_3$ 曲线均通过 O 点，它们的值均小于 $2V_T/H$。$\dot{\theta}_5$ 曲线不通过 O 点，对应 $\dot{\theta}_5>(2V_T/H)$ 的情况。图中 $\dot{\theta}_1<\dot{\theta}_2<\dot{\theta}_3<\dot{\theta}_4<\dot{\theta}_5$。

图中虚线是各等法向加速度曲线中极小值点的连线，表示法向加速度的变化趋势，沿着这条虚线向上，法向加速度的值越来越大，这条连线称为主梯度线。图中点画线为导弹在不同初始条件(R_{M0}，ε_{M0})下所对应的三点法导引弹道。

应当指出，等法向加速度曲线族是在某一给定的 V_T、V、H 值下画出来的。如果给出另一组值，将得到另一族形状相似的等法向加速度曲线。

等法向加速度曲线族对于研究弹道上各点的法向加速度(或需用法向过载)十分方便。从图中可见，所有的弹道按其相对于主梯度线的位置可以分为三组：一组在其右边，一组在其左边，另一组则与主梯度线相交。

(1) 主梯度线左边的弹道。见图 5-26 中的弹道曲线 1，相当于尾追攻击的情况，初始发射的高低角 $\varepsilon_{M0}\geqslant(\pi/2)$。弹道曲线首先与 $\dot{\theta}$ 较大值的等 $\dot{\theta}$ 曲线相交，之后才与 $\dot{\theta}$ 较小值的等 $\dot{\theta}$ 曲线相交。可见，随着矢径 R_M 增大，弹道上对应点的法向加速度不断减小，命中点处的法向加速度最小，法向加速度的最大值出现在导引弹道的起点。由式(5-91)可以求得：

在导引弹道起始点，有

$$R_M=R_{M0}=0$$

$$(a_n)_{max}=V\dot{\theta}_{max}=\frac{2VV_T}{H}\sin^2\varepsilon_{M0}$$

由于

$$\dot{\varepsilon}_{M0}=\dot{\varepsilon}_{T0}=\frac{V_T}{H}\sin^2\varepsilon_{M0}$$

所以

$$(a_n)_{max}=2V\dot{\varepsilon}_{M0}$$

式中：$\dot{\varepsilon}_{M0}$ 表示按三点法导引初始瞬间矢径 R_{M0} 的转动角速度。当 V_T、H 为常值时，$\dot{\varepsilon}_{M0}$ 取决于初始瞬间矢径 R_{M0} 的高低角 ε_{M0}，ε_{M0} 越接近于 $\pi/2$，$\dot{\varepsilon}_{M0}$ 值越大。因此，在主梯度线左边这组弹道中，最大的法向加速度出现在 $\varepsilon_{M0}=(\pi/2)$ 时，即

$$(a_n)_{max}=\frac{2VV_T}{H}$$

这种情况相当于在目标飞临发射阵地上空时才发射导弹。

(2) 主梯度线右边的弹道。见图 5-26 中的弹道曲线 4，相当于迎击目标的情况，初始发射的高低角 $\varepsilon_{M0}<(\pi/2)$。弹道曲线首先与 $\dot{\theta}$ 较小值的等 $\dot{\theta}$ 曲线相交，然后才与 $\dot{\theta}$ 较大值的等 $\dot{\theta}$ 曲线相交。可见，弹道上各点的法向加速度值随矢径 R_M 的增大而增大，而在命中点处法向加速度为最大。由式(5-92)求得命中点的法向加速度为

$$(a_n)_{max}=V\dot{\theta}_k=\frac{2VV_T}{H}\sin^2\varepsilon_{Tk}\left(1+\frac{\cos\varepsilon_{Tk}}{\sqrt{p^2-\sin^2\varepsilon_{Tk}}}\right)$$

主梯度线右边的这组弹道相当于迎击的情况，即目标尚未飞到发射阵地上空时便被击落。在这组弹道中，末段都比较弯曲。其中，弹道曲线 3 在命中点处的法向加速度为最大，该弹道曲线与主梯度线正好相交在命中点。地-空导弹主要采用迎击方式，所以在采用三点法导引时，导弹弹道末段比较弯曲。

(3) 与主梯度线相交的弹道。见图 5－26 中的弹道曲线 2，它介于上述两者之间，最大法向加速度发生在弹道中段的某一点上。

5.6.7　攻击禁区

所谓攻击禁区是指在此区域内导弹的需用法向过载将超过可用法向过载，因此导弹不能沿理想弹道飞行，导致导弹不能直接命中目标。

下面以地-空导弹为例，介绍按三点法导引时由可用法向过载所决定的攻击禁区。

当导弹以等速攻击在铅垂平面内做水平等速直线飞行的目标时，若已知导弹的可用法向过载 n_P，就可以算出相应的可用法向加速度 a_{nP} 或转弯速率 $\dot{\theta}_P$，在 V_T、V、H 一定时，根据式(5－91)可以求出一族(R_M、ε_M)值，这样可在极坐标系中作出由导弹可用法向过载所决定的等法向加速度曲线 2，如图 5－27 所示。曲线 2 与目标航迹相交于 E、F 两点。显然，图中阴影区的需用法向过载超过了可用法向过载，故存在由可用法向过载所决定的攻击禁区。在不同初始条件(R_{M0}、ε_{M0})所对应的弹道中，其中弹道曲线②的命中点恰好在 F 点，弹道曲线①与曲线 2 相切于 E 点，即弹道曲线①和②所对应的命中点处的需用法向过载正好等于可用法向过载。于是，攻击平面被这两条弹道曲线分割成Ⅰ、Ⅱ、Ⅲ 三个区域。由图可知，位于Ⅰ、Ⅲ 区域内的任何一条弹道曲线都不会与曲线 2 相交，即需用法向过载都小于可用法向过载。在命中目标之前，位于Ⅱ区域内的所有弹道曲线必然要与曲线 2 相交，即需用法向过载将超过可用法向过载。因此，应禁止导弹进入阴影区。我们把弹道曲线①、②称为极限弹道。如果用 ε_{M01}、ε_{M02} 分别表示①、②两条弹道的初始高低角，则在掌握发射时机时，发射高低角 ε_{M0} 应当选择：

$$\varepsilon_{M0} \geqslant \varepsilon_{M01}$$

或

$$\varepsilon_{M0} \leqslant \varepsilon_{M02}$$

但是对于地-空导弹来说，为了阻止目标进入保卫区，总是尽可能采用迎击方式，所以选择的发射高低角应为

$$\varepsilon_{M0} \leqslant \varepsilon_{M02}$$

以上讨论的是由可用法向过载所决定的等法向加速度曲线与目标航迹相交的情况。如果可用法向过载相当大，对应的等法向加速度曲线(见图 5－27 中曲线 1)与目标航迹不相交，这时，不管以多大的高低角发射，弹道上每一点的需用法向过载均小于可用法向过载。从法向过载的角度来看，这种情况不存在攻击禁区。

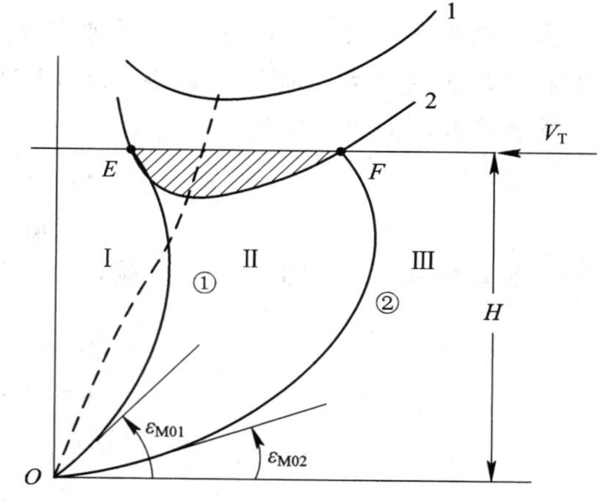

图 5－27　由法向过载决定的攻击禁区

5.6.8 三点法导引的优缺点

综上所述，三点法导引最显著的优点是技术实施简单，抗干扰性能好，它是地-空导弹使用较多的导引方法之一。在以下范围内应用三点法不仅简单易行，而且其性能往往优于其他一些制导规律：射击低速目标；射击从高空向低空滑行或俯冲的目标；被射击的目标释放干扰，导弹制导站不能测量到目标距离信息；制导雷达波束宽度或扫描范围很窄。

但是三点法导引也存在明显的缺点。首先，弹道较弯曲，迎击目标时，越接近目标，弹道就越弯曲，需用法向过载就越大，命中点处的需用法向过载达到最大，这对攻击高空和高速目标很不利。随着高度的增加，空气密度迅速减小，由空气动力所提供的法向力也大大下降，使导弹的可用法向过载减小。又由于目标速度大，导弹的需用法向过载也相应增大。因此，在接近目标时，可能出现导弹的可用法向过载小于需用法向过载，导致导弹脱靶。

其次，动态误差难以补偿(动态误差是指制导系统过渡过程中复现输入时的误差)。由于目标机动、导弹运动存在干扰等的影响，制导回路实际上达不到稳定状态，因此总会有动态误差。理想弹道越弯曲，引起的动态误差就越大。为了消除误差，需要在指令信号中加入补偿信号，这时，必须测量目标机动时的坐标及其一阶、二阶导数。由于来自目标的反射信号有起伏现象，以及接收机有干扰等原因，制导站测量的坐标不准确；如果再引入坐标的一阶和二阶导数，就会出现更大的误差，使形成的补偿信号不准确，甚至不易形成。因此，在三点法导引中，由于目标机动所引起的动态误差难以补偿，往往会形成偏离波束中心线十几米的动态误差。

最后，导弹按三点法导引迎击低空目标时，其发射角很小，导弹离轨时的飞行速度也很小，这时的操纵效率也比较低，空气动力所能提供的法向力也比较小，所以导弹离轨后可能有下沉现象。在初始段弹道比较低伸的情况下，若又存在较大下沉，则会引起导弹碰地。为了克服这一缺点，有的地-空导弹在攻击低空目标时，采用了小高度三点法，目的是提高初始段弹道高度(如图 5-28 所示)。小高度三点法是在三点法上加入了一项前置偏差量，其制导规律的表达式为

$$\varepsilon_{M} = \varepsilon_{T} + \Delta\varepsilon$$

$$\beta_{M} = \beta_{T}$$

式中：前置偏差量 $\Delta\varepsilon$ 随时间而衰减，当导弹接近目标时，趋于零值。$\Delta\varepsilon$ 可采用如下表达形式：

$$\Delta\varepsilon = \frac{h_{\varepsilon}}{R_{M}} e^{-\frac{t-t_{f}}{\tau}}$$

或

$$\Delta\varepsilon = \Delta\varepsilon_{0} e^{-k\left(1-\frac{R_{M}}{R_{T}}\right)}$$

式中：h_{ε}、τ——在给定弹道上取为常值；

$\Delta\varepsilon_{0}$——初始前置偏差量；

k——正的常值；

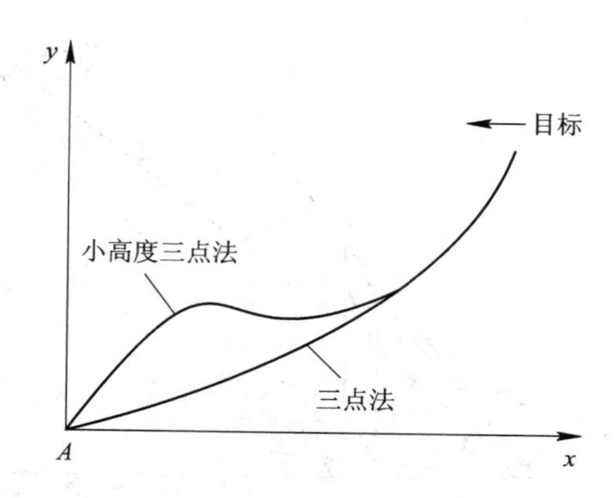

图 5 - 28　小高度三点法示意图

t_f——导弹进入波束的时间；

t——导弹飞行时间。

由于小高度三点法中加入了一项前置偏差量 $\Delta\varepsilon$，在导弹飞行中，$\Delta\varepsilon$ 是正的，而其变化率却为负值，因此，小高度三点法的初始段飞行弹道比三点法的弹道要高。

5.7　前置量法

由三点法导引弹道的特性可以看出，三点法导引弹道比较弯曲，需用法向过载较大。为了改善遥控制导导弹的导引弹道特性，就需要寻找能使弹道比较平直，特别是能使弹道末段比较平直的其他导引方法。

由对追踪法和平行接近法的分析比较可以看出，平行接近法中导弹速度矢量不指向目标，而是沿着目标飞行方向超前目标瞄准线一个角度，从而使得平行接近法比追踪法的弹道平直。同理，遥控制导导弹也可以采用某一个前置量，使得弹道平直一些。这里所指的前置量就是导弹与制导站连线$\overline{CM}$超前目标与制导站连线$\overline{CT}$一个角度。这类导引方法称为前置量法，也称为角度法或矫直法。

前置量法导引采用双波束制导：其中一根波束用于跟踪目标，测量目标位置；另一根波束用于跟踪和控制导弹，测量导弹的位置。

5.7.1　前置量法

所谓前置量法就是指导弹在整个导引过程中，导弹-制导站连线始终超前于目标-制导站连线，而这两条连线之间的夹角是按某种规律变化的。

1. 导引关系方程

采用雷达坐标系建立导引关系方程。按前置量法导引，导弹的高低角 ε_M 和方位角 β_M 应分别超前目标的高低角 ε_T 和方位角 β_T 一个角度，如图 5 - 29 所示。

下面研究攻击平面为铅垂平面的情况。根据前置量法导引的定义有

$$\varepsilon_M = \varepsilon_T + \Delta\varepsilon \tag{5-93}$$

式中：$\Delta\varepsilon$——前置角。

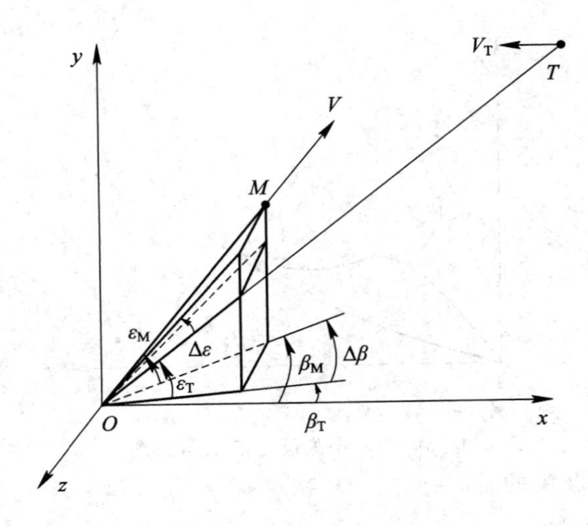

图 5-29 前置量法

导弹直接命中目标时，目标和导弹分别相对于制导站的距离之差 $\Delta R = R_T - R_M$ 应为零，$\Delta\varepsilon$ 也应为零。为满足这两个条件，$\Delta\varepsilon$ 与 ΔR 之间应有如下关系：

$$\Delta\varepsilon = C_\varepsilon \Delta R$$

从而式(5-93)可表示为

$$\varepsilon_M = \varepsilon_T + C_\varepsilon \Delta R \tag{5-94}$$

在前置量法中，函数 C_ε 的选择应尽量使得弹道平直。若导弹高低角随时间的变化率 $\dot{\varepsilon}_M$ 为零，则导弹的绝对弹道为直线弹道。要求全弹道上 $\dot{\varepsilon}_M \equiv 0$ 是不现实的，一般只能要求导弹在接近目标时 $\dot{\varepsilon}_M$ 趋于零，这样就可以使弹道末段平直一些。因此，这种导引方法又称为矫直法。

下面根据这一要求来确定 C_ε 的表达式。将式(5-94)对时间求一阶导数得

$$\dot{\varepsilon}_M = \dot{\varepsilon}_T + \dot{C}_\varepsilon \Delta R + C_\varepsilon \Delta\dot{R}$$

式中：

$$\dot{C}_\varepsilon = \frac{dC_\varepsilon}{dt}, \quad \Delta\dot{R} = \frac{d\Delta R}{dt}$$

在命中点处，$\Delta R = 0$，并要求 $\dot{\varepsilon}_M = 0$，代入上式得

$$C_\varepsilon = -\frac{\dot{\varepsilon}_T}{\Delta\dot{R}}$$

因此，前置量法的导引关系方程可表示为

$$\varepsilon_M = \varepsilon_T - \frac{\dot{\varepsilon}_T}{\Delta\dot{R}} \Delta R \tag{5-95}$$

2. 相对运动方程组

设制导站静止，攻击平面为通过制导站的铅垂平面，在此平面内目标做机动飞行，导弹做变速飞行。参考图 5-30，前置量法导引的相对运动方程组为

$$
\left\{\begin{aligned}
&\frac{\mathrm{d}R_{\mathrm{M}}}{\mathrm{d}t}=V\cos\eta\\
&R_{\mathrm{M}}\frac{\mathrm{d}\varepsilon_{\mathrm{M}}}{\mathrm{d}t}=-V\sin\eta\\
&\frac{\mathrm{d}R_{\mathrm{T}}}{\mathrm{d}t}=V_{\mathrm{T}}\cos\eta_{\mathrm{T}}\\
&R_{\mathrm{T}}\frac{\mathrm{d}\varepsilon_{\mathrm{T}}}{\mathrm{d}t}=-V_{\mathrm{T}}\sin\eta_{\mathrm{T}}\\
&\varepsilon_{\mathrm{M}}=\theta+\eta\\
&\varepsilon_{\mathrm{T}}=\theta_{\mathrm{T}}+\eta_{\mathrm{T}}\\
&\varepsilon_{\mathrm{M}}=\varepsilon_{\mathrm{T}}-\frac{\dot{\varepsilon}_{\mathrm{T}}}{\Delta\dot{R}}\Delta R\\
&\Delta R=R_{\mathrm{T}}-R_{\mathrm{M}}\\
&\Delta\dot{R}=\dot{R}_{\mathrm{T}}-\dot{R}_{\mathrm{M}}
\end{aligned}\right. \tag{5-96}
$$

当目标的运动规律 $V_{\mathrm{T}}(t)$、$\theta_{\mathrm{T}}(t)$和导弹速度的变化规律 $V(t)$为已知时，上述方程组包含 R_{M}、R_{T}、ε_{M}、ε_{T}、η、η_{T}、θ、ΔR、$\Delta\dot{R}$ 9 个未知参数，而方程组(5－96)有 9 个方程，因此该方程组是封闭的。

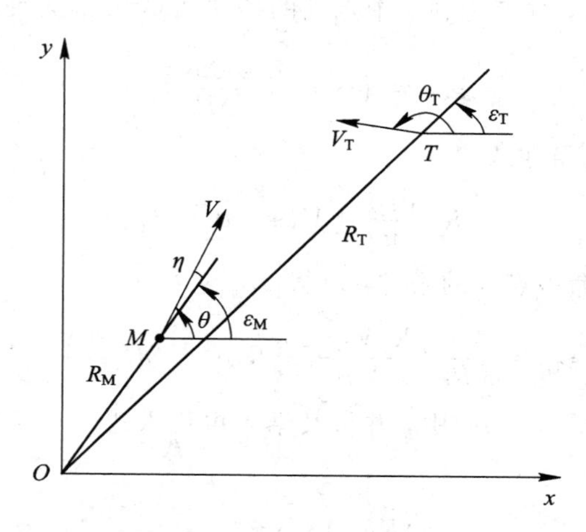

图 5－30　铅垂平面内的前置量法导引

3. 导弹的转弯速率

方程组(5－96)中第二式可改写为

$$
R_{\mathrm{M}}\frac{\mathrm{d}\varepsilon_{\mathrm{M}}}{\mathrm{d}t}=-V\sin\eta=V\sin(\theta-\varepsilon_{\mathrm{M}})
$$

对上式求一阶导数得

$$
\dot{R}_{\mathrm{M}}\dot{\varepsilon}_{\mathrm{M}}+R_{\mathrm{M}}\ddot{\varepsilon}_{\mathrm{M}}=\dot{V}\sin(\theta-\varepsilon_{\mathrm{M}})+V(\dot{\theta}-\dot{\varepsilon}_{\mathrm{M}})\cos(\theta-\varepsilon_{\mathrm{M}})
$$

方程组(5－96)中第一、二式可改写为

$$\cos(\theta-\varepsilon_M)=\frac{\dot{R}_M}{V}$$

$$\sin(\theta-\varepsilon_M)=\frac{R_M\dot{\varepsilon}_M}{V}$$

将其代入上述一阶导数方程整理得

$$\dot{\theta}=\left(2-\frac{\dot{V}R_M}{V\dot{R}_M}\right)\dot{\varepsilon}_M+\frac{R_M}{\dot{R}_M}\ddot{\varepsilon}_M \tag{5-97}$$

由式(5-97)可知，转弯速率 $\dot{\theta}$ 不仅与 $\dot{\varepsilon}_M$ 有关，而且与 $\ddot{\varepsilon}_M$ 有关。在命中点处，$\dot{\varepsilon}_M=0$，由式(5-97)可得到

$$\dot{\theta}_k=\left[\frac{R_M}{\dot{R}_M}\ddot{\varepsilon}_M\right]_{t=t_k} \tag{5-98}$$

式(5-98)表明，$\dot{\theta}_k$ 不为零，即导弹在命中点附近的弹道并非直线。但是 $\dot{\theta}_k$ 值很小，即命中点附近的弹道接近于直线弹道。所以"矫直"的意思并非就是直线弹道，只是在接近命中点时，弹道较为平直而已。

为了比较前置量法和三点法在命中点处的转弯速率 $\dot{\theta}_k$(或需用法向过载)，将导引关系方程(5-95)求二阶导数，并考虑到命中点处的条件 $\Delta\dot{R}=0$，$\varepsilon_M=\varepsilon_T$，$\dot{\varepsilon}_M=0$，得到

$$\ddot{\varepsilon}_{Mk}=\left(-\ddot{\varepsilon}_T+\frac{\dot{\varepsilon}_T\Delta\ddot{R}}{\Delta\dot{R}}\right)_{t=t_k} \tag{5-99}$$

再对方程组(5-96)中的第四式

$$R_T\frac{d\varepsilon_T}{dt}=V_T\sin(\theta_T-\varepsilon_T)$$

求一阶导数，同时考虑命中点处的条件，可得

$$\ddot{\varepsilon}_{Tk}=\left[\frac{1}{R_T}\left(\frac{R_T\dot{V}_T\dot{\varepsilon}_T}{V_T}+\dot{R}_T\dot{\theta}_T-2\dot{R}_T\dot{\varepsilon}_T\right)\right]_{t=t_k} \tag{5-100}$$

将式(5-100)代入式(5-99)中，并将其结果再代入式(5-98)中，则命中点处导弹的转弯速率为

$$\dot{\theta}_k=\left[\frac{\dot{\varepsilon}_T}{\dot{R}_M}\left(2\dot{R}_T+\frac{\Delta\ddot{R}R_T}{\Delta\dot{R}}\right)-\frac{\dot{V}_T}{\dot{R}_M}\sin(\theta_T-\varepsilon_T)-\frac{\dot{R}_T\dot{\theta}_T}{\dot{R}_M}\right]_{t=t_k} \tag{5-101}$$

由式(5-101)可知，导弹在命中点处的转弯速率 $\dot{\theta}_k$ 仍受目标机动的影响，这是不利的。因为目标机动使得 $\dot{V}_T$ 和 $\dot{\theta}_T$ 的值都不易测量，难以形成补偿信号来修正弹道，势必引起动态误差。特别是 $\dot{\theta}_T$ 的影响更大，通常目标机动飞行的 $\dot{\theta}_T$ 可达 0.03～0.1(rad/s)，这样的数值是比较大的。

将式(5-101)和三点法导引时命中点处转弯速率的表达式(5-89)进行比较可以看出，同样的目标机动动作，即同样的 $\dot{V}_T$、$\dot{\theta}_T$ 值，在三点法导引中对导弹命中点处转弯速率的影响与前置量法导引中所造成的影响正好相反，即若在三点法导引中为正，则在前置量法

导引中为负。因此，就可能存在介于三点法导引和前置量法导引之间的某种导引规律，按照这种导引规律，目标机动对命中点处转弯速率的影响为零，这种导引规律就是半前置量法。

5.7.2　半前置量法(半矫直法)

假设制导站静止，攻击平面为通过制导站的铅垂平面。三点法和前置量法的导引关系方程可以写成如下通式：

$$\varepsilon_M = \varepsilon_T + \Delta\varepsilon = \varepsilon_T - A_\varepsilon \frac{\dot{\varepsilon}_T}{\Delta\dot{R}}\Delta R \tag{5-102}$$

显然，在式(5－102)中，当 $A_\varepsilon=0$ 时，是三点法；当 $A_\varepsilon=1$ 时，就是前置量法。半前置量法是介于三点法与前置量法之间的导引方法，其系数 A_ε 也应介于 0 和 1 之间。那么 A_ε 为何值才能使命中点处导弹的转弯速率与目标的机动无关呢？

将式(5－102)对时间求一阶和二阶导数，并代入命中点的条件，即 $\Delta R=0$ 和 $\varepsilon_M=\varepsilon_T$，则可得

$$\dot{\varepsilon}_{Mk} = \dot{\varepsilon}_{Tk}(1-A_\varepsilon) \tag{5-103}$$

$$\ddot{\varepsilon}_{Mk} = \left[\ddot{\varepsilon}_T(1-2A_\varepsilon) + A_\varepsilon \frac{\dot{\varepsilon}_T\Delta\ddot{R}}{\Delta\dot{R}}\right]_{t=t_k} \tag{5-104}$$

将式(5－100)代入式(5－104)中，并将其结果同式(5－103)一起代入式(5－97)(在命中点处取值)中，则得到

$$\dot{\theta}_k = \left\{\left[2-\frac{\dot{V}R_M}{V\dot{R}_M}\right]\dot{\varepsilon}_T(1-A_\varepsilon) + \frac{R_M}{\dot{R}_M}\left[\frac{1}{R_T}\left(-2\dot{R}_T\dot{\varepsilon}_T + \frac{\dot{V}_T R_T\dot{\varepsilon}_T}{V_T} + \dot{\theta}_T\dot{R}_T\right)(1-2A_\varepsilon) + A_\varepsilon\frac{\dot{\varepsilon}_T\Delta\ddot{R}}{\Delta\dot{R}}\right]\right\}_{t=t_k}$$

由上式可以看出，若选取 $A_\varepsilon=1/2$，则可消除由目标机动对 $\dot{\theta}_k$ 的影响，这时有

$$\dot{\theta}_k = \left\{\frac{\dot{\varepsilon}_T}{2}\left[\left(2-\frac{\dot{V}R_M}{V\dot{R}_M}\right) + \frac{R_M\Delta\ddot{R}}{\dot{R}_M\Delta\dot{R}}\right]\right\}_{t=t_k} \tag{5-105}$$

将 $A_\varepsilon=1/2$ 代入式(5－102)中，则可得半前置量法导引关系方程：

$$\varepsilon_M = \varepsilon_T - \frac{1}{2}\frac{\dot{\varepsilon}_T}{\Delta\dot{R}}\Delta R \tag{5-106}$$

在半前置量法导引中，由于目标机动($\dot{V}_T$，$\dot{\theta}_T$)对命中点处导弹的转弯速率(或需用法向过载)没有影响，从而减小了动态误差，提高了导引准确度。因此，从理论上来说，半前置量法导引是遥控制导中比较好的一种导引方法。

综上所述，命中点处过载不受目标机动的影响是半前置量法导引最显著的优点。但是要实现半前置量法导引，就需要不断地测量导弹和目标的矢径 R_M、R_T，高低角 ε_M、ε_T 及其导数 $\dot{R}_M$、$\dot{R}_T$、$\dot{\varepsilon}_T$ 等参数，以便不断形成指令信号。这样就使得制导系统的结构比较复杂，技术实施也比较困难。在目标施放积极干扰造成假像的情况下，导弹的抗干扰性能较

差，甚至可能造成很大的起伏误差。

5.7.3 一种实现半前置量导引的方法

采用无线电波束制导可实现前置量法或半前置量法导引。若用两部雷达分别跟踪目标和制导导弹，则制导站设备庞大，不利于提高武器系统的机动性。因此，一般只用一部雷达，既跟踪目标，又制导导弹。由于雷达波束的扫描角有一定的范围，导弹必须处在扫描角范围内才能受控。要实现此种方案，前置量 $\Delta\varepsilon(\Delta\beta)$ 就要受波束扫描角的限制。若雷达波束中心线(等强度线)正好对准目标，则 $\Delta\varepsilon(\Delta\beta)$ 不能大于扫描角的一半(见图 5-31)；否则，导弹就要失控。

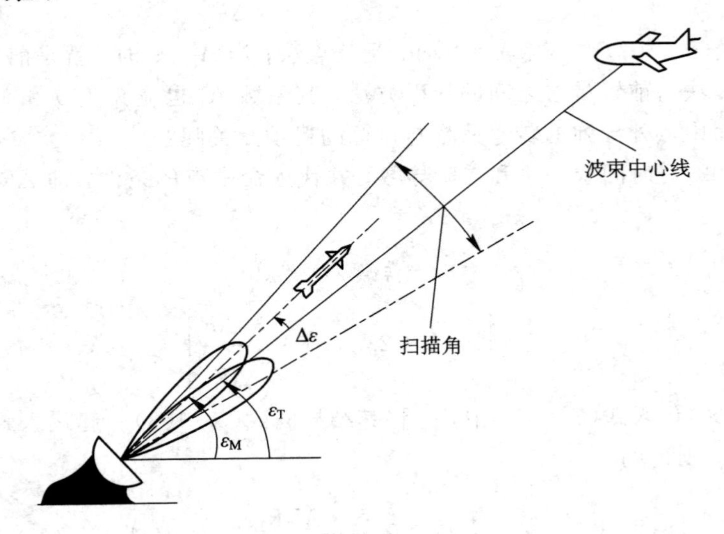

图 5-31 Δε 受波束扫描角限制的示意图

此外，限制前置量 $\Delta\varepsilon(\Delta\beta)$ 的初始值对减小初始段导引偏差也是有利的。如果初始段前置量较大，势必使得需用法向加速度的变化率较大，动态误差也较大。

在敌机施放干扰，半前置量法导引无法实现时，要转换为采用三点法导引。为了实现转换，半前置量法导引采用的发射规律要尽可能与三点法导引的发射规律相近，由此对前置量加以限制也是必要的。

在前置量 $\Delta\varepsilon=-(1/2)\cdot(\dot{\varepsilon}_T/\Delta\dot{R})\Delta R$ 中，比值 $\dot{\varepsilon}_T/\Delta\dot{R}$ 在导引过程中的变化较小，因此，$\Delta\varepsilon$ 主要是按 ΔR 的变化规律变化的。而 ΔR 值是先大后小，即弹道末段的 ΔR 较小，这时 $\Delta\varepsilon$ 小于扫描角的一半容易得到满足；但在导弹开始受控时，ΔR 值很大，因而有可能使 $\Delta\varepsilon$ 超出波束扫描角一半的限制范围。因此，在导引关系方程(5-106)中，需对 ΔR 的上限值加以限制；但是 $|\Delta\dot{R}|$ 值也不能太小，否则，$\Delta\varepsilon(\Delta\beta)$ 仍可能超过扫描角一半的限制范围。因此，又要对 $|\Delta\dot{R}|$ 的下限值加以限制(对 $\Delta\dot{R}$ 限定上限值)。限制以后的半前置量法导引的关系方程可改写为

$$\varepsilon_M=\varepsilon_T-\frac{1}{2}\frac{\dot{\varepsilon}_T}{\overline{\overline{\Delta\dot{R}}}}\overline{\Delta R} \tag{5-107}$$

式中：$\overline{\Delta R}$——对 ΔR 的上限值加以限制后的量；

$\overline{\Delta \dot{R}}$——对 $\Delta \dot{R}$ 的上限值（$|\Delta \dot{R}|$ 的下限值）加以限制后的量。

1. 对 ΔR 的限制

对 ΔR 上限值的限制可以用下式表示：

$$\overline{\Delta R} = S \cdot \Delta R$$

式中：S—— 限制函数。

限制函数 S 应满足下列要求：

(1) 对弹道初始段 $\Delta\varepsilon$ 起限制作用，而对后段 $\Delta\varepsilon$ 的限制作用应愈来愈小，才能保证导弹接近目标时体现出半前置量法导引的特点。因此，当导弹接近目标时，取 $S\to 1$。同时，为避免 $\Delta\varepsilon$ 为负值而出现“后置”（“后置”会使弹道性能变坏），又要求 $S\geqslant 0$。因而，S 的取值范围为

$$0\leqslant S\leqslant 1$$

(2) 限制函数 S 的形式应尽可能简单。不可因限制函数的引入而使制导站的解算装置需做复杂的运算，以便精简设备，减小误差。

(3) 引进限制函数后，对整个弹道上需用法向加速度的影响应尽量使之合理，即在弹道上需用法向加速度的变化应比较均匀。

从上述要求出发，选择限制函数 S 为

$$S = 1-\frac{\Delta R}{R_q}$$

式中：R_q 为常数。R_q 值选取的大小直接关系到前置量 $\Delta\varepsilon$ 的大小，首先，要求 $R_q\geqslant(\Delta R)_{max}$，否则当 $S<0$ 时，将出现“后置”。但 R_q 值也不能选取得过大，否则，当 S 接近于 1 时，对 $\Delta\varepsilon$ 的限制作用就不明显，甚至可能出现 $\Delta\varepsilon$ 超过扫描角一半的危险。因此，在确定 R_q 时，首先应根据对前置量 $\Delta\varepsilon$ 限制的要求和法向加速度较均匀变化的条件，找出 R_q 的某一范围，然后考虑解算装置中实现的难易程度等因素，从中确定某一值。于是

$$\overline{\Delta R} = \Delta R\left(1-\frac{\Delta R}{R_q}\right) \tag{5-108}$$

此式是抛物线方程。$\overline{\Delta R}=f(\Delta R)$ 的关系如图 5-32 所示。

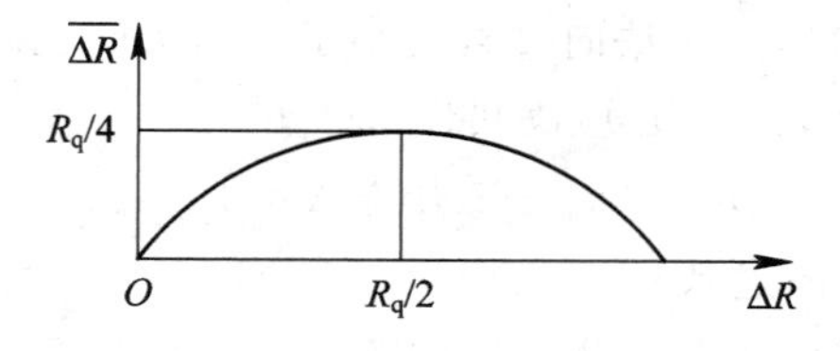

图 5-32　对 ΔR 的限制

由式(5-108)可知，当 $\Delta R=R_q/2$ 时，$\overline{\Delta R}=R_q/4$ 为最大值。显然，当导弹受控时，目标和导弹分别与制导站距离之差$(\Delta R)_0$ 为 ΔR 的最大值。若选取 $R_q=(\Delta R)_0$，则

$$(\overline{\Delta R})_{max} = \frac{(\Delta R)_0}{4}$$

2. 对 $\Delta \dot{R}$ 的限制

对上限值的限制可以用下式表示：

$$\overline{\Delta\dot{R}}=\begin{cases}(\Delta\dot{R})_{\max}, & \Delta\dot{R}>(\Delta\dot{R})_{\max}\\ \Delta\dot{R}, & \Delta\dot{R}<(\Delta\dot{R})_{\max}\end{cases}$$

式中：$(\Delta\dot{R})_{\max}$是根据设计要求选择的某一数值。上述限制关系 $\overline{\Delta\dot{R}}=f(\Delta\dot{R})$ 如图 5-33 所示。

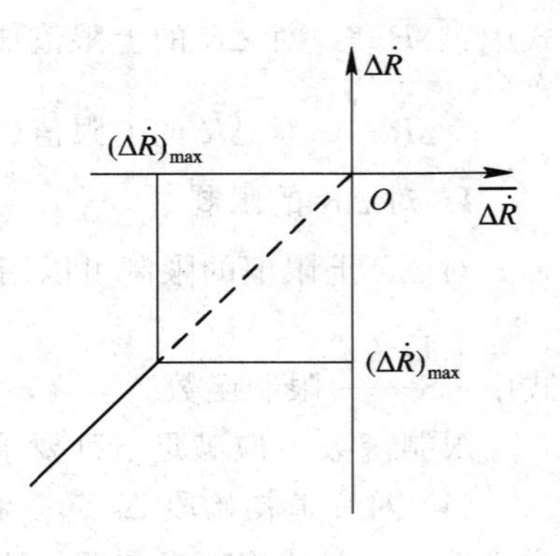

图 5-33　对 $\Delta\dot{R}$ 的限制

经过限制之后，半前置量法的导引关系方程可改写为

$$\varepsilon_{M}=\varepsilon_{T}-\frac{1}{2}\frac{\dot{\varepsilon}_{T}}{\overline{\Delta\dot{R}}}\Delta R\left(1-\frac{\Delta R}{R_{q}}\right)$$

假设发射瞬时导弹就开始受控，则 $\Delta R=(\Delta R)_0$，并取 $R_q=(\Delta R)_0$，由上式可得 $\varepsilon_M=\varepsilon_T$。此即弹道前段为三点法导引，弹道弯曲一些；但在接近目标，即$(1-\Delta R/R_q)\rightarrow 1$ 时，则又实现了半前置量法导引。此时目标机动对弹道末段的需用法向过载的影响已逐渐减小，在命中点处已无直接影响。

5.8　选择导引方法的基本要求

本章介绍了包括自动瞄准制导、遥控制导在内的几种常见的导引方法及其弹道特性。显然，导弹的弹道特性与所采用的导引方法有很大的关系。如果导引方法选择得合适，就能改善导弹的飞行特性，充分发挥导弹武器系统的作战性能。因此，选择合适的导引方法或改善现有导引方法存在的某些弊端并寻找新的导引方法是导弹设计的重要课题之一。在选择导引方法时，需要从导弹的飞行性能、作战空域、技术实施、制导精度、制导设备、战术使用等方面的要求进行综合考虑。

(1) 弹道需用法向过载要小，变化应均匀，特别是在与目标相遇区，需用法向过载应趋于零。需用法向过载小，一方面可以提高制导精度，缩短导弹命中目标所需的航程和时间，进而扩大导弹作战空域；另一方面，可用法向过载可以相应地减小，这对于用空气动力进行操纵的导弹来说，升力面面积可以缩小，相应地，导弹的结构重量也可以减轻。所选择的导引方法至少应该考虑需用法向过载要小于可用法向过载，可用法向过载与需用法向过载之差应具有足够的富余量，且应满足以下条件：

$$n_P\geqslant n_R+\Delta n_1+\Delta n_2+\Delta n_3$$

式中：n_P——导弹的可用法向过载；

n_R——导弹的弹道需用法向过载；

Δn_1——导弹为消除随机干扰所需的过载；

Δn_2——消除系统误差所需的过载；

Δn_3——补偿导弹纵向加速度所需的过载(对自动瞄准制导而言)。

(2) 适合于尽可能大的作战空域杀伤目标的要求。空中活动目标的高度和速度可在相当大的范围内变化。在选择导引方法时，应考虑目标运动参数的可能变化范围，尽量使导弹能在较大的作战空域内攻击目标。对于空-空导弹来说，所选择的导引方法应使导弹具有全向攻击的能力。对于地-空导弹来说，导弹应不仅能迎击，还能尾追或侧击目标。

(3) 当目标机动时，对导弹弹道，特别是弹道末段的影响为最小，即导弹需要付出的相应的机动过载要少。这将有利于提高导弹导向目标的精度。

(4) 抗干扰能力强。空中目标为逃避导弹的攻击，常施放干扰来破坏导弹对目标的跟踪。因此，所选择的导引方法应在目标施放干扰的情况下具有对目标进行顺利攻击的可能性。

(5) 在技术实施上应简易可行。导引方法所需要的参数能够用测量方法得到，需要测量的参数数目应尽量少，并且测量起来简单、可靠，以便保证技术上容易实现，系统结构简单、可靠。

本章介绍的遥控制导、自动瞄准制导的各种导引方法都存在着自己的缺点。为了弥补单一导引方法的不足，提高导弹的命中精度，在攻击较远距离的活动目标时，常常把几种导引规律组合起来使用，这就是复合制导。复合制导分为串联复合制导和并联复合制导。

串联复合制导是指在一段弹道上采用一种导引方法，而在另一段弹道上采用另一种导引方法。一般来说，可将制导过程分为四段：发射起飞段、巡航段(中制导段)、交接段和攻击段(末制导段)。例如，串联复合制导可以在中制导段采用遥控制导实现三点法导引，在末制导段采用自动瞄准制导实现比例导引。

并联复合制导是在同一段弹道上同时采用不同的两种导引方法。例如，纵平面采用自主控制，侧平面采用遥控制导；纵平面采用遥控制导，侧平面采用自动瞄准制导。

当前应用最多的是串联复合制导。例如，法国的“飞鱼”导弹采用惯性导航＋雷达主动式自动瞄准；美国的“潘兴Ⅱ”采用惯性导航＋末制导图像匹配。由于复合制导是由单一制导叠加而成的，当利用某一种导引方法进行制导时，其弹道特性与单一导引方法制导时完全相同。因此，对于复合制导导弹运动特性的研究，主要是研究过渡段，即研究由一种导引方法所确定的弹道向另一种导引方法所确定的弹道过渡时的过渡特性，如交接点的弹道平滑问题、交接段的控制误差与补偿等。

思考题与习题

1. 导引弹道运动学分析的假设条件是什么？
2. 导引弹道的特点是什么？
3. 写出自动瞄准导弹相对目标运动的方程组。
4. 何谓相对弹道、绝对弹道？
5. 要保持导弹-目标线在空间的方位不变，应满足什么条件？
6. 什么叫平行接近法？它有哪些优缺点？
7. 写出铅垂平面内比例导引法的导弹-目标相对运动方程组。
8. 采用比例导引法，$\dot{q}$ 的变化对过载有什么影响？
9. 比例导引法中的比例系数与制导系统有什么关系？应如何选取比例系数？
10. 选择比例系数需要考虑哪些问题？为什么？
11. 什么叫攻击禁区？攻击禁区与哪些因素有关？
12. 试以三点法为例，画出相对弹道与绝对弹道。

第6章 现代制导律

前面讨论的各种导引方法都是经典的制导规律。一般来说，经典的制导规律需要的信息量少，结构简单，易于实现，因此，现役的战术导弹大多使用经典的制导规律或其改进形式。但是对于高性能的大机动目标，尤其在目标采用各种干扰措施的情况下，经典的制导规律就很不适用了。随着计算机技术的迅速发展，基于现代控制理论的最优制导规律、自适应制导规律及微分对策制导规律(统称为现代制导规律)得到了迅速发展。与经典制导规律相比，现代制导规律有许多优点，如脱靶量小，导弹命中目标时姿态角满足需要，抗目标机动或其他随机干扰能力强，弹道平直，弹道需用法向过载分布合理，可扩大作战空域等。因此，用现代制导规律制导导弹截击未来战场上出现的高速度、大机动、带有施放干扰能力的目标是有效的。但是现代制导规律结构复杂，需要测量的参数较多，致使制导规律的实现比较困难。然而，随着微型计算机的出现和发展，现代制导规律的应用是可以实现的。

6.1 最优制导规律

最优制导规律的优点是：它可以考虑导弹-目标的动力学问题，并可考虑起点或终点的约束条件或其他约束条件，根据给出的性能指标(泛函)寻求最优制导规律。根据具体要求，性能指标可以有不同的形式，战术导弹考虑的性能指标主要是导弹在飞行中付出的总的法向过载最小、终端脱靶量最小、以及最小控制能量、最短时间、导弹和目标的交会角具有特定的要求等。但是因为导弹的制导规律是一个变参数并受到随机干扰的非线性问题，其求解非常困难。因此，通常只好把导弹拦截目标的过程做线性化处理，这样可以获得系统的近似最优解，在工程上也易于实现，并且在性能上接近于最优制导规律。下面介绍二次型线性最优制导问题。

6.1.1 导弹运动状态方程

如图6-1所示，设把导弹、目标看成质点，它们在同一固定平面内运动。在此平面内任选固定坐标系Oxy，导弹速度矢量$\boldsymbol{V}$与Oy轴的夹角为σ，目标速度矢量$\boldsymbol{V}_\mathrm{T}$与$Oy$轴的夹角为$\sigma_\mathrm{T}$，导弹与目标的连线$\overline{MT}$与$Oy$轴的夹角为$q$。设$\sigma$、$\sigma_\mathrm{T}$和$q$都比较小，并且假定导弹和目标都做等速飞行，即$V$、$V_\mathrm{T}$都是常值。

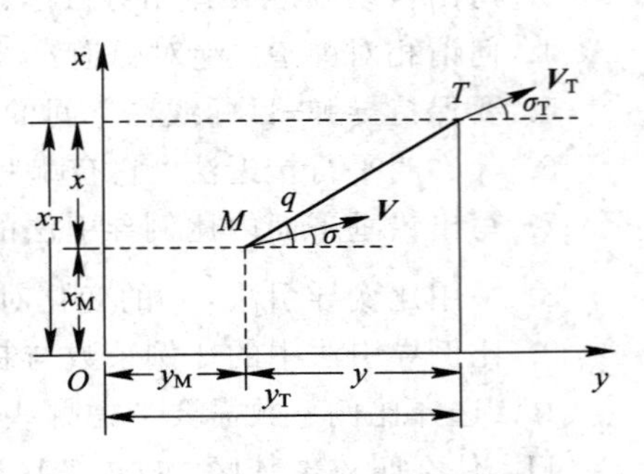

图6-1 导弹与目标运动关系图

设导弹与目标分别在Ox轴方向和Oy轴方向上

的距离偏差为

$$\begin{cases} x = x_T - x_M \\ y = y_T - y_M \end{cases} \tag{6-1}$$

将式(6－1)对时间 t 求导，并根据导弹相对目标运动的关系得

$$\begin{cases} \dot{x} = \dot{x}_T - \dot{x}_M = V_T \sin\sigma_T - V\sin\sigma \\ \dot{y} = \dot{y}_T - \dot{y}_M = V_T \cos\sigma_T - V\cos\sigma \end{cases} \tag{6-2}$$

由于 σ、σ_T 很小，因此 $\sin\sigma \approx \sigma$，$\sin\sigma_T \approx \sigma_T$，$\cos\sigma \approx 1$，$\cos\sigma_T \approx 1$，于是

$$\begin{cases} \dot{x} = V_T \sigma_T - V_\sigma \\ \dot{y} = V_T - V \end{cases} \tag{6-3}$$

以 x_1 表示 x，x_2 表示 $\dot{x}(\dot{x}_1)$，则

$$\begin{cases} \dot{x}_1 = x_2 \\ \dot{x}_2 = \ddot{x} = V_T \dot{\sigma}_T - V\dot{\sigma} \end{cases} \tag{6-4}$$

式中：$V_T \dot{\sigma}_T$、$V\dot{\sigma}$ 分别为目标、导弹的法向加速度，以 a_T、a 表示，则

$$\dot{x}_2 = a_T - a \tag{6-5}$$

导弹的法向加速度 a 为控制量，一般作为控制信号加给舵机，舵面偏转后弹体产生攻角 α，而后产生法向过载。如果忽略舵机的惯性及弹体的惯性，设控制量的量纲与加速度的量纲相同，则可用控制量 u 来表示 $-a$，即令

$$u = -a$$

于是式(6－5)变成

$$\dot{x}_2 = a_T + u \tag{6-6}$$

这样可得导弹运动的状态方程：

$$\begin{cases} \dot{x}_1 = x_2 \\ \dot{x}_2 = u + a_T \end{cases} \tag{6-7}$$

设目标不机动，则 $a_T = 0$，导弹运动状态方程可简化为

$$\begin{cases} \dot{x}_1 = x_2 \\ \dot{x}_2 = u \end{cases} \tag{6-8}$$

用矩阵简明地表示为

$$\begin{bmatrix} \dot{x}_1 \\ \dot{x}_2 \end{bmatrix} = \begin{bmatrix} 0 & 1 \\ 0 & 0 \end{bmatrix} \begin{bmatrix} x_1 \\ x_2 \end{bmatrix} + \begin{bmatrix} 0 \\ 1 \end{bmatrix} u \tag{6-9}$$

令

$$\boldsymbol{x} = (x_1,\ x_2)^T$$

$$\boldsymbol{A} = \begin{bmatrix} 0 & 1 \\ 0 & 0 \end{bmatrix}, \quad \boldsymbol{B} = (0,\ 1)^T$$

则以 x_1、x_2 为状态变量，u 为控制变量的导弹运动状态方程为

$$\dot{\boldsymbol{x}} = \boldsymbol{A}\boldsymbol{x} + \boldsymbol{B}u \tag{6-10}$$

6.1.2 基于二次型的最优制导规律

对于自导引系统(自动瞄准制导系统)，通常选用二次型性能指标，所以最优自导引系统通常是基于二次型性能指标的最优控制系统。

导弹的纵向运动由式(6-2)的第二式可表示为

$$\dot{y} = -(V - V_T) = -V_C$$

式中：V_C——导弹对目标的接近速度，$V_C = V - V_T$。

设 t_k 为导弹与目标的遭遇时刻(在此时刻导弹与目标相碰撞或两者之间的距离最小)，则在某一瞬时 t，导弹与目标在 Oy 轴方向上的距离偏差为

$$y = V_C(t_k - t) = (V - V_T) \cdot (t_k - t)$$

二次型性能指标的一般形式为

$$J = \int_0^T G(c, u, r, t)\mathrm{d}t$$

其中，c 为系统的输出，u 为控制量，r 为系统的输入。被积函数 $G(c, u, r, t)$ 称为损失函数，它表示了系统实际性能对理想性能随时间变化的变量。最优控制问题就是确定控制输入 u，使在 u 和 x 受约束时，性能指标 J 最小。

如果损失函数为二次型，它应含有制导误差的平方项，还应含有控制所需的能量项。对于任何制导系统，最重要的是希望导弹与目标遭遇时刻 t_k 的脱靶量(制导误差的终值)极小。由于选择指标为二次型，故应以脱靶量的平方表示，即

$$[x_T(t_k) - x_M(t_k)]^2 + [y_T(t_k) - y_M(t_k)]^2$$

为简化分析，通常选用 $y=0$ 时的 x 值作为脱靶量。于是，要求 t_k 时刻的 x 值越小越好。由于舵偏角受限制，导弹的可用过载有限，导弹结构所能承受的最大载荷也受到阻制，所以控制量 u 也应受约束。因此，选择下列形式的二次型性能指标函数：

$$J = \frac{1}{2}\boldsymbol{x}^{\mathrm{T}}(t_k)\boldsymbol{c}\boldsymbol{x}(t_k) + \frac{1}{2}\int_{t_0}^{t_k}(\boldsymbol{x}^{\mathrm{T}}\boldsymbol{\varphi}\boldsymbol{x} + \boldsymbol{u}^{\mathrm{T}}\boldsymbol{R}\boldsymbol{u})\mathrm{d}t \tag{6-11}$$

式中：$\boldsymbol{c}$、$\boldsymbol{\varphi}$、$\boldsymbol{R}$ 为正数对角线矩阵，它保证了指标为正数，在多维情况下还保证了性能指标为二次型。比如，对讨论的二维情况，则

$$\boldsymbol{c} = \begin{bmatrix} c_1 & 0 \\ 0 & c_2 \end{bmatrix}$$

这样，对于二维情况，由式(6-8)可得，性能指标函数中首先含有 $c_1x_1^2(t_k)$ 和 $c_2x_2^2(t_k)$。如果不考虑导弹相对运动速度项 $x_2(t_k)$，则令 $c_2=0$，$c_1x_1^2(t_k)$ 便表示脱靶量。积分项中 $\boldsymbol{u}^{\mathrm{T}}\boldsymbol{R}\boldsymbol{u}$ 为控制能量项，对控制矢量为一维的情况，则可表示为 $\boldsymbol{R}\boldsymbol{u}^2$。$\boldsymbol{R}$ 由对过载限制的大小来选择，当 $\boldsymbol{R}$ 较小时，对导弹过载的限制就小，过载就可能较大，但计算出来的最大过载不能超过导弹的可用过载；当 $\boldsymbol{R}$ 较大时，对导弹过载的限制就大，过载就可能较小，为充分发挥导弹的机动性能，过载也不能太小。因此，应按导弹的最大过载恰好与可用过载相等这个条件来选择 $\boldsymbol{R}$。积分项中的 $\boldsymbol{x}^{\mathrm{T}}\boldsymbol{\varphi}\boldsymbol{x}$ 为误差项。由于主要是考虑脱靶量 $\boldsymbol{x}(t_k)$ 和控制量 $\boldsymbol{u}$。因此，该误差项不予考虑。这样，用于自导引系统的二次型性能指标函数可简化为

$$J=\frac{1}{2}\boldsymbol{x}^{\mathrm{T}}(t_{\mathrm{k}})\boldsymbol{c}\boldsymbol{x}(t_{\mathrm{k}})+\frac{1}{2}\int_{t_0}^{t_{\mathrm{k}}}\boldsymbol{R}\boldsymbol{u}^2\mathrm{d}t \tag{6-12}$$

当给定导弹运动的状态方程为 $\dot{\boldsymbol{x}}=\boldsymbol{A}\boldsymbol{x}+\boldsymbol{B}\boldsymbol{u}$ 时，应用最优控制理论，可得最优制导规律为

$$\boldsymbol{u}=-\boldsymbol{R}^{-1}\boldsymbol{B}^{\mathrm{T}}\boldsymbol{P}\boldsymbol{x} \tag{6-13}$$

其中，$\boldsymbol{P}$ 由卡提(Riccati)微分方程：

$$\boldsymbol{A}^{\mathrm{T}}\boldsymbol{P}+\boldsymbol{P}\boldsymbol{A}-\boldsymbol{P}\boldsymbol{B}\boldsymbol{R}^{-1}\boldsymbol{B}^{\mathrm{T}}\boldsymbol{P}+\boldsymbol{\varphi}=\boldsymbol{P}$$

解得(这里 $\boldsymbol{\varphi}=\boldsymbol{0}$)。$\boldsymbol{P}$ 的终端条件为

$$\boldsymbol{P}(t_{\mathrm{k}})=\boldsymbol{c}$$

当求得 $\boldsymbol{P}$ 后，仍不考虑速度项 x_2，即 $c_2=0$，则可得最优制导规律为

$$u=-\frac{(t_{\mathrm{k}}-t)x_1+(t_{\mathrm{k}}-t)^2x_2}{\dfrac{R}{c_1}+\dfrac{(t_{\mathrm{k}}-t)^3}{3}} \tag{6-14}$$

为了使脱靶量最小，应选取 $c_1\rightarrow\infty$，则

$$u=-3\left[\frac{x_1}{(t_{\mathrm{k}}-t)^2}+\frac{x_2}{t_{\mathrm{k}}-t}\right] \tag{6-15}$$

根据图 6-1 可得

$$\tan q=\frac{x}{y}=\frac{x_1}{V_{\mathrm{C}}(t_{\mathrm{k}}-t)}$$

当 q 比较小时，$\tan q\approx q$，则

$$q=\frac{x_1}{V_{\mathrm{C}}(t_{\mathrm{k}}-t)} \tag{6-16}$$

$$\dot{q}=\frac{x_1+(t_{\mathrm{k}}-t)\dot{x}_1}{V_{\mathrm{C}}(t_{\mathrm{k}}-t)^2}=\frac{1}{V_{\mathrm{C}}}\left[\frac{x_1}{(t_{\mathrm{k}}-t)^2}+\frac{x_2}{t_{\mathrm{k}}-t}\right] \tag{6-17}$$

将式(6-17)代入式(6-15)中，可得

$$u=-3V_{\mathrm{C}}\dot{q} \tag{6-18}$$

在上式中，u 的量纲是加速度的量纲(m/s²)，把 u 与导弹速度矢量 $\boldsymbol{V}$ 的旋转角速度 $\dot{\sigma}$ 联系起来，则

$$u=-a=-V\dot{\sigma}$$

$$\dot{\sigma}=-\frac{u}{V}$$

$$\dot{\sigma}=\frac{3V_{\mathrm{C}}}{V}\dot{q} \tag{6-19}$$

从式(6-19)和式(6-18)可以看出，不考虑弹体惯性时，自动瞄准制导的最优导引规律是比例导引，其比例系数为 $3V_{\mathrm{C}}/V$，这也证明比例导引是一种很好的导引方法。

6.2　随机最优制导律

20 世纪 70 年代，Bryson 和 Ho 利用最优控制理论表明比例导引(PN)是一种使终端脱靶量最小化的最优控制律，但他们在推导过程中做了很多隐含于问题中和显含于推导中的假设。由于最优制导律的形式和性能与性能指标、控制约束、终端约束、对目标加速度

信息有效性的假设以及导弹的动力学系统等密切相关，因此，其求解非常复杂，通常涉及求解矩阵微分方程的两点边值问题。为了进行简化以便于工程应用，本章主要介绍随机最优制导律。

6.2.1 随机线性最优控制

假设被控对象由下列线性微分方程表示：

$$\dot{\boldsymbol{X}}(t)=\boldsymbol{A}(t)\boldsymbol{X}(t)+\boldsymbol{D}(t)\boldsymbol{u}(t)+\boldsymbol{V}(t) \tag{6-20}$$

式中：$\boldsymbol{A}(t)$、$\boldsymbol{D}(t)$为已知的确定性矩阵，白噪声向量$\boldsymbol{V}(t)\in N(0,\boldsymbol{G}(t)\boldsymbol{\delta}(t))$，假设初始状态向量$\boldsymbol{X}(t_0)$的数学期望及方差分别为$m_0$及$\theta_0$。

量测方程为

$$\boldsymbol{Z}(t)=\boldsymbol{C}(t)\boldsymbol{X}(t)+\boldsymbol{N}(t) \tag{6-21}$$

式中：$\boldsymbol{C}(t)$为已知的确定性矩阵，白噪声向量$\boldsymbol{N}(t)\in N(0,\boldsymbol{Q}(t)\boldsymbol{\delta}(t))$，且与$\boldsymbol{V}(t)$互不相关。

定义二次型代价函数：

$$F_0=\boldsymbol{X}^{\mathrm{T}}(t_{\mathrm{k}})\boldsymbol{\Gamma}\boldsymbol{X}(t_{\mathrm{k}})+\int_{t_0}^{t_{\mathrm{k}}}\boldsymbol{X}^{\mathrm{T}}(\tau)\boldsymbol{L}(\tau)\boldsymbol{X}(\tau)+\boldsymbol{u}^{\mathrm{T}}(\tau)\boldsymbol{K}^{-1}(\tau)\boldsymbol{u}(\tau)\mathrm{d}\tau \tag{6-22}$$

其中，$\boldsymbol{K}(t)$为对称正定矩阵，$\boldsymbol{\Gamma}$和$\boldsymbol{L}(t)$为对称半正定矩阵。

代价函数的条件数学期望为

$$\hat{F}_0=E[\{\boldsymbol{X}^{\mathrm{T}}(t_{\mathrm{k}})\boldsymbol{\Gamma}\boldsymbol{X}(t_{\mathrm{k}})+\int_{t_0}^{t_{\mathrm{k}}}\boldsymbol{X}^{\mathrm{T}}(\tau)\boldsymbol{L}(\tau)\boldsymbol{X}(\tau)+\boldsymbol{u}^{\mathrm{T}}(\tau)\boldsymbol{K}^{-1}(\tau)\boldsymbol{u}(\tau)\mathrm{d}\tau\}\mid\boldsymbol{Z}(\tau'),\ t_0\leqslant\tau'\leqslant t_{\mathrm{k}}] \tag{6-23}$$

$$\hat{F}_0=E[F_0\mid\boldsymbol{Z}(\tau),\ t_0\leqslant\tau\leqslant t_{\mathrm{k}}]:=E_z[F_0] \tag{6-24}$$

1. 控制不受约束情形

最优控制的目的就是求解最优控制向量$\boldsymbol{u}(t)$，使系统在指定的时间区间$(t_0,\ t_{\mathrm{k}})$内从初始状态$\boldsymbol{X}(t_0)$转移到终止状态$\boldsymbol{X}(t_{\mathrm{k}})$，并使代价函数的条件数学期望$E_z[F_0]$达到最小，即$\min\hat{F}_0=\min E_z[F_0\mid Z(\tau),\ t_0\leqslant\tau\leqslant t_{\mathrm{k}}]$。

定理1 对于随机线性系统状态方程(6-20)及量测方程(6-21)，以及代价函数(6-22)，其随机最优控制向量为

$$\boldsymbol{u}=-\bar{\boldsymbol{K}}(t)\hat{\boldsymbol{X}}(t)$$

式中：状态反馈增益矩阵$\bar{\boldsymbol{K}}(t)=\boldsymbol{K}(t)\boldsymbol{D}(t)\boldsymbol{P}(t)$。而$\boldsymbol{P}(t)$满足下列黎卡提矩阵微分方程及其边界条件：

$$\dot{\boldsymbol{P}}=-\boldsymbol{PA}-\boldsymbol{A}^{\mathrm{T}}\boldsymbol{P}+\boldsymbol{PDKD}^{\mathrm{T}}\boldsymbol{P}-\boldsymbol{L},\quad \boldsymbol{P}(t_{\mathrm{k}})=\boldsymbol{\Gamma} \tag{6-25}$$

$\hat{\boldsymbol{X}}(t)$由以下卡尔曼滤波方程给出：

$$\dot{\hat{\boldsymbol{X}}}(t)=\boldsymbol{A}(t)\hat{\boldsymbol{X}}(t)+\boldsymbol{D}(t)\boldsymbol{u}(t)+\boldsymbol{B}(t)(\boldsymbol{Z}(t)-\boldsymbol{C}(t)\hat{\boldsymbol{X}}(t)),\ \hat{\boldsymbol{X}}(t_0)=\boldsymbol{m}_0 \tag{6-26}$$

式中：卡尔曼增益矩阵为

$$\boldsymbol{B}(t)=\boldsymbol{R}(t)\boldsymbol{C}^{\mathrm{T}}(t)\boldsymbol{Q}^{-1}(t) \tag{6-27}$$

而$\boldsymbol{R}(t)$满足以下黎卡提矩阵微分方程及其初始条件：

$$\dot{\boldsymbol{R}}(t)=\boldsymbol{A}(t)\boldsymbol{R}(t)+\boldsymbol{R}(t)\boldsymbol{A}(t)-\boldsymbol{R}(t)\boldsymbol{C}^{\mathrm{T}}(t)\boldsymbol{Q}^{-1}(t)\boldsymbol{C}(t)\boldsymbol{R}(t)+\boldsymbol{G}(t),\quad \boldsymbol{R}(t_0)=\boldsymbol{\theta}_0 \tag{6-28}$$

随机最优控制系统结构如图 6－2 所示。

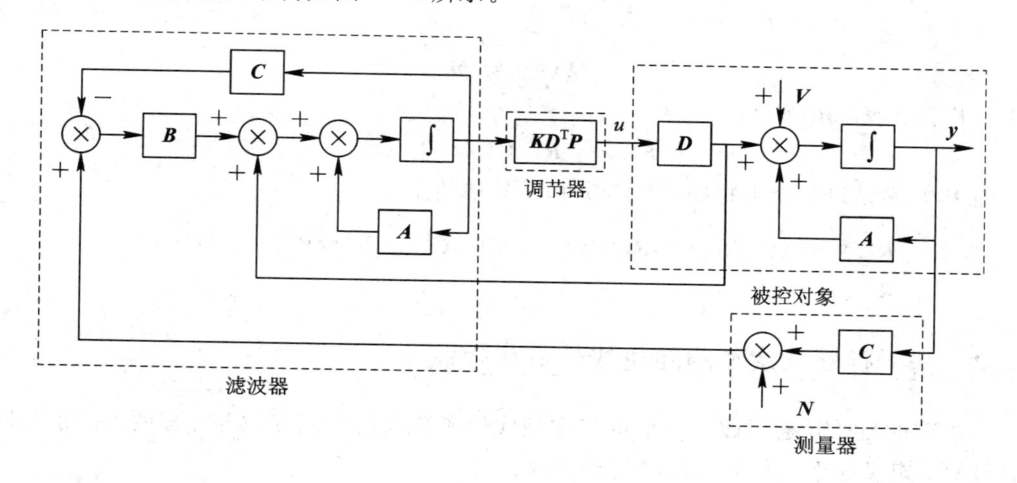

图 6－2　控制系统结构图

2. 控制受约束情形

定理 2　对于随机线性系统状态方程(6－20)及量测方程(6－21)，以及代价函数(6－22)，在控制向量受约束，即 $\boldsymbol{u}(t)\in U_0$ 或者 $|\boldsymbol{U}_i(t)|\leqslant U_0$ 时，其随机最优控制向量为

$$\boldsymbol{u}(t)=-\operatorname{sat}(\overline{\boldsymbol{K}}(t)\hat{\boldsymbol{X}}(t)\mid U_0) \tag{6-29}$$

式中：状态反馈增益矩阵为

$$\overline{\boldsymbol{K}}(t)=\boldsymbol{K}(t)\boldsymbol{D}(t)\boldsymbol{P}(t) \tag{6-30}$$

sat(• $|U_0$)为饱和函数，即

$$\operatorname{sat}(x\mid U_0)=\begin{cases}x, & x\in U_0\\ \operatorname{sgn}x, & x\notin U_0\end{cases}$$

而 $\boldsymbol{P}(t)$满足下列黎卡提矩阵微分方程及其边界条件：

$$\dot{\boldsymbol{P}}+\boldsymbol{PA}+\boldsymbol{A}^{\mathrm{T}}\boldsymbol{P}+\boldsymbol{L}-\boldsymbol{PDK}_0(m_w,\theta_w)\boldsymbol{KD}^{\mathrm{T}}\boldsymbol{P}=\boldsymbol{0},\quad \boldsymbol{P}(t_k)=\boldsymbol{\Gamma}$$

参数 m_w、θ_w 为饱和函数 $\operatorname{sat}(\boldsymbol{w}|U_0):=\boldsymbol{g}(\boldsymbol{w})$通过统计线性化后的逼近线性表达式，即

$$\operatorname{sat}(\boldsymbol{w}\mid U_0):=\boldsymbol{g}(\boldsymbol{w}),\quad \boldsymbol{w}=\boldsymbol{KD}^{\mathrm{T}}\boldsymbol{P}\hat{\boldsymbol{X}}$$

$$\boldsymbol{g}(\boldsymbol{w})=\boldsymbol{g}_0(\boldsymbol{m}_w,\boldsymbol{\theta}_w)+\boldsymbol{K}_g(\boldsymbol{m}_w,\boldsymbol{\theta}_w)(\boldsymbol{w}-\boldsymbol{m}_w)$$

$$\boldsymbol{m}_w=\boldsymbol{KD}^{\mathrm{T}}\boldsymbol{Pm},\quad \boldsymbol{m}=E[\hat{\boldsymbol{X}}]$$

$$\boldsymbol{\theta}_w=\boldsymbol{KD}^{\mathrm{T}}\boldsymbol{P\theta PDK},\quad \theta=E[(\hat{\boldsymbol{X}}-\boldsymbol{m})(\hat{\boldsymbol{X}}-\boldsymbol{m})^{\mathrm{T}}]$$

$\boldsymbol{g}_0(\boldsymbol{m}_w,\boldsymbol{\theta}_w)=E[\boldsymbol{g}(\boldsymbol{w})]$，$\boldsymbol{K}_g(\boldsymbol{m}_w,\boldsymbol{\theta}_w)=\dfrac{\partial g_0}{\partial m_w}$分别为 $\operatorname{sat}(\boldsymbol{w}|U_0):=\boldsymbol{g}(\boldsymbol{w})$的逼近线性表达式的系数项。

$$\begin{cases}\dot{\boldsymbol{m}}=\boldsymbol{Am}+\boldsymbol{Dg}_0(\boldsymbol{m}_w,\boldsymbol{\theta}_w),\ \boldsymbol{m}(t_0)=\boldsymbol{m}_0\\ \dot{\boldsymbol{\theta}}=(\boldsymbol{A}-\boldsymbol{DK}_g(\boldsymbol{m}_w,\boldsymbol{\theta}_w)\boldsymbol{KD}^{\mathrm{T}}\boldsymbol{P})\boldsymbol{\theta}+\boldsymbol{\theta}(\boldsymbol{A}-\boldsymbol{DK}_g(\boldsymbol{m}_w,\boldsymbol{\theta}_w)\boldsymbol{KD}^{\mathrm{T}}\boldsymbol{P})^{\mathrm{T}}+\boldsymbol{G}\\ \boldsymbol{\theta}(t_0)=\boldsymbol{\theta}_0\end{cases}$$

$\hat{\boldsymbol{X}}(t)$由以下卡尔曼滤波方程给出：

$$\dot{\hat{\boldsymbol{X}}}(t)=(\boldsymbol{A}(t)-\boldsymbol{D}(t)\boldsymbol{K}_g(\boldsymbol{m}_w(t),\boldsymbol{\theta}_w(t))\hat{\boldsymbol{X}}(t)-\boldsymbol{D}(t)\boldsymbol{g}_0(\boldsymbol{m}_w(t),\boldsymbol{\theta}_w(t))-\boldsymbol{B}(t)(\boldsymbol{Z}(t)-\boldsymbol{C}(t)\hat{\boldsymbol{X}}(t)) \tag{6-31}$$

$$\hat{\boldsymbol{X}}(t_0)=\boldsymbol{m}_0$$

式中：卡尔曼增益矩阵为

$$\boldsymbol{B}(t)=\boldsymbol{R}(t)\boldsymbol{C}^{\mathrm{T}}(t)\boldsymbol{Q}^{-1}(t)$$

而$\boldsymbol{R}(t)$满足以下黎卡提矩阵微分方程及其初始条件：

$$\begin{cases}\dot{\boldsymbol{R}}(t)=\boldsymbol{A}(t)\boldsymbol{R}(t)+\boldsymbol{R}(t)\boldsymbol{A}(t)-\boldsymbol{R}(t)\boldsymbol{C}^{\mathrm{T}}(t)\boldsymbol{Q}^{-1}(t)\boldsymbol{C}(t)\boldsymbol{R}(t)+\boldsymbol{G}(t)\\ \boldsymbol{R}(t_0)=\boldsymbol{\theta}_0\end{cases} \tag{6-32}$$

6.2.2 基于扩展二次型的随机线性最优控制

本小节的目的是通过改进一般的二次型代价函数来避免矩阵微分方程两点边值问题的复杂计算。定义如下的扩展二次型代价函数：

$$F_0(\boldsymbol{X},\boldsymbol{u},t_{\mathrm{k}})=\boldsymbol{X}^{\mathrm{T}}(t_{\mathrm{k}})\boldsymbol{\Gamma}_{\mathrm{k}}\boldsymbol{X}(t_{\mathrm{k}})+\int_{t_0}^{t_{\mathrm{k}}}(\boldsymbol{X}^{\mathrm{T}}(\tau)\boldsymbol{L}\boldsymbol{X}(\tau)+\boldsymbol{u}^{\mathrm{T}}(\tau)\boldsymbol{K}^{-1}(\tau)\boldsymbol{u}(\tau)+\boldsymbol{X}^{\mathrm{T}}(\tau)\boldsymbol{\Gamma}(\tau)\boldsymbol{D}(\tau)\boldsymbol{K}\boldsymbol{D}^{\mathrm{T}}(\tau)\boldsymbol{\Gamma}(\tau)\boldsymbol{X}(\tau))\mathrm{d}\tau \tag{6-33}$$

其中：$\boldsymbol{\Gamma}_{\mathrm{k}}$，$\boldsymbol{L}(t)$，$\boldsymbol{K}(t)$为已知对称正定矩阵，而$\boldsymbol{\Gamma}(t)$为待定对称正定矩阵，满足条件$\boldsymbol{\Gamma}(t_{\mathrm{k}})=\boldsymbol{\Gamma}_{\mathrm{k}}$，将是后面的矩阵微分方程的解。

显然，式(6-33)与一般的二次型代价函数相比，多了最后一项，因此称为扩展二次型代价函数，最后一项起到简化控制综合算法并可简单实现的作用。

定理3 对于随机线性系统状态方程(6-20)及量测方程(6-21)，以及扩展二次型代价函数(6-32)，其随机最优控制向量为

$$\boldsymbol{u}=-\bar{\boldsymbol{K}}(t)\hat{\boldsymbol{X}}(t)$$

式中：状态反馈增益矩阵$\bar{\boldsymbol{K}}(t)=\boldsymbol{K}(t)\boldsymbol{D}(t)\boldsymbol{\Gamma}(t)$；而$\boldsymbol{\Gamma}(t)$满足下列黎卡提矩阵微分方程及其边界条件：

$$\dot{\boldsymbol{\Gamma}}=-\boldsymbol{\Gamma}\boldsymbol{A}-\boldsymbol{A}^{\mathrm{T}}\boldsymbol{\Gamma}-\boldsymbol{L},\quad \boldsymbol{\Gamma}(t_{\mathrm{k}})=\boldsymbol{\Gamma}_{\mathrm{k}}$$

其解为

$$\boldsymbol{\Gamma}(t)=\boldsymbol{\Gamma}^*(t_{\mathrm{k}}-t)=\boldsymbol{\Gamma}_{\mathrm{k}}\boldsymbol{q}(t_{\mathrm{k}}-t,0)+\int_0^{t_{\mathrm{k}}-t}\boldsymbol{L}\boldsymbol{q}(t_{\mathrm{k}}-t,\tau)\mathrm{d}\tau$$

式中：$\boldsymbol{q}(s,t)$为线性微分方程的状态转移矩阵。

$$\frac{\mathrm{d}\boldsymbol{\Gamma}^*}{\mathrm{d}s}=-\boldsymbol{\Gamma}^*\boldsymbol{A}-\boldsymbol{A}^{\mathrm{T}}\boldsymbol{\Gamma}^*-\boldsymbol{L},\quad \boldsymbol{\Gamma}^*(0)=\boldsymbol{\Gamma}_{\mathrm{k}}$$

或

$$\boldsymbol{\Gamma}(t)=\boldsymbol{g}^{\mathrm{T}}(t_{\mathrm{k}},t)\boldsymbol{\Gamma}_{\mathrm{k}}\boldsymbol{g}(t_{\mathrm{k}},t)+\int_t^{t_{\mathrm{k}}}\boldsymbol{g}^{\mathrm{T}}(t',t)\boldsymbol{L}(t')\boldsymbol{g}(t',t)\mathrm{d}t'$$

上式中：$\boldsymbol{g}(t_{\mathrm{k}},t)$为线性系统状态方程(6-20)的冲激响应函数矩阵。

最优状态估计$\hat{\boldsymbol{X}}(t)$由式(6-31)确定。

定理 3 直接给出了最优控制律的具体解析表达式，应用时不需要再求黎卡提矩阵微分方程。

6.3　滑模变结构制导律

从广义上讲，变结构系统主要有两类：一类是具有滑动模态的变结构系统，另一类是不具有滑动模态的变结构系统。一般所说的变结构系统均指前者。具有滑动模态的变结构系统不仅对外界干扰和参数摄动具有较强的鲁棒性，而且可以通过滑动模态的设计来获得满意的动态品质，因此在众多领域都得到了广泛应用，并且经过几十年的发展，已形成了一门学科体系。

在系统控制过程中，控制器根据系统当时的状态，以跃变方式有目的地不断变换，迫使系统按预定的“滑动模态”的状态轨迹运动。变结构是通过切换函数实现的。需要特别指出的是，我们要求切换面上存在滑动模态区，故变结构控制又常被称为滑动模态控制。

本章首先引入滑模变结构控制的基本概念，然后介绍几种典型的滑模变结构的控制算法，最后提出几种具有典型意义的滑模变结构控制在导弹制导设计方面的应用。

6.3.1　变结构控制的基本概念

20 世纪 50 年代，苏联学者 Emelyanov 首次提出了变结构这一概念，之后 Utkin、Itkis 等人进一步发展了变结构系统理论。20 世纪 70 年代，变结构系统以其独特的优点和特性引起了西方学者的广泛重视，并进而被众多学者从不同的理论角度，运用各种数学手段对其进行了深入的研究，使得变结构控制理论逐渐发展成为一个相对独立的研究分支。

滑模变结构控制最早起源于对继电器和 Bang-Bang 控制的研究。利用滑模控制方法在控制系统的结构发生变化时，系统可表现出在任何一种结构下所没有的特征。滑模控制在本质上是一种非线性控制，由于其具有对系统参数摄动以及外界干扰的不变性等特性，在非线性和快速控制方面备受重视。滑模变结构控制的基本思想是在系统控制结构的瞬间变化过程中，根据系统当时的偏差及其导数值，以跃变方式有目的地进行切换，使系统状态快速进入滑动平面，获得滑模运动，从而得到一些优良的控制性能。在系统结构改变的时刻，其控制量的输出是根据信号的偏差值及其各阶导数值按照一定的算法得到的。正是由于系统在滑动平面上的滑动运动对系统的参数摄动、外界参数的变化、系统不确定模态和模型不确定具有不变性，也就是完全鲁棒性，滑模控制才引起人们的极大兴趣。

6.3.2　基本控制方法

变结构控制(variable structure control，VSC)是一类特殊的非线性系统，其非线性表现为控制的不连续性。这些系统与其他控制系统的主要区别在于其结构并非“固定”，而在应用过程中不断地改变。

考虑下列非线性系统：

$$\dot{x} = f(t,x,u) \tag{6-34}$$

其中，$x\in \mathbf{R}^n$，$u\in \mathbf{R}^m$ 分别是系统的状态和控制量，控制量 $u=u(t, x)$按下列逻辑在切换流

形 $s(x, t)=0$ 上进行切换：

$$u_i(t, x)=\begin{cases}u_i^+(t, x), & s_i(t,x)>0 \\ u_i^-(t,x), & s_i(t,x)<0\end{cases}, i=1, 2, \cdots, m \tag{6-35}$$

变结构控制体现在 $u_i^+(t,x)\neq u_i^-(t,x)$，使得式(6－34)满足到达条件($s\dot{s}<0$)，切换面 s 以外的相轨迹将于有限时间内到达切换面。式(6－35)中的切换面是滑动模态区，且滑动运动渐近稳定，动态品质良好。

显然，这样设计出来的变结构控制可使闭环系统全局渐进稳定，而且动态品质良好。由于利用了滑动模态，所以又常称变结构控制为滑动模态控制。由此可见，变结构控制是通过切换函数实现的。切换函数可以根据控制的需要来选择，它们是系统状态变量的函数，记作 $s(x)$。$s(x)$是一个超平面，通常称为开关面，又称为滑动模。当 $s(x)$随着系统状态的变化到达某一特定值(如0)时，变结构控制的控制输出由一种形式切换到另一种形式。切换的目的是当系统的状态偏离超平面 $s(x)$时，能以有限的时间回到开关面，并沿着开关面滑动。系统到达开关面之前的运动称为正常运动，其运动规律取决于系统固有部分的结构和参数。系统在开关面上的滑动称为滑模运动，也称为滑动模态。滑模运动构成一种具有独特性质的运动方式，其特点是独立于系统本身的特性的，只取决于开关面方程：$s(x)=0$。

下面以二阶系统为例讨论滑模控制的一些基本概念：

$$\begin{aligned}\dot{x}_1 &= x_2 \\ \dot{x}_2 &= -a_1x_1-a_2x_2+bu\end{aligned} \tag{6-36}$$

式中：x_1、x_2 是状态变量，设状态变量 $\boldsymbol{x}=[x_1, x_2]^{\mathrm{T}}$；$a_1$、$a_2$ 和 b 是定常或时变常数，它们的精确值是未知的。

考虑不连续控制：

$$u=\begin{cases}u_i^+(t, x), & s>0 \\ u_i^-(t, x), & s<0\end{cases} \tag{6-37}$$

式中：$u^+\neq u^-$，s 是切换函数，且

$$s=cx_1+x_2, \quad c>0$$

直线 $s=0$ 是切换线，在这个切换线上，控制 u 是不连续的。

6.3.3 滑动模态

针对式(6－37)所示的系统，考虑一般情况，若有 $s(x)=s(x_1, x_2, \cdots, x_n)=0$，它将状态空间分成 $s<0$ 和 $s>0$ 两部分。在切换面上有三种情况(如图 6－3 所示)：

常点——系统运动点 RP(representative point)到达切换面 $s=0$ 附近时，穿过此点而过，如图中 A 点；

起点——系统运动点 RP 到达切换面 $s=0$ 附近时，向切换面的该点的两边离开，如图中 B 点；

止点——系统运动点 RP 到达切换面 $s=0$ 附近时，从切换面的两边趋于该点，如图中 C 点。

在滑模变结构中，常点和起始点无多大意义，而止点却有特殊的含义，因为如果在切

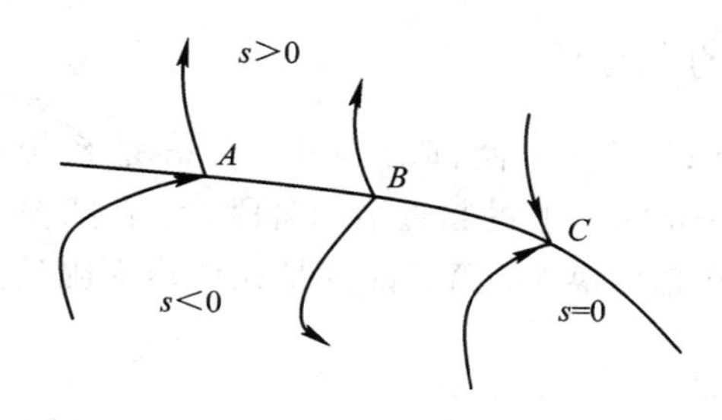

图 6－3　切换面上的三种点的特性

换面上某一区域内所有的点都是止点，那么一旦运动点 RP 趋近于该区域，就被“吸引”在该区域上运动。此时，就称切换面 $s=0$ 上所有的点都是止点的区域为“滑动模态”区，简称为“滑模”区。系统在滑模区的运动称为“滑模运动”。

按照滑动模态区上的点都必须是止点这一要求，当运动点 RP 到达切换面 $s=0$ 附近时，必有

$$\lim_{s\to\infty} s\frac{\mathrm{d}s}{\mathrm{d}t}\leqslant 0 \tag{6-38}$$

6.3.4　滑模控制的基本问题

对应一个控制系统，滑模变结构控制的主要任务就是求解控制函数，使得：

(1) 滑动模态存在。

(2) 满足能达性条件：在切换面以外的状态点都能在有限时间内到达切换面。

(3) 滑模运动的稳定性。

这三项是滑模变结构控制的三个基本问题。满足了这三个条件的控制叫作滑模变结构控制，由此构成的控制系统就叫作滑模变结构控制系统。

首先考虑滑动模态的存在性条件。一般的滑模存在性条件为

$$\lim_{s\to\infty} s\frac{\mathrm{d}s}{\mathrm{d}t}\leqslant 0 \tag{6-39}$$

在实际中，通常将等号去掉，因为当$\lim\limits_{s\to\infty} s\frac{\mathrm{d}s}{\mathrm{d}t}=0$ 时，运动点 RP 正好在滑模上，但是实际上此时的连续控制 $u(x, t)$并不存在。

其次考虑滑动模态的能达性。若系统的起始点并不在开关面附近，而是在状态空间的任意位置，则此时要求系统的运动必须趋向于切换面。如果没有条件来满足这个要求，那么系统的滑模运动也就无法启动。通常用式子 $s(\mathrm{d}s/(\mathrm{d}t))\leqslant 0$ 来保证这样的能达性。式(6－39)表示状态空间中的任意点必须向切换面靠近的趋势，也称为“广义滑动模态”的存在性条件。

最后考虑滑模运动的稳定性。系统运动进入到滑动模态区后，就开始滑模运动。通常稳定性分析是根据具体的系统实现而从不同的方面进行的。通常情况下，滑模变结构控制系统满足广义的滑模条件或者滑模存在性条件后，可以按照菲力波夫理论来分析，如果切换面包含控制系统的一个稳定平衡点 $x=0$，而且滑模运动方程在平衡点附近渐近稳定，那么控制系统在滑动模态下的运动是渐近稳定的。

6.3.5 变结构控制的动态品质

变结构控制系统的运动可分成两部分：第一部分是系统在连续控制 $u^+(x)>0$、$s(x)>0$ 或者 $u^-(x)<0$、$s(x)<0$ 时的趋近运动阶段，它在状态空间中的运动轨迹全部位于切换面之外，或有限次穿越切换面；第二部分是在切换面附近并且沿着切换面 $s(x)=0$ 的滑动模态。

1. 趋近运动段

对于这一部分的运动，注意到滑模可达性条件实现了在状态空间任意未知的运动点必然于有限时间内到达滑模面的要求，至于在这段时间内，对运动点的具体轨迹并未做任何规定。为了改善这段运动的动态品质，提出了“趋近率”的办法加以控制，在广义滑模的条件下，可以按需要规定如下四种趋近率：

(1) 等速趋近率：$\dot{s}=-\varepsilon \mathrm{sgn} s$，$\varepsilon>0$，它的特点是控制简单，控制信号 $u(x)$易求，但是趋近速度是 ε，运动品质受 ε 的影响，当 ε 过小时，速度很慢，当 ε 过大时，则到达切换面时，系统仍具有较大的速度，这样将引起较大的抖动，因此，这种控制的运动品质有时不太理想。

(2) 指数趋近率：$\dot{s}>-\varepsilon \mathrm{sgn} s-ks$，$\varepsilon>0$，$k>0$，到达时间是 $t=-\dfrac{1}{k}\ln\dfrac{\varepsilon}{\varepsilon-ks}$，可见当 t 充分大时，趋近率比按指数规律下降得还要快，为了减小抖动，可以减小到达滑模面的速度 $\dot{s}=-\varepsilon$，即减小 ε，增大 k，可以加速趋近过程(抖动也得到大大削弱)。

(3) 幂次趋近率：$\dot{s}=-k|s|^a \mathrm{sgn} s$，$k>0$，$1>a>0$，到达时间是 $t=\dfrac{s_0^{1-a}}{(1-a)^k}$，显然从到达时间上可以看出它最大的特点是使在有限时间内到达得以保证。

(4) 一般趋近率：$\dot{s}=-\varepsilon \mathrm{sgn} s-f(s)$，$f(0)=0$，$sf(s)>0$，当 $s\neq0$，如果 ε 及函数 $f(s)$ 取不同值，可以得到以上各种趋近率。

2. 滑模运动段

滑模运动也就是在 $s(x)=0$ 上的运动，系统是没有定义的，因此有了各种补充方法：

(1) 菲力波夫法：针对标量的情况对理想的滑模滑动进行补充定义。该方法虽然可以用于向量控制的情况，但是在向量情况下，不能用不理想因素求极限来证实。另外，对于简单的实际应用，应用时并不方便。

(2) 等效控制法：对于现实的“非理想开关”(有时间滞后和空间滞后)，可以设想一种“等效”的平均控制，以帮助对处于滑模运动情况下的系统运动进行分析。假设系统在切换流形上运动 $s(x)=0$，所以当系统运动时，切换流形 $s(x)$的导数也为0，将所得的方程组对控制向量求解(这个解叫作等效控制量)，把它代入原系统，所得的方程就是理想的滑动方程。

(3) 消除约束法：将系统方程与切换流形的方程结合，得到一个受 $s=0$ 约束的微分方程组，消除这个约束，即可得到补充定义确定的微分方程。

(4) 化为相坐标法：在某些情况下，可以将状态向量化为相坐标向量，从而解决滑动运动的确定问题。

(5) 积分方程法：构造积分方程 $s_0(t)+\int_0^t \varphi(t-\tau)u(\tau)\mathrm{d}\tau=0$，其中 $\varphi(t-\tau)$ 为脉冲过渡函数。

(6) 无穷增益法：其基本思想是用无穷大的增益的线性环节去代替具有不连续特性的元件。对于具体的系统 $\dot{\boldsymbol{x}}=\boldsymbol{A}\boldsymbol{x}+\boldsymbol{b}\boldsymbol{u}$，用线性环节 Ks 代替 $\boldsymbol{u}$，并用 K 连续逼近无穷大，求得的方程可以作为滑动方程。

6.3.6　滑模变结构控制结构与性质

1. 滑模变结构控制基本策略

在实行滑模变结构控制策略时，基本上有常值切换控制、函数切换控制和比例切换控制三种控制方式。

(1) 常值切换控制：

$$u_i=\begin{cases}k_i^+, & s_i(x)>0\\ k_i^-, & s_i(x)<0\end{cases} \tag{6-40}$$

其中，k_i^+，k_i^- 均为实数，$i=1,2,\cdots,m$。

(2) 函数切换控制：

$$u_i=\begin{cases}u_i^+(x), & s_i(x)>0\\ u_i^-(x), & s_i(x)<0\end{cases} \tag{6-41}$$

式中：$u_i^+(x)$ 及 $u_i^-(x)$ 均为连续函数。

上面两种方法一般都采用广义滑模条件和一定的趋近律来实现。

(3) 比例切换控制：

$$u_j=\Psi_{ij}x_i \tag{6-42}$$

$$\Psi_{ij}=\begin{cases}\alpha_{ij}, & s_j(x)x_i>0\\ \beta_{ij}, & s_j(x)x_i<0\end{cases} \tag{6-43}$$

其中，α_{ij}、β_{ij} 均为实数，$i=1,2,\cdots,m$。这种控制策略一般遵循滑模存在条件 $\lim\limits_{s\to\infty}s(\mathrm{d}s/\mathrm{d}t)<0$，滑模能达性则另做保证（也可以用广义滑模）。

2. 滑模变结构控制的性质

(1) 模型降阶。

在滑动模态下，系统的运动被约束在某个子空间内，所以采用一个低阶方程便可描述系统的行为。实际上，由于滑模轨迹位于 m 维超平面 $s(x)=0$ 上，故子空间为 $(n-m)$ 维，因而滑模方程的阶次为 $(n-m)$ 维，比原系统降低了 m 阶。

(2) 系统解耦。

在滑模控制系统中，系统状态与系统参数和系统结构无关，仅取决于滑模平面的设计，所以实现了系统的解耦。

(3) 鲁棒性和不变性。

滑模控制的最大优点就是系统一旦进入滑模状态，系统状态的转移就不再受系统原有参数变化和外部扰动的影响，对系统参数和外部扰动具有完全的或较强的鲁棒性和不变性。因此，它能同时兼顾动态精度和静态精度的要求。它的性能类似于一个高增益控制系统，却不需要过大的控制动作。滑模控制系统的鲁棒性和不变性已经成为滑模控制得到普遍重视和应用的一个重要特性。

(4)“抖振”问题。

变结构控制系统的滑模运动是系统状态沿着希望轨线前进的运动。因为执行机构存在一定的延迟或者惯性，所以在状态滑动时总伴有“抖振”，即系统状态实际上是沿着希望轨线来回穿行而不是滑动的，致使在实际应用中得不到理想滑模。抖振的危害性比较大，是阻碍滑模控制应用于实际系统的主要障碍之一。

6.3.7 自适应滑模变结构控制

1. 基于指数的滑模运动过程分析

利用离散趋近律设计离散系统的滑模变结构控制具有诸多优越性，但是受到离散趋近律的参数和离散时间系统采样周期的影响，系统会出现很大的抖振。

基于指数的离散趋近律为

$$\begin{aligned} s(k+1) &= (1-qT)s(k) - \varepsilon T \operatorname{sgn}(s(k)) \\ &= (1-qT)s(k) - \varepsilon T \frac{s(k)}{|s(k)|} \\ &= \left(1 - qT - \frac{\varepsilon T}{|s(k)|}\right)s(k) = ps(k) \end{aligned} \tag{6-44}$$

其中采样时间 T 很小。

由式(6-44)得

$$|p| = \frac{|s(k+1)|}{|s(k)|}, \quad |p| = 1 - qT - \frac{\varepsilon T}{|s(k)|} \tag{6-45}$$

显然 $p<1$。

针对式(6-45)，分为三种情况进行讨论：

(1) 当 $|s(k)| > \frac{\varepsilon T}{2-qT}$ 时，有

$$p > 1 - qT - \frac{\varepsilon T(2-qT)}{\varepsilon T} \tag{6-46}$$

$$p > -1 \tag{6-47}$$

则 $|p|<1$，$|s(k+1)|<|s(k)|$，$|s(k)|$ 是递减的。

(2) 当 $|s(k)| < \frac{\varepsilon T}{2-qT}$ 时，有

$$p < 1 - qT - \frac{\varepsilon T(2-qT)}{\varepsilon T} \tag{6-48}$$

$$p < -1 \tag{6-49}$$

则 $|p|<1$，$|s(k+1)|>|s(k)|$，$|s(k)|$ 是递增的。

(3) 当 $|s(k)| = \frac{\varepsilon T}{2-qT}$ 时，有

$$p = 1 - qT - \frac{\varepsilon T(2-qT)}{\varepsilon T} = -1 \tag{6-50}$$

则 $|p|=1$，$|s(k+1)|=|s(k)|$，$|s(k)|$进入振荡状态。

由上述分析可知，滑模面递减的充分条件是

$$|s(k)| > \frac{\varepsilon T}{2-qT} \tag{6-51}$$

在滑模运动过程中，$|s(k)|$的值无限接近于$\frac{\varepsilon T}{2-qT}$，一旦满足$|s(k)|=\frac{\varepsilon T}{2-qT}$，系统就进入振荡状态。对于任意的初始值 $s(k)\neq 0$，当 $k\to\infty$，$|s(k)|\to\frac{\varepsilon T}{2-qT}$，且当$|s(k)|=\frac{\varepsilon T}{2-qT}$时，$s(k+1)=s(k)$。

因此，当 $k\to\infty$时，滑模运动的稳态振荡幅度为

$$h = \frac{\varepsilon T}{2-qT} \tag{6-52}$$

可见，$|s(k)|$的收敛程度受 ε、q 和 T 的影响，尤其受 ε 和 T 的影响，只有当 ε 和 T 足够小时，$|s(k)|$才能变得很小。

2. 自适应滑模控制器的设计

在离散趋近律式中，参数 ε 的作用非常大，ε 值减小可以降低系统的抖振。但 ε 值太小会影响系统到达切换面的趋近速度，同时由于技术、设备等因素，采样周期 T 也不可能取得很小。因此，理想的 ε 值应该是时变的，即在系统运动开始时，ε 值应大一些，随着时间的趋近，ε 值应逐步减小。

由上面的分析可知，只有当$|s(k)|>\frac{\varepsilon T}{2-qT}$时，$|s(k)|$值才会递减，这就要求 $qT+\frac{\varepsilon T}{|s(k)|}<2$，即 ε 的值要满足：

$$\varepsilon < \frac{1}{T}(2-qT)|s(k)| \tag{6-53}$$

取

$$\varepsilon = \frac{|s(k)|}{2} \tag{6-54}$$

显然，如果采样时间满足：

$$T < \frac{4}{1+2q} \tag{6-55}$$

则满足上述$|s(k)|$值递减的条件。

则改进的离散趋近律为

$$s(k+1)-s(k) = -qTs(k) - \frac{|s(k)|}{2}T\operatorname{sgn}(s(k)) \tag{6-56}$$

从而可得针对离散系统的控制律为

$$u(k) = -(CB)^{-1}\left[CAx(k)-(1-qT)s(k)+\frac{|s(k)|}{2}T\operatorname{sgn}(s(k))\right] \tag{6-57}$$

其中：$s(k)=Cx(k)$。

下面对稳定性进行分析。由趋近律公式得

$$[s(k+1)-s(k)]\text{sgn}(s(k)) = [-qTs(k) - \frac{|s(k)|}{2}T\text{sgn}(s(k))]\text{sgn}(s(k))$$
$$= -(q+0.5)T|s(k)| < 0 \quad (6-58)$$

$$[s(k+1)+s(k)]\text{sgn}(s(k)) = [(2-qT)s(k) - \frac{|s(k)|}{2}T\text{sgn}(s(k))]\text{sgn}(s(k))$$
$$= (2-qT-0.5T)|s(k)| > 0 \quad (6-59)$$

可见，式(6-58)与式(6-59)满足离散滑模的存在性和到达性条件，所涉及的控制系统是稳定的。

6.4 自适应滑模变结构制导律

6.4.1 导弹拦截问题的描述

为了研究导引规律，选取图6-4所示的视线坐标系作为末制导过程的参考系，其原点O位于导弹的质心，x_3轴与视线重合，指向目标为正。y_3轴位于纵向平面内，且垂直于x_3轴，指向上方为正。z_3轴方向按右手定则确定，显然z_3轴位于横向平面内。

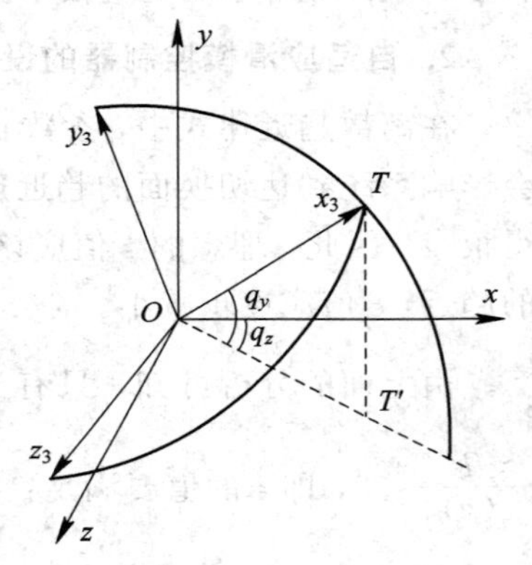

图6-4 视线坐标系

在末制导过程中，导弹目标间的相对运动可以解耦成纵向平面Ox_3y_3和横向平面Ox_3z_3内的运动。以纵向平面内的相对运动为例，设在一段微小时间间隔Δt内视线仰角的增量为Δq_y，只要Δt充分小，则Δq_y充分小，那么有

$$\Delta q_y = \frac{\Delta y_3}{R} \quad (6-60)$$

其中：R代表导弹与目标之间的相对距离，Δy_3代表y_3轴方向上的相对位移。

将方程(6-60)相对于时间微分两次得

$$\Delta\ddot{q}_y = -\frac{2\dot{R}}{R}\Delta\dot{q}_y - \frac{\ddot{R}}{R}\Delta q + \frac{\Delta\ddot{y}_3}{R} \quad (6-61)$$

其中

$$\Delta\ddot{y}_3 = -n_{\text{M}y_3} + n_{\text{T}y_3} \quad (6-62)$$

$n_{\text{M}y_3}$和$n_{\text{T}y_3}$分别代表导弹加速度和目标加速度在y_3轴上的分量，即视线法向上的加速度。

取状态变量$x_1=\Delta q_y$，$x_2=\Delta\dot{q}_y$，则由式(6-61)得相对运动的状态方程为

$$\begin{bmatrix}\dot{x}_1\\ \dot{x}_2\end{bmatrix} = \begin{bmatrix}0 & 1\\ \dfrac{-\ddot{R}}{R} & \dfrac{-2\dot{R}}{R}\end{bmatrix}\begin{bmatrix}x_1\\ x_2\end{bmatrix} + \begin{bmatrix}0\\ -\dfrac{1}{R}\end{bmatrix}u + \begin{bmatrix}0\\ \dfrac{1}{R}\end{bmatrix}f \quad (6-63)$$

其中：$u=n_{\text{M}y_3}$为系统的控制量，$f=n_{\text{T}y_3}$为系统干扰项。

导弹上由导引头观测弹目间的视线角速度，视线仰角增量的导数$\Delta\dot{q}_y$与视线角速度$\dot{q}_y$相等，而且观测过程中噪声不可避免，因此观测方程可写为

$$y = x_2 + w \quad (6-64)$$

其中：w 为导引头的观测噪声。

由此可见，在实际的导弹拦截问题中，由于被控对象受到各种外界因素的随机干扰，很难用确定性的数学模型描述，因此导弹需要采用对各种不确定因素具备良好鲁棒性的导引律进行导引才能准确击中目标。

由式(6－63)与式(6－64)组成的线性时变系统的控制问题可转化为先求解用于状态估计的最优线性滤波器，再求解确定性的控制器，此理论通常称为分离原理。它的重要性在于将整个系统的综合控制问题分解为两个可独立进行设计的最优滤波系统与控制子系统的级联系统。

由系统的状态方程和观测方程可按照卡尔曼滤波理论得到视线角速度的状态估计$\hat{\dot{q}}_y$。有关文献中对导引头滤波算法进行了改进，进一步提高了状态估计的精度。本章的重点在于设计系统控制部分，对滤波算法不进行详细介绍。

6.4.2　基于趋近律的滑模制导律

针对线性时变系统的滑模运动对于干扰和参数变化具有鲁棒性的特点，人们将滑模控制理论引入到导弹制导律设计中来。按照变结构控制的基本理论，考虑形式为 $s(t)=R\dot{q}$ 的滑动面函数(这样取滑动面函数是希望在制导过程中能使弹目之间的视线角速度 $\dot{q}$ 的绝对值达到极小)。选取趋近速度自适应调整的滑模趋近律：

$$\dot{s}=-k\frac{|\dot{R}|}{R}s-\xi\mathrm{sgn}s \tag{6-65}$$

式中：k、ξ 为大于零的常数。

结合相对运动的状态方程，推导得到如下形式的变结构制导律：

$$n_{\mathrm{M}y_3}=-(1+k)\dot{R}\dot{q}_y+\xi\mathrm{sgn}s \tag{6-66}$$

定义 Lyapunov 能量函数 $V=x_2^2/2$，将此函数相对于时间进行微分，整理得

$$\dot{V}\leqslant-V\frac{2(k-1)\beta}{M} \tag{6-67}$$

其中 β、M 为正常数。

对式(6－67)积分等到

$$V\leqslant V_0\exp\left(-\frac{2(k-1)\beta}{M}t\right) \tag{6-68}$$

其中：V_0 为开始时刻 Lyapunov 函数的值。进而得到当 $t\to\infty$时，$V\to0$，即 $\dot{q}_y\to0$。这说明视线角速度渐近收敛，表明导引弹道是收敛的。

6.4.3　自适应参数调节

在设计控制量中的变结构项 $\varepsilon\mathrm{sgn}s$ 时，参数 ε 的选择至关重要。一般地，要保证系统稳定，ε 要大于干扰量的最大值，从而使系统对干扰具有鲁棒性，而 ε 选择得过大，系统又会出现不必要的抖振。而且在实际中目标机动的加速度往往是变化的，对于不同的机动情况，很难选择一组确定的参数，即能保证制导律的鲁棒性，又能消除或抑制抖动。

对干扰量最大值过低的估计将会造成系统的失稳，为此可以采取自适应的办法在线调整 ε。有学者等将目标的机动加速度视为一类有界扰动，考虑到导弹自动驾驶仪的动态特

性，综合设计了一种自适应变结构制导律。制导律中的变结构项参数 ε 应用如下的适应律：$\dot{\varepsilon}=\rho|s(t)|$，从而确保了滑动模态的可达性。也有学者应用滑模变结构控制设计了飞行器大角度姿态控制系统，对于变结构偏置参数也采用了相同的自适应设计。

这里介绍滑模制导律的一种自适应实现方法。

前面已经证明了视线角速率按指数规律收敛于零的条件，其中 ε 要大于干扰量的最大值。当导弹与目标充分接近时，制导发动机停控，只要使此时的视线角速率充分接近于零(但并不需要保持为零)，就能保证命中目标。因此，我们可以选取 ε 略小于干扰量，则视线角速率始终保持在零附近的一个微小邻域内，这样就会抑制抖动的发生。利用下述规则可以在制导过程中自主确定 ε 和 δ：

(1) 假如 $|n_{\mathrm{Ty}_3}|$ 为零或很小，则令 ε 为零；

(2) 假如 $|n_{\mathrm{Ty}_3}|$ 小，则令 ε 为小，且略小于 $|n_{\mathrm{Ty}_3}|$，令 δ 很小；

(3) 假如 $|n_{\mathrm{Ty}_3}|$ 中等，则令 ε 为中等，但略小于 $|n_{\mathrm{Ty}_3}|$，令 δ 小；

(4) 假如 $|n_{\mathrm{Ty}_3}|$ 中等，则令 ε 为大，但略小于 $|n_{\mathrm{Ty}_3}|$，令 δ 较小。

其中 $|n_{\mathrm{Ty}_3}|$ 为目标加速度在视线坐标系的 Oy_3 轴上分量的绝对值。显然，实现上述规则需要粗略地估计出 $|n_{\mathrm{Ty}_3}|$。设 t_{f} 为终端时间，由解析重构法得 n_{Ty_3} 的估计值 $\hat{n}_{\mathrm{Ty}_3}$：

$$\hat{n}_{\mathrm{Ty}_3}=n_{\mathrm{My}_3}+2\dot{R}\dot{q}-R(t_{\mathrm{f}}-t)\dot{q} \tag{6-69}$$

将上述规则与滑模制导律结合，就得到了自适应滑模制导律。

6.4.4 自适应双滑模制导律

通常，导弹的飞行弹道是通过其制导律的设计来实现的。在很多情况下，为了使导弹在命中目标时，不仅希望得到最小的脱靶量，还希望其以期望落角命中目标，使战斗部发挥最大效能，这就对导弹的制导律设计提出了更高的要求。有文献针对该问题提出了一种带落角限制的虚拟目标比例导引律设计方法，可保证终端导弹速度方向在满足角度限制的同时有效控制脱靶量，虽然它对固定目标的效果特别理想，但对运动目标却存在很多不足。也有文献分别采用了滑模变结构理论，设计了带落角约束的制导律，并对机动目标具有较好的鲁棒性。另有文献提出了一种带落角约束的反演双滑模制导律设计方法，在考虑非线性制导系统不确定性和变结构制导方法中抖振现象的前提下，可保证终端导弹速度方向在满足角度限制的同时有效控制脱靶。

因为导弹终端攻击目标角度约束问题可转换成在终端满足期望视线角 $q_{\mathrm{d}}(t_{\mathrm{f}})$ 的问题，即

$$\begin{cases}\lim\limits_{t\to t_{\mathrm{f}}}\dot{q}(t)=0\\ \lim\limits_{t\to t_{\mathrm{f}}}q(t)=q_{\mathrm{d}}(t_{\mathrm{f}})\end{cases} \tag{6-70}$$

式中：t_{f} 是使 $r(t_{\mathrm{f}})=0$ 的时刻。取双滑模面：

$$s_1=q-q_{\mathrm{d}} \tag{6-71}$$

$$s_2=\dot{q} \tag{6-72}$$

因为导弹在攻击目标的过程中无法精确测量目标的加速度，可将其看作有界扰动，并

考虑制导系统参数不确定部分，则

$$\dot{s}_2 = \ddot{q} = (A_m + \Delta A)s_2 + (B_m + \Delta B)a_{mc} + d(t) \tag{6-73}$$

式中：$A_m = -2\dfrac{\dot{r}}{r}s_2$，$B_m = -\dfrac{\cos\eta}{r}$，$d(t) = \dfrac{a_t}{r}\cos\eta_t$，$\Delta A$、$\Delta B$ 为制导系统参数不确定部分。可将式(6-73)重写为

$$\dot{s}_2 = \ddot{q} = A_m s_2 + B_m a_{mc} + F(t) \tag{6-74}$$

式中：$F(t) = \Delta AS_2 + \Delta Ba_{mc} + d(t)$，并假设 $F(t)$为有界扰动，且 $F(t) \leqslant \bar{F}(t)$，此处假设系统参数不确定部分和由于目标机动引起的干扰项变化缓慢，可认为 $\dot{F}(t) = 0$。

定义 $z_1 = s_1 = q - q_d$，则 $\dot{z}_1 = \dot{s}_1 = s_2$。定义稳定项 $\lambda_1 = c_1 z_1$，其中 c_1 为正的常数。定义 $z_2 = s_2 - \lambda_1$。

定义 Lyapunov 函数：

$$V_1 = \frac{1}{2}z_1^2 \tag{6-75}$$

则

$$\dot{V}_1 = z_1\dot{z}_1 = z_1(z_2 - \lambda_1) \tag{6-76}$$

将 $\lambda_1 = c_1 z_1$ 代入式(6-76)，得

$$\dot{V}_1 = -c_1 z_1^2 + z_1 z_2 \tag{6-77}$$

若 $z_2 = 0$，则 $\dot{V}_1 \leqslant 0$。为此，需要进行进一步设计。

再定义 Lyapunov 函数：

$$V_2 = V_1 + \frac{1}{2}\mu^2 \tag{6-78}$$

式中：μ 为切换函数。

定义切换函数为

$$\mu = k_1 z_1 + z_2 \tag{6-79}$$

为使 $\dot{V}_2 \leqslant 0$，设计制导律指令为

$$a_{mc} = B_m^{-1}[-k_1(z_2 - c_1 z_1) - A_m(z_2 - \dot{\lambda}_1) - \bar{F}\mathrm{sgn}\mu - \dot{\lambda}_1 - h(\mu + \beta\mathrm{sgn}\mu)] \tag{6-80}$$

其中：h 和 β 为正的常数。

为了避免使用 $\bar{F}$，采用自适应算法对总不确定性 F 进行估计，式(6-80)可写为

$$a_{mc} = B_m^{-1}[-k_1(z_2 - c_1 z_1) - A_m(z_2 - \dot{\lambda}_1) - \hat{F} - \dot{\lambda}_1 - h(\mu + \beta\mathrm{sgn}\mu)] \tag{6-81}$$

式中：$\hat{F}$ 为 F 的估计值。定义 F 的估计误差为 $\tilde{F} = F - \hat{F}$。

6.5　微分对策制导律

随着现代科技的发展，战术弹道导弹、智能巡航导弹和智能无人机等强机动目标的威胁越来越突出，这给拦截弹的制导、控制系统带来了巨大的挑战。导弹拦截目标时，双方均机动、可控，一方追击使得脱靶量达到最小，另一方逃避，努力使得脱靶量达到最大，将此动态对抗拦截问题作为二人零和微分对策问题进行研究是比较恰当合理的。因为微分对策控制将最优控制理论和对策论进行有效融合，在处理对抗问题上具有明显优势，导弹拦

截目标的动态过程实质上就是微分对策理论所阐述的追逃问题，所使用的追击策略正是我们所要研究的制导律。

近年来微分对策制导律得到了较快的发展，对其研究主要集中在微分对策制导律与其他制导律的比较，结合实际技术形成改进型微分对策制导律，以及对策空间的分布分析等。

微分对策制导律不同于最优制导律，两者本质的区别在于对目标机动轨迹和机动能力假设的不同。最优制导律假定目标机动策略是完全已知的，而微分对策制导律不对目标机动策略进行特定的假定。Anderson 考虑目标为理想动态特性，导弹为理想的一阶动态特性，对最优制导律和微分对策制导律进行了比较，结果表明微分对策对目标加速度估计的误差不敏感，其考虑目标的机动能力将目标视为能动的智能体，最大限度地降低了目标机动带来的负面影响；随后 Anderson 又针对较复杂的追逃模型即考虑导弹匀速和非匀速两种情形，通过六自由度的仿真试验结果表明在导弹初始条件不利的情况下，微分对策制导律更能发挥其优越性；汤善同针对复杂的非线性追逃模型，采用强迫奇异摄动方法得到了三维空间零阶组合反馈解析制导律，以某防空导弹为研究背景进行了导弹拦截高速大机动目标的弹道数字仿真，仿真结果表明微分对策制导规律性能优于改进的比例导引制导规律性能。

考虑到导弹的实际特性(如鸭式/正常式气动布局、气动力/直推力复合控制、红外成像寻的和大攻角攻击技术等)，人们对微分对策制导律进行了不断的改进研究。Shima 针对直推力双重控制导弹(dual-controlled missile)，提出了一种由前向和后向控制(forward and aft control)共同作用的微分对策制导律，并对对策空间进行了分析研究；Shina 和 Shima 考虑到目标机动信息估计的延迟(estimation time lag)，通过计算与距离有关的延时量对零控脱靶量进行了修正，所得的制导律性能有所提高；Oshman 通过红外成像寻的技术获取目标方位信息进而得到的目标加速度的符号值，推测当前目标加速度的可达集中心，对目标机动信息延迟下的制导律进行了改进，从而提高了导弹制导精度；李运迁考虑拦截弹的气动力/喷流反作用力复合控制特性，结合对策空间的分布确定了喷流反作用力使用时机，并给出了适合时机应用的制导策略，该研究表明复合控制系统可以放大零脱靶量的实现区域；刘延芳基于非线性追讨模型提出了一种非线性微分对策制导律，并分析了迎击拦截、追击拦截和阻击拦截方式下实现零脱靶量拦截的容许初始航向误差；Menon 针对导弹大攻角攻击非线性的特点，基于反馈线性化的方法研究了一种非线性微分对策制导律，其结果表明该制导律应对 9g 过载的目标仍然具有较好的拦截精度。此外，周卿吉和花文华等在微分对策制导律方面也做出了重要的研究。

根据所追求性能指标的不同，可以将所有研究归纳为范数型微分对策(norm differential game，NDG)制导律和线性二次型微分对策(linear quadratic differential game，LQDG)制导律两大类。值得注意的是：由采用零控脱靶量作为性能指标的范数型微分对策所得到的制导律为一种 Bang-Bang 型控制律，不能利用中间控制量的最优性；线性二次型微分对策中双方性能指标惩罚系数的选取在实际对抗过程中是至关重要的。

上述大多数研究均基于完全状态信息情形。随着现代信息化战争的发展，对抗双方所拥有信息的多少或者质量是有所差距的，信息模式的不同直接影响着对抗结局的不同。本节在前人基础上，着重从信息模式这一角度分析和研究微分对策制导律。为了使读者更清

楚地了解微分对策，首先对不同信息模式下的微分对策进行理论分析；然后根据导弹追击目标对抗过程建立基于视线角速度的追逃对策模型；而后在此模型的基础上，分别对几种信息模式下的范数型微分对策制导律进行设计；最后，针对信息模式变化情况提出一种具有信息模式变换的线性二次型微分对策制导律。

6.5.1　微分对策理论

20 世纪 50 年代，由于军事需求，美国数学家 Isaacs 领导的研究人员将对策论与控制理论相结合，针对双方连续对抗问题撰写了四份研究报告。1965 年人们根据这些报告整理出版了《微分对策》一书，标志着微分对策理论的诞生。1971 年，美国科学家 Friedman 严格证明了微分对策值与鞍点的存在性，从而奠定了微分对策坚实的理论基础。近年来微分对策理论受到了国内外学者的广泛关注，并有大量的著作问世。其中 Ho 和 Bryson 的工作最具有代表性，其利用变分法对确定性微分对策控制进行了深入的研究，给出了鞍点存在的充分条件；随后一段时间 Behn、Ho 和 Rhodes 以及 Willman 等针对双方具有不同的信息模式研究了随机微分对策控制问题。下面分别针对完全状态信息、非对称状态信息和对称非完全状态信息三种典型的信息模式对微分对策进行分析研究。

1. 定义和问题描述

考虑如下随机线性系统：

$$\begin{cases}\dot{\boldsymbol{x}}(t)=\boldsymbol{A}(t)\boldsymbol{x}(t)+\boldsymbol{B}_1(t)\boldsymbol{u}(t)+\boldsymbol{B}_2(t)\boldsymbol{v}(t)+\boldsymbol{g}(t)\boldsymbol{\xi}(t)\\ \boldsymbol{x}_0\in\mathbf{R}^n\end{cases}\tag{6-82}$$

式中：初始状态 $\boldsymbol{x}_0$ 为给定的高斯分布 $N(\boldsymbol{m}_0,\boldsymbol{R}_0)$，其中 $\boldsymbol{R}_0$ 为非负定矩阵；控制量 $\boldsymbol{u}(t)\in\mathbf{R}^r$，$\boldsymbol{v}(t)\in\mathbf{R}^s$，其中 r、$s\leqslant n$；$\boldsymbol{A}(t)$、$\boldsymbol{B}_1(t)$、$\boldsymbol{B}_2(t)$、$\boldsymbol{g}(t)$为具有适当维数的已知时变(或常值)矩阵；噪声 $\boldsymbol{\xi}(t)$定义在给定概率空间(Ω,F,P)，且其与初始值 x_0 互不相关，满足：

$$E[\boldsymbol{\xi}(t)]=0,\ E[\boldsymbol{\xi}(t)\boldsymbol{\xi}(s)^{\mathrm{T}}]=\boldsymbol{Q}(t)\boldsymbol{\delta}(t-s),\quad \mathrm{cov}[x_0,\boldsymbol{\xi}(t)]=0\quad(t\geqslant 0)\tag{6-83}$$

考虑如下性能指标函数：

$$J_0(\boldsymbol{u},\boldsymbol{v})=\frac{1}{2}E\left\{\boldsymbol{x}^{\mathrm{T}}(t_{\mathrm{f}})\boldsymbol{Q}_{\mathrm{T}}x(t_{\mathrm{f}})+\int_{t_0}^{t_{\mathrm{f}}}(\boldsymbol{u}^{\mathrm{T}}\boldsymbol{R}_1\boldsymbol{u}-\boldsymbol{v}^{\mathrm{T}}\boldsymbol{R}_2\boldsymbol{v})\mathrm{d}t\right\}\tag{6-84}$$

式中：$\boldsymbol{Q}_{\mathrm{T}}$ 为非负定对称矩阵，$\boldsymbol{R}_1$ 和 $\boldsymbol{R}_2$ 均为正定对称矩阵。随机微分对策的最优控制问题是：局中人 P 选择 $\boldsymbol{u}\in U$(U 为 P 的容许策略集)，使得性能指标函数(6－84)达到极小，局中人 E 选择 $\boldsymbol{v}\in V$(V 为 E 的容许策略集)，使得性能指标函数(6－84)达到极大。上述一方从性能指标(6－84)中获取的利益恰为另一方从性能指标(6－84)中所付出的损失，所以通常称为随机二人零和微分对策问题。

定义 1　对于随机二人零和微分对策问题(6－82)～(6－84)，对抗的双方从容许策略集 $U\times V$ 中选择策略$(\boldsymbol{u}^*,\boldsymbol{v}^*)$，使得性能指标(6－84)关于 $\boldsymbol{u}$ 取极小值，而关于 $\boldsymbol{v}$ 取极大值，满足如下不等式：

$$J(\boldsymbol{u}^*,\boldsymbol{v})\leqslant J(\boldsymbol{u}^*,\boldsymbol{v}^*)\leqslant J(\boldsymbol{u},\boldsymbol{v}^*)\tag{6-85}$$

则称$(\boldsymbol{u}^*,\boldsymbol{v}^*)$为鞍点，$\boldsymbol{u}^*$ 和 $\boldsymbol{v}^*$ 分别为双方的最优策略，$J(\boldsymbol{u}^*,\boldsymbol{v}^*)$为对策值。

2. 主要结论

定理 4　假设系统为完全状态信息情形，即全状态信息集 $X=\{\boldsymbol{x}(\tau)\,|\,0\leqslant\tau\leqslant t\}$，对于

给定系统(6-82)和性能指标(6-84)，使得性能指标值满足不等式(6-85)的双方最优策略和相应的对策值分别为

$$\begin{cases}\boldsymbol{u}^*(t)=-\boldsymbol{R}_1^{-1}\boldsymbol{B}_1\boldsymbol{P}(t)\boldsymbol{x}(t)\\ \boldsymbol{v}^*(t)=\boldsymbol{R}_2^{-1}\boldsymbol{B}_2\boldsymbol{P}(t)\boldsymbol{x}(t)\end{cases} \tag{6-86}$$

$$J_0(\boldsymbol{u}_0,\boldsymbol{v}_0)=\frac{1}{2}\boldsymbol{m}_0^{\mathrm{T}}\boldsymbol{P}(0)\boldsymbol{m}_0+\frac{1}{2}\mathrm{tr}(\boldsymbol{P}(0))\boldsymbol{R}_0+\frac{1}{2}\int_{t_0}^{t_f}\mathrm{tr}[\boldsymbol{P}(t)\boldsymbol{g}\boldsymbol{Q}(t)\boldsymbol{g}^{\mathrm{T}}]\mathrm{d}t \tag{6-87}$$

式中：tr(·)表示矩阵的迹，矩阵 $\boldsymbol{P}$ 满足如下 Riccati 微分方程：

$$\begin{cases}\dot{\boldsymbol{P}}+\boldsymbol{P}\boldsymbol{A}+\boldsymbol{A}^{\mathrm{T}}\boldsymbol{P}-\boldsymbol{P}[\boldsymbol{B}_1\boldsymbol{R}_1^{-1}\boldsymbol{B}_1^{\mathrm{T}}-\boldsymbol{B}_2\boldsymbol{R}_2^{-1}\boldsymbol{B}_2^{\mathrm{T}}]\boldsymbol{P}=\boldsymbol{0}\\ \boldsymbol{P}(t_f)=\boldsymbol{Q}_{\mathrm{T}}\end{cases} \tag{6-88}$$

6.5.2 基于视线角速度的微分对策追逃模型

采用碰撞线附近的线性化制导模型均过于简单，本节将根据导弹和目标的相对运动关系建立以视线角速度为变量的状态模型，考虑导弹在一个平面内的寻的运动，假设导弹在铅垂平面内寻的，运动过程由如下微分方程组描述：

$$\begin{cases}R\dot{q}=v_{\mathrm{M}}\sin(q-\theta_{\mathrm{M}})-v_{\mathrm{T}}\sin(q-\theta_{\mathrm{T}})\\ \dot{R}=v_{\mathrm{T}}\cos(q-\theta_{\mathrm{T}})-v_{\mathrm{M}}\cos(q-\theta_{\mathrm{M}})\end{cases} \tag{6-89}$$

采用如图 6-5 所示的导弹与目标运动模型，并做以下假设：导弹、目标的运动为质点运动；目标和导弹的速度大小恒定。图中 T、M 分别表示目标和导弹的位置，MT 表示目标瞄准线(line of sight，LOS)；v_{M} 和 v_{T} 分别为导弹与目标的速度；θ_{M}、θ_{T} 分别为导弹弹道角与目标航向角；q 为目标线方位角；R 为导弹相对目标的距离。

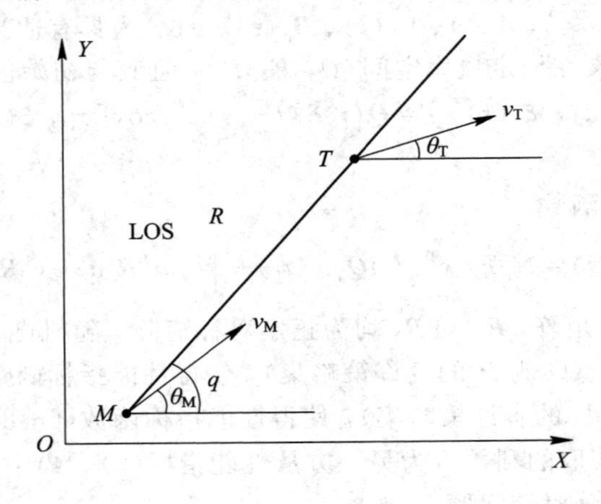

图 6-5 弹目几何关系

对式(6-89)进行简化，可以获得关于角速度 $x=\dot{q}$ 的微分方程：

$$\dot{x}=-\frac{2\dot{R}}{R}x+\frac{1}{R}[a_{\mathrm{T}}\cos(q-\theta_{\mathrm{T}})-\dot{v}_{\mathrm{T}}\sin(q-\theta_{\mathrm{T}})]$$
$$-\frac{1}{R}[a_{\mathrm{M}}\cos(q-\theta_{\mathrm{M}})-\dot{v}_{\mathrm{M}}\sin(q-\theta_{\mathrm{M}})] \tag{6-90}$$

对式(6-90)进行分析，通常情况下认为导弹和目标的运动速率保持不变，即 $\dot{v}_{\mathrm{T}}=0$、

$\dot{v}_M=0$，然而实际中双方的速率并不恒定，所以这里将式(6-90)中括号的第二部分视为白噪声。至此，式(6-90)可以转化为

$$\begin{aligned}\dot{x} &= -\frac{2\dot{R}}{R}x-\frac{1}{R}a_M\cos(q-\theta_M)+\frac{1}{R}a_T\cos(q-\theta_T)+[\dot{v}_M\sin(q-\theta_M)-\dot{v}_T\sin(q-\theta_T)] \\ &= -\frac{2\dot{R}}{R}x-\frac{1}{R}a_M\cos(q-\theta_M)+\frac{1}{R}a_T\cos(q-\theta_T)+\xi(t) \\ &= a(t)x+b_1(t)u+b_2(t)v+\xi(t)\end{aligned} \tag{6-91}$$

式中：系数 $a(t)=-2\dot{R}/R$，$b_1(t)=-1/R$，$b_2(t)=1/R$；控制变量 $u=a_M\cos(q-\theta_M)$，$v=a_T\cos(q-\theta_T)$分别为导弹加速度和目标加速度在视线法向上的分量；假设 $\xi(t)$为高斯噪声，$\xi(t)\in N(0, Q\delta(t))$。

考虑有限终时二次型性能指标函数：

$$J=\frac{1}{2}E\left[Q_T x^2(t_f)+\int_{t_0}^{t_f}(C_1u^2-C_2v^2)\mathrm{d}t\right] \tag{6-92}$$

式中：t_f 为终止时间，Q_T、C_1 和 C_2 为正数。导弹有效拦截目标的关键就是控制 u 使得视线角速度 x 趋近于零，从而实现准平行接近，即使 J 取值最小；而目标为摆脱导弹的拦截，需在有限时间内逃出弹道的视线范围，控制 v 使得视线角速度增大，即使 J 取值最大。

6.5.3 微分对策制导律

在完全信息情形下，由前面的定理 4，可以得到导弹和目标的最优策略分别为

$$\begin{cases}u(t)=-C_1^{-1}b_1px \\ v(t)=C_2^{-1}b_2px\end{cases} \tag{6-93}$$

其中，p 满足 Riccati 方程：

$$\dot{p}+2ap-C_1^{-1}b_1^2p^2+C_2^{-1}b_2^2p^2=0 \tag{6-94}$$

而边界条件为

$$p(t_f)=Q_T \tag{6-95}$$

为了保证终端在 t_f时刻视线稳定，要求终端视线角速度 $x(t_f)\to 0$，即令 $Q_T\to\infty$。为求解式(6-94)，令 $p(t)=1/\eta(t)$，则式(6-94)变为

$$\dot{\eta}-2a\eta+C_1^{-1}b_1^2-C_2^{-1}b_2^2=0 \tag{6-96}$$

相应的边界条件为

$$\eta(t_f)=Q_T^{-1} \tag{6-97}$$

若 $Q_T\to\infty$，则 $\eta(t_f)\to 0$，求方程式(6-96)及边界条件(6-97)，得

$$\eta(t)=\exp\left(\int_{t_0}^{t}2a(t)\mathrm{d}t\right)\times\left\{\int_{t}^{t_f}\exp\left(-\int_{t_0}^{\tau_1}2a(\tau_2)\mathrm{d}\tau_2\right)\times(C_1^{-1}b_1^2-C_2^{-1}b_2^2)\mathrm{d}\tau_1\right\} \tag{6-98}$$

代入系数 a、b_1和 b_2的表达式，得

$$\eta(t)=\frac{1}{R^4(t)}\left\{\int_{t}^{t_f}(C_1^{-1}-C_2^{-1})R^2(\tau_1)\mathrm{d}\tau_1\right\} \tag{6-99}$$

考虑到相对速度 $\dot{R}<0$，为了得到控制策略的解析表达式，假设 $C_1=-\frac{2}{3}\dot{R}(\tau_1)$，$C_2=$

$-2\dot{R}(\tau_1)$，则式(6-99)为

$$\eta(t)=\frac{1}{R^4(t)}\left\{\int_t^{t_f}-\dot{R}(\tau_1)R^2(\tau_1)\mathrm{d}\tau_1\right\} \tag{6-100}$$

解得

$$\eta(t)=\frac{R^3(t)-R^3(t_f)}{3R^4(t)} \tag{6-101}$$

则 p 为

$$p=\frac{3R^4(t)}{R^3(t)-R^3(t_f)} \tag{6-102}$$

假设相对距离 $R(t_f)\to 0$，则 $p=3R(t)$，将其代入式(6-93)得

$$\begin{cases}u(t)=-4.5\dot{R}(t)x(t)\\ v(t)=1.5\dot{R}(t)x(t)\end{cases} \tag{6-103}$$

通过上述分析可知，在完全信息模式下，为了获得策略的解析解，我们假定 C_1、C_2 的参数形式，由此得到式(6-103)所示的策略对，即当目标以比例导引进行逃逸时，导弹的制导律亦为比例导引律。

目标和导弹的对抗过程并非完全信息模式情形，而是具有多种不同的信息模式；同时参数 C_1 和 C_2 的选择十分重要，选择不同的 C_1 和 C_2 将可能产生不同的策略对。

6.6 鲁棒制导律

近年来，将 H_∞ 控制理论应用到导弹制导控制系统的设计中得到了许多具有较强鲁棒性的制导律，其中一类为具有滑动模态的变结构制导律，另一类为基于 H_∞ 控制理论的鲁棒制导律。在 H_∞ 制导律中，把目标加速度作为不确定干扰，只要目标加速度是能量有界的，理论上对任意机动的目标，H_∞ 制导律都可以保证较好的拦截性能。

虽然 H_∞ 控制在理论上得到了很好的发展，但是在实际的应用中还存在许多问题，主要表现在求解 Hamilton-Jacobi 不等式过于复杂。有学者将目标机动加速度看作外部扰动，应用 L_2 增益理论给出了 Hamilton-Jacobi 不等式的解析解，设计了对目标机动具有鲁棒性的 H_∞ 制导律。为了避免求解 Hamilton-Jacobi 不等式，首先根据目标无机动情况得到理想的控制规律，通过参数调节得到满足抑制干扰条件的控制量，利用 Lyapunov 函数设计了只对导弹法向加速度进行控制的鲁棒制导律，并对制导律进行了分析。本节首先介绍 H_∞ 控制的基本理论和基本方法，接下来应用 H_∞ 控制理论解决导弹制导问题，为了避免求解 Hamilton-Jacobi 不等式，通过选取特定的 Lyapunov 函数，分别针对线性和非线性系统进行 H_∞ 制导律设计。

6.6.1 标准 H_∞ 控制问题

在实际系统设计中，各种 H_∞ 控制问题均可用图 6-6 所示的标准 H_∞ 控制问题表示。图中 $\boldsymbol{w}\in\mathbf{R}^{m_1}$ 为外输入信号，包括外干扰、噪声、参考输入等；$\boldsymbol{u}\in\mathbf{R}^{m_2}$ 为控制信号；$\boldsymbol{z}\in\mathbf{R}^{P_1}$ 为被控输出信号；$\boldsymbol{y}\in\mathbf{R}^{P_2}$ 为被测信号。$\boldsymbol{P}(s)$ 代表广义被控对象，包括名义被控对象和加权

函数，$\boldsymbol{K}(s)$为要设计的控制器。

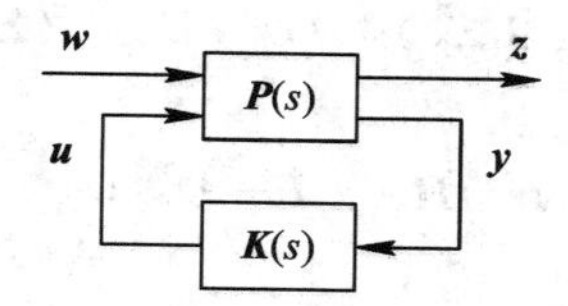

图 6-6　标准 H_∞ 控制问题方块图

广义被控对象 $\boldsymbol{P}(s)$的状态方程为

$$\begin{aligned}\dot{\boldsymbol{x}}(t) &= \boldsymbol{A}\boldsymbol{x}(t)+\boldsymbol{B}_1\boldsymbol{w}(t)+\boldsymbol{B}_2\boldsymbol{u}(t)\\ \boldsymbol{z}(t) &= \boldsymbol{C}_1\boldsymbol{x}(t)+\boldsymbol{D}_{11}\boldsymbol{w}(t)+\boldsymbol{D}_{12}\boldsymbol{u}(t)\\ \boldsymbol{y}(t) &= \boldsymbol{C}_2\boldsymbol{x}(t)+\boldsymbol{D}_{21}\boldsymbol{w}(t)+\boldsymbol{D}_{22}\boldsymbol{u}(t)\end{aligned} \tag{6-104}$$

其中 $\boldsymbol{x}\in\mathbf{R}^n$ 为广义被控对象的状态变量。相应地，广义被控对象 $\boldsymbol{P}(s)$的传递函数形式为

$$\boldsymbol{P}(s)=\begin{bmatrix}\boldsymbol{P}_{11} & \boldsymbol{P}_{12}\\ \boldsymbol{P}_{21} & \boldsymbol{P}_{22}\end{bmatrix}=\begin{bmatrix}\boldsymbol{D}_{11} & \boldsymbol{D}_{12}\\ \boldsymbol{D}_{21} & \boldsymbol{D}_{22}\end{bmatrix}+\begin{bmatrix}\boldsymbol{C}_1\\ \boldsymbol{C}_2\end{bmatrix}(s\boldsymbol{I}-\boldsymbol{A})^{-1}\begin{bmatrix}\boldsymbol{B}_1 & \boldsymbol{B}_2\end{bmatrix} \tag{6-105}$$

从 $\boldsymbol{w}$ 到 $\boldsymbol{z}$ 的闭环系统传递函数为

$$\boldsymbol{z}=\boldsymbol{F}_1(\boldsymbol{P},\boldsymbol{K})\boldsymbol{w} \tag{6-106}$$

其中，$\boldsymbol{F}_1(\boldsymbol{P},\boldsymbol{K})=\boldsymbol{P}_{11}+\boldsymbol{P}_{12}\boldsymbol{K}(\boldsymbol{I}-\boldsymbol{P}_{22}\boldsymbol{K})^{-1}\boldsymbol{P}_{21}$。

下面给出标准 H_∞ 控制问题：

标准 H_∞ 控制问题：求取控制器 $\boldsymbol{K}(s)$使闭环系统内稳定，且使系统闭环传递函数 $\boldsymbol{F}_1(\boldsymbol{P},\boldsymbol{K})$满足

$$\|\boldsymbol{F}_1(\boldsymbol{P},\boldsymbol{K})\|_\infty<\gamma \tag{6-107}$$

其中 γ 为给定常数，不失一般性取 $\gamma=1$。

在状态反馈条件下，式(6-104)的广义被控对象 $\boldsymbol{P}(s)$的状态方程可简化为

$$\begin{aligned}\dot{\boldsymbol{x}}(t) &= \boldsymbol{A}\boldsymbol{x}(t)+\boldsymbol{B}_1\boldsymbol{w}(t)+\boldsymbol{B}_2\boldsymbol{u}(t)\\ \boldsymbol{z}(t) &= \boldsymbol{C}_1\boldsymbol{x}(t)+\boldsymbol{D}_{11}\boldsymbol{w}(t)+\boldsymbol{D}_{12}\boldsymbol{u}(t)\\ \boldsymbol{y}(t) &= \boldsymbol{x}(t)\end{aligned} \tag{6-108}$$

状态反馈 H_∞ 控制器简化为

$$\boldsymbol{u}=\boldsymbol{K}\boldsymbol{y}=\boldsymbol{K}\boldsymbol{x} \tag{6-109}$$

则从 $\boldsymbol{w}$ 到 $\boldsymbol{z}$ 的闭环系统传递函数为

$$\boldsymbol{z}=\boldsymbol{F}_1(\boldsymbol{P},\boldsymbol{K})\boldsymbol{w} \tag{6-110}$$

其中$\boldsymbol{F}_1(\boldsymbol{P},\boldsymbol{K})=(\boldsymbol{C}_1+\boldsymbol{D}_{12}\boldsymbol{K})(s\boldsymbol{I}-\boldsymbol{A}-\boldsymbol{B}_2\boldsymbol{K})^{-1}\boldsymbol{B}_1+\boldsymbol{D}_{11}$。因此标准 H_∞ 控制问题可简化为如下的状态反馈 H_∞ 控制问题：

状态反馈 H_∞ 控制问题：求取状态反馈控制器 $\boldsymbol{K}$ 使闭环系统内稳定，且使系统闭环传递函数$\boldsymbol{F}_1(\boldsymbol{P},\boldsymbol{K})$的 H_∞ 范数满足：

$$\|(\boldsymbol{C}_1+\boldsymbol{D}_{12}\boldsymbol{K})(s\boldsymbol{I}-\boldsymbol{A}-\boldsymbol{B}_2\boldsymbol{K})^{-1}\boldsymbol{B}_1+\boldsymbol{D}_{11}\|_\infty<\gamma \tag{6-111}$$

这里 $\gamma\in\mathbf{R}$ 为给定常数。

假设 $\mathrm{rank}(\boldsymbol{D}_{12})=i\leqslant p_1$，任意矩阵 $\boldsymbol{U}\in\mathbf{R}^{p_1\times i}$，$\boldsymbol{\Sigma}_2\in\mathbf{R}^{i\times m_2}$ 的秩 $\mathrm{rank}(\boldsymbol{\Sigma}_2)=\mathrm{rank}(\boldsymbol{U})=i$，且$\boldsymbol{D}_{12}=\boldsymbol{U}\boldsymbol{\Sigma}_2$。设 $\boldsymbol{\Phi}\in\mathbf{R}^{(m_2-i)\times m_2}$ 且满足 $\boldsymbol{\Phi}\boldsymbol{\Sigma}_2^{\mathrm{T}}=\mathbf{0}$(当 $i=m_2$ 时，$\boldsymbol{\Phi}=\mathbf{0}$)。

令

$$\boldsymbol{\Sigma}_K = \boldsymbol{\Sigma}_2^{\mathrm{T}} (\boldsymbol{\Sigma}_2\boldsymbol{\Sigma}_2^{\mathrm{T}})^{-1} (\boldsymbol{U}^{\mathrm{T}}\boldsymbol{R}\boldsymbol{U})^{-1} (\boldsymbol{\Sigma}_2\boldsymbol{\Sigma}_2^{\mathrm{T}})^{-1}\boldsymbol{\Sigma}_2$$

这里

$$\boldsymbol{R}:=\boldsymbol{I}+\boldsymbol{H}(\gamma^2\boldsymbol{I}-\boldsymbol{D}_{11}^{\mathrm{T}}\boldsymbol{D}_{11})^{-1}\boldsymbol{D}_{11}^{\mathrm{T}}$$

为简便起见，记

$$\boldsymbol{A}_K:=\boldsymbol{A}+\boldsymbol{B}_1(\gamma^2\boldsymbol{I}-\boldsymbol{D}_{11}^{\mathrm{T}}\boldsymbol{D}_{11})^{-1}\boldsymbol{D}_{11}^{\mathrm{T}}\boldsymbol{C}_1$$

$$\boldsymbol{B}_K:=\boldsymbol{B}_2+\boldsymbol{B}_1(\gamma^2\boldsymbol{I}-\boldsymbol{D}_{11}^{\mathrm{T}}\boldsymbol{D}_{11})^{-1}\boldsymbol{D}_{11}^{\mathrm{T}}\boldsymbol{D}_{12}$$

$$\boldsymbol{C}_K:=[\boldsymbol{I}+\boldsymbol{D}_{11}(\gamma^2\boldsymbol{I}-\boldsymbol{D}_{11}^{\mathrm{T}}\boldsymbol{D}_{11})^{-1}\boldsymbol{D}_{11}^{\mathrm{T}}]^{\frac{1}{2}}\boldsymbol{C}_1$$

$$\boldsymbol{D}_K:=\boldsymbol{B}_1(\gamma^2\boldsymbol{I}-\boldsymbol{D}_{11}^{\mathrm{T}}\boldsymbol{D}_{11})^{-\frac{1}{2}}$$

$$\boldsymbol{F}_K:=\{\boldsymbol{I}+\boldsymbol{D}_{11}(\gamma^2\boldsymbol{I}-\boldsymbol{D}_{11}^{\mathrm{T}}\boldsymbol{D}_{11})^{-1}\boldsymbol{D}_{11}^{\mathrm{T}}\}^{\frac{1}{2}}\boldsymbol{D}_{12}$$

定义 2　设 $\boldsymbol{\Sigma}_K$ 和 $\boldsymbol{\Phi}$ 如上所示，如果对任意 $\boldsymbol{Q}>0$，存在 $\varepsilon>0$ 使得代数 Riccati 方程：

$$\begin{aligned}&(\boldsymbol{A}_K-\boldsymbol{B}_K\boldsymbol{\Sigma}_K\boldsymbol{F}_K^{\mathrm{T}}\boldsymbol{C}_K)^{\mathrm{T}}\boldsymbol{X}+\boldsymbol{X}(\boldsymbol{A}_K-\boldsymbol{B}_K\boldsymbol{\Sigma}_K\boldsymbol{F}_K^{\mathrm{T}}\boldsymbol{C}_K)+\\&\boldsymbol{X}\boldsymbol{D}_K\boldsymbol{D}_K^{\mathrm{T}}\boldsymbol{X}-\boldsymbol{X}\boldsymbol{B}_K\boldsymbol{\Sigma}_K\boldsymbol{B}_K^{\mathrm{T}}\boldsymbol{X}-\frac{1}{\varepsilon}\boldsymbol{X}\boldsymbol{B}_K\boldsymbol{\Phi}^{\mathrm{T}}\boldsymbol{\Phi}\boldsymbol{B}_K^{\mathrm{T}}\boldsymbol{X}+\\&\boldsymbol{C}_K^{\mathrm{T}}(\boldsymbol{I}-\boldsymbol{F}_K\boldsymbol{\Sigma}_K\boldsymbol{F}_K^{\mathrm{T}})\boldsymbol{C}_K+\varepsilon\boldsymbol{Q}=\boldsymbol{0}\end{aligned} \tag{6-112}$$

有正定解 $\boldsymbol{X}$，则称系统（式(6-108)）以常数 γ 满足代数 Riccati 方程（式(6-112)）。

定理 5　如果 $\gamma>0$ 使得 $\gamma^2\boldsymbol{I}-\boldsymbol{D}_{11}^{\mathrm{T}}\boldsymbol{D}_{11}>0$，且系统以常数 γ 满足代数 Riccati 方程（式），则状态反馈控制器的增益：

$$\boldsymbol{K}=\left(\frac{1}{2\varepsilon}\boldsymbol{\Phi}^{\mathrm{T}}\boldsymbol{\Phi}+\boldsymbol{\Sigma}_K\right)\boldsymbol{B}_K^{\mathrm{T}}\boldsymbol{X}+\boldsymbol{\Sigma}_K\boldsymbol{F}_K^{\mathrm{T}}\boldsymbol{C}_K \tag{6-113}$$

满足下面不等式：

$$\|(\boldsymbol{C}_1+\boldsymbol{D}_{12}\boldsymbol{K})(s\boldsymbol{I}-\boldsymbol{A}-\boldsymbol{B}_2\boldsymbol{K})^{-1}\boldsymbol{B}_1+\boldsymbol{D}_{11}\|_{\infty}<\gamma \tag{6-114}$$

6.6.2　导弹拦截 H_∞ 制导律

本节依据导弹制导拦截模型，以 H_∞ 控制理论进行鲁棒制导律设计。制导律中将导弹的法向加速度作为控制输入，将目标机动看作系统的有界外部扰动，选取反映导弹弹道性能的可控输出指示信号，利用 Lyapunov 函数的分析方法保证控制量对外部扰动具有抑制作用。

1. 问题描述

平面拦截条件下导弹与目标的运动几何关系如图 6-7 所示，我们把导弹和目标均看作无动力学延迟的可控刚体，图中 M、T 分别代表导弹和目标所处位置，R 代表两者间的相对距离，q 为弹目间的视线角，$\dot{q}$ 为视线角速度，v_{M} 代表导弹速度，θ_{M} 为弹道倾角，v_{T}、θ_{T} 为目标速度及速度方向角。

由图 6-7 可以得到导弹与目标间的运动学关系如下：

$$\dot{R}=v_{\mathrm{T}}\cos(q-\theta_{\mathrm{T}})-v_{\mathrm{M}}\cos(q-\theta_{\mathrm{M}}) \tag{6-115}$$

$$R\dot{q}=-v_{\mathrm{T}}\sin(q-\theta_{\mathrm{T}})+v_{\mathrm{M}}\sin(q-\theta_{\mathrm{M}}) \tag{6-116}$$

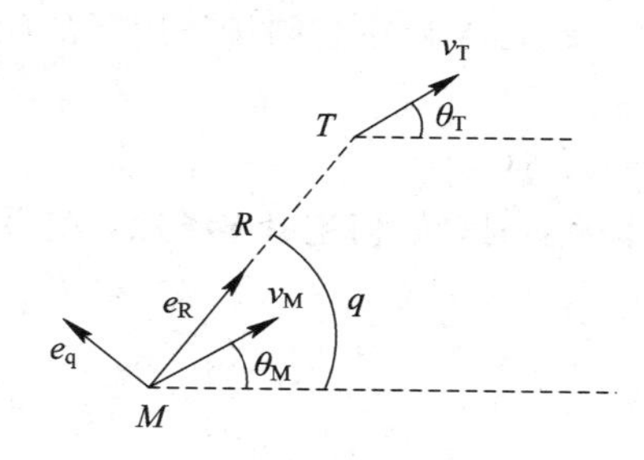

图 6-7　平面相对运动几何关系

将式(6-116)进行微分并将式(6-115)代入，经过推导得

$$\ddot{q} = -\frac{2\dot{R}}{R}\dot{q} - \frac{1}{R}u_q + w_q \tag{6-117}$$

其中：

$$u_q = v_M\dot{\theta}_M\cos(q-\theta_M) - \dot{v}_M\sin(q-\theta_M) \tag{6-118}$$

为导弹法向过载，作为系统控制量，并将

$$w_q = \frac{1}{R}[v_T\dot{\theta}_T\cos(q-\theta_T) - \dot{v}_T\sin(q-\theta_T)] \tag{6-119}$$

看作外部扰动项。

由于目标的加速度在导弹拦截的过程中是未知的，但是对于目标来说，其本身的加速度能力是有限的，因此可以假设

$$\int_{t_0}^{t_f} \boldsymbol{w}_q^T \boldsymbol{w}_q \mathrm{d}t < \infty \tag{6-120}$$

其中：t_0 为导弹发射时刻，t_f 为导弹击中目标时刻，即为拦截终止时刻。

所谓的 H_∞ 鲁棒制导律设计，就是对于给定的增益比系数 γ，存在导弹控制量 u_q，使得在任意的初始位置，对于外部扰动 w_q，有

$$\int_{t_0}^{t_f} \boldsymbol{z}_q^T \boldsymbol{z}_q \mathrm{d}t \leqslant \gamma^2 \int_{t_0}^{t_f} \boldsymbol{w}_q^T \boldsymbol{w}_q \mathrm{d}t \tag{6-121}$$

成立(其中 z_q 为加权输出指标信号)。

为反映导弹飞行过程中导弹的性能，输出指标信号选取为 $z_q = h\dot{q}$，以保证飞行过程中视线角速度受目标机动影响较小(其中 h 为大于零的系数)。

2. H_∞ 制导律设计

首先设计不考虑目标机动时的制导律，此时拦截模型(6-117)可以写为

$$\ddot{q} = -\frac{2\dot{R}}{R}\dot{q} - \frac{1}{R}u_q \tag{6-122}$$

在目标无机动的情况下，导弹在制导律的控制下，视线角速度应收敛到 0，以实现较小的终端脱靶量。为此，考虑设计控制量使得视线角速度按照指数函数形式收敛，将控制量设计为

$$u_q = -2\dot{R}\dot{q} + \lambda R\dot{q} \tag{6-123}$$

其中 $\lambda > 0$ 为设置参数。

将式(6－123)代入式(6－122)得导弹在控制量作用下的闭环系统为

$$\ddot{q}=-\lambda\dot{q} \tag{6-124}$$

从而得闭环系统状态为 $\dot{q}(t)=\mathrm{e}^{-\lambda t}\dot{q}(t_0)$。

下面讨论当系统存在外部扰动时，如何选择参数 λ，使系统在控制量的作用下满足扰动抑制关系式(6－121)。

选择 Lyapunov 函数：

$$V=\frac{1}{2}\dot{q}^2 \tag{6-125}$$

可见 $V\geqslant 0$，只有当 $\dot{q}=0$ 时，$V=0$。将式(6－125)对时间微分得

$$\dot{V}=\dot{q}\ddot{q}=\dot{q}\left(-\frac{2\dot{R}}{R}\dot{q}+w_{\mathrm{q}}-\frac{1}{R}u_{\mathrm{q}}\right) \tag{6-126}$$

将控制量代入式(6－126)得

$$\dot{V}=\dot{q}(-\lambda\dot{q}+w_{\mathrm{q}})=-\lambda\dot{q}^2+\dot{q}w_{\mathrm{q}} \tag{6-127}$$

对式(6－127)做相应变换得

$$\dot{V}\leqslant-\lambda\dot{q}^2+\frac{1}{2\gamma^2}\dot{q}^2+\frac{\gamma_2^2}{2}w_{\mathrm{q}}^2=\left(-\lambda+\frac{1}{2\gamma^2}\right)\dot{q}^2+\frac{\gamma_2^2}{2}w_{\mathrm{q}}^2 \tag{6-128}$$

对式(6－128)两侧积分得

$$V(t_{\mathrm{f}})-V(t_0)\leqslant\frac{\gamma^2}{2}\int_{t_0}^{t_{\mathrm{f}}}w_{\mathrm{q}}^2\mathrm{d}t-\left(\lambda-\frac{1}{2\gamma^2}\right)\int_{t_0}^{t_{\mathrm{f}}}\dot{q}^2\mathrm{d}t \tag{6-129}$$

在导弹发射时刻弹目相对距离远，视线角速度较小。在完成拦截时刻，当目标不机动时，视线角速度渐进收敛到0，但是当目标机动时，由于相对距离较小，视线角变化很大，因此可得 $0\leqslant V_2(t_{\mathrm{f}})-V_2(t_0)$。由式(6－129)得

$$\frac{1}{h^2}\left(\lambda-\frac{1}{2\gamma^2}\right)\int_{t_0}^{t_{\mathrm{f}}}\boldsymbol{z}_{\mathrm{q}}^2\mathrm{d}t\leqslant\frac{\gamma^2}{2}\int_{t_0}^{t_{\mathrm{f}}}\boldsymbol{w}_{\mathrm{q}}^2\mathrm{d}t \tag{6-130}$$

将式(6－130)同式(6－121)比较，得当 $\frac{2}{h^2}\left(\lambda-\frac{1}{2\gamma^2}\right)\leqslant 1$，即

$$\lambda\leqslant\frac{h^2}{2}+\frac{1}{2\gamma^2} \tag{6-131}$$

满足时，应用控制量(6－123)可以使得视线角速度约束在一个期望的界限内，从而使拦截过程的性能得到满足。

对由式(6－129)式确定的控制量进行分析，可以看到本文提出的制导律由两项组成，前一项可以看作导航比系数为2的比例导引律，后一项为为了抑制外部扰动而增加的修正项。当抑制增益系数变小或者输出信号系数增大时，意为着要求目标机动对视线角速度的影响更小，由式(6－131)可以使参数 λ 相应地变大，进而增加控制量以满足弹道机动的要求。

6.6.3 仿真研究

利用 H_∞ 制导律，对导弹拦截机动目标的情况做数字仿真。假定导弹追尾攻击，指向目标发射，导弹与目标的初始相对距离为 6000 m，导弹速度为 400 m/s，目标速度为 200 m/s。目标采用正弦机动模式机动飞行，加速度由下式确定：

$$a_{\mathrm{T}}(t) = 7g\sin\frac{\pi t}{6} \tag{6-132}$$

为比较制导律性能，采用比例导引律(PNG)和本文提出的 H_∞ 导引律(HRG)在同等条件下进行拦截目标比较，其中 PNG 制导律如下所示：

$$u_{\mathrm{PN}} = -N\dot{R}(t)\dot{q} \tag{6-133}$$

导航比系数 $N=2$。在 HRG 中抑制增益系数 γ 的数值设置为小于 1 将起到抑制外部扰动的作用，为此 $\gamma=0.5$，输出加权系数为 $h=2$，由式(6-131)选择参数 $\lambda=2$。图 6-8 为目标及两种制导下导弹的飞行轨迹，从不同制导律下的弹道可以看到，HRG 制导导弹对目标机动更加敏感，而 PNG 制导下的弹道相对较为平直。

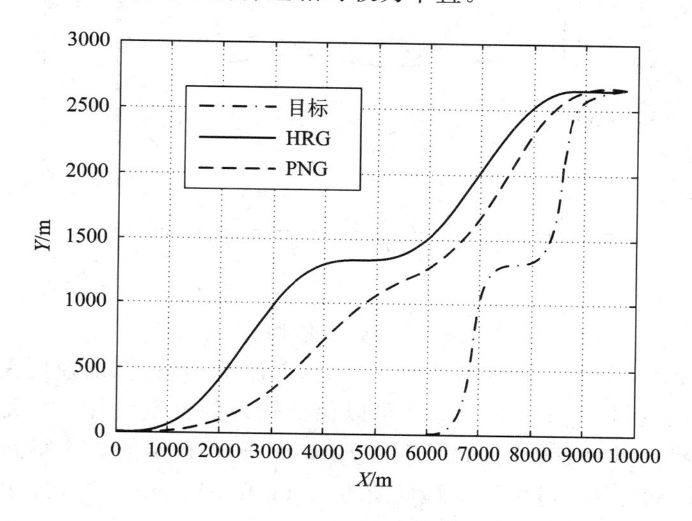

图 6-8　导弹的拦截轨迹

从图 6-9 的导弹控制量及目标过载分析可知，HRG 制导下的导弹对目标机动反映敏感，产生的控制量较大，但是到了拦截末期，PNG 的需求过载明显大于 HRG。而在实际的

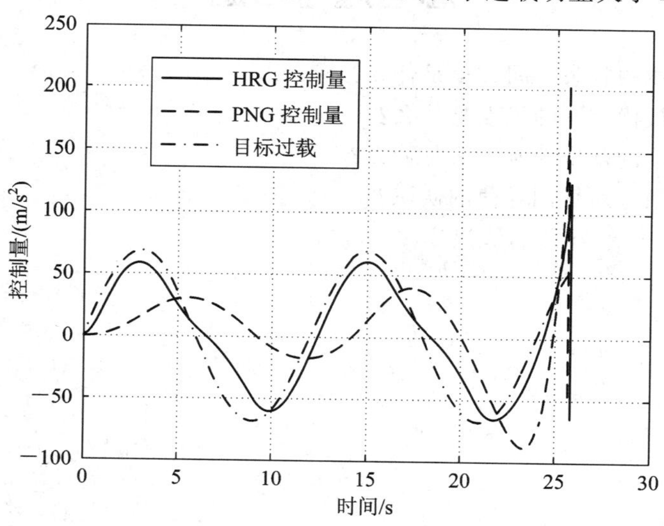

图 6-9　导弹控制量及目标过载

拦截过程中，导弹到达拦截末段，飞行速度减慢，舵面依靠空气升力提供的可用过载减小，因此 HRG 设计的控制量方案更有利于导弹在飞行过程中的过载分配。

图 6-10 所示为弹目视线角速度的比较，由图中可以看到，HRG 制导律下，弹目视线角速度对目标机动具有较好的抑制作用，而同等条件下 PNG 的视线角速度变化幅度较大。

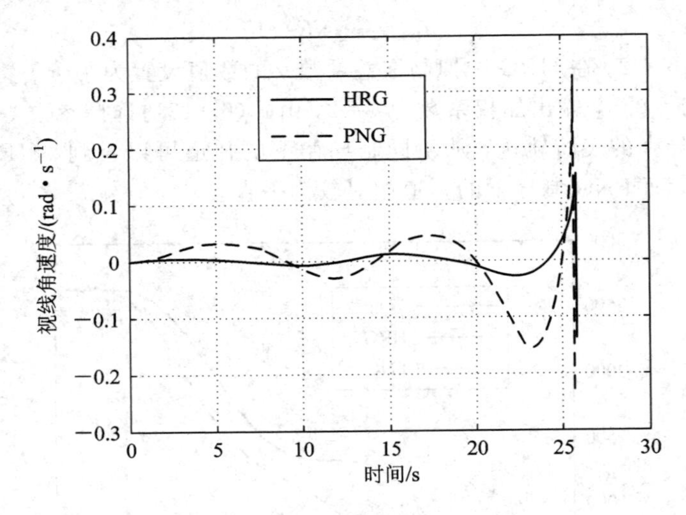

图 6-10　弹目视线角速度

在 H_∞ 制导律中，把目标加速度作为不确定干扰，只要目标加速度是能量有界的，理论上对于任意机动的目标，H_∞ 制导律都可以保证较好的拦截性能。本文在已有文献的基础上，以导弹拦截模型为基础，通过证明 Lyapunov 函数稳定的方法得到了对目标机动具有抑制作用的 H_∞ 制导律，避免了求解复杂的 Hamilton-Jacobi 不等式，并且可以通过可控指示信号的参数调节来实现不同的导弹弹道性能。

思考题与习题

1. 最优制导律的状态空间方程是什么？
2. 随机线性最优控制的优点是什么？
3. 滑模变结构的基本控制方法是什么？
4. 谈谈你对微分对策制导律的认识？
5. 谈谈你对 H_∞ 制导律的认识？

第 7 章　导弹半实物仿真

7.1　概　　述

半实物仿真是对武器系统性能评估的主要手段之一，在武器的研制与验证过程中得到了广泛的应用。导弹制导半实物仿真系统是利用计算机将众多与导弹制导相关的数学模型、系统实际部件(或设备)与环境模拟装置结合所构成的复杂系统，其技术发展与系统建设紧密结合导弹型号技术特征，是一个不断适应和发展的过程。导弹制导半实物仿真系统已成为现代导弹武器装备开发、定型、试验和采购过程中采用的主要仿真手段。欧美各国都已建成了多种先进的导弹武器系统仿真实验室，如美国陆军高级仿真中心(ASC)、雷锡恩公司、埃格林空军基地、英国 BAE 及马可尼公司等分别对麻雀导弹、天空闪光导弹及先进中距空-空导弹 AIM－120 做过很多工作，耗费巨资建立了仿真实验室。半实物仿真系统在武器型号研制中发挥了重大作用，其主要功能包括：验证导弹新型制导与控制方法的正确性和可实现性；检验导弹制导控制系统在接近实战环境下的功能状况；研究某些部件与环境特性对制导控制系统的影响以提出改进措施；检验各系统特性和设备的协调性及可靠性；补充导弹制导控制系统的建模数据，检验和完善已有的数学模型等。

导弹实物进入闭环仿真系统将极大地提高仿真结果的可信性，同时为先进的理论和算法应用到实际工程问题中打下坚实的基础。本章基于导弹半实物仿真环境，将新型制导律通过硬件实现，并将其在半实物仿真系统中进行仿真，进一步验证制导方法的正确性及可实现性。

7.2　导弹制导半实物仿真系统

7.2.1　半实物仿真研究基本理论

半实物仿真(hardware-in-the-loop simulation，HWILS 或 HILS)又称物理—数学仿真、硬件(实物)在回路仿真，它将系统中比较简单的部分或对其规律已研究清楚的部分建立数学模型并应用计算机实现，对比较复杂或没有研究清楚的、建立数学模型比较困难的子系统则采用物理模型或者实物代替，其广泛应用和研究的必要性主要基于以下观点：

(1) 将由于随机、时变等因素影响而无法准确建立数学模型的实物接入回路；

(2) 直接检验控制系统的功能、性能和协调性、可靠性；

(3) 补充建模数据并进一步验证已有数学模型的准确性；

(4) 可通过物理实物(模拟器)构建真实的仿真环境并加载真实的限制；

(5) 仿真实验次数无限制，可以有足够的试验次数来收集系统的性能数据。

因此，半实物仿真作为一种最基本的技术手段，避开了系统复杂性和不准确性，提高了仿真精度和结果的可靠性，可节省研制经费、缩短周期、提高质量，是现代武器系统研制和鉴定的既经济又有效的必要手段。

半实物仿真是一个综合多种理论、方法与工具的仿真，是以计算机理论建模理论、相似理论、系统理论、信息处理理论和控制理论为基础理论支持，以解决专业领域问题的特殊仿真技术，是以计算机及其软件、硬件、网络和多媒体技术等高新技术为工具的仿真手段，是用模拟器代替某些数学模型、增加物理效应装置的跨学科、跨领域的综合性仿真技术，其基本理论及其相互关系如图 7-1 所示。

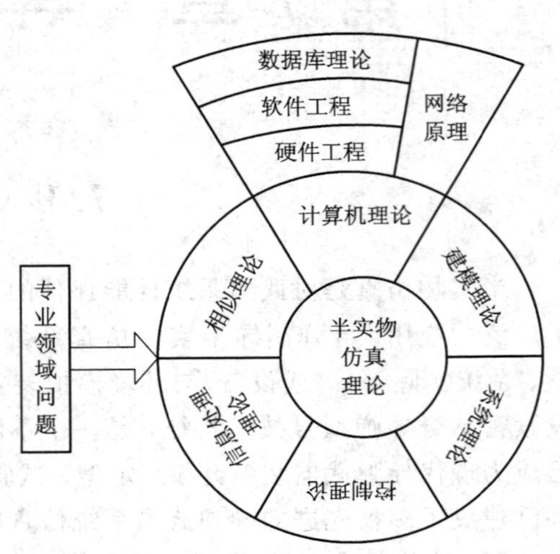

图 7-1　半实物仿真基本理论及其相互关系

随着研究对象的越来越复杂和庞大，仿真技术已经在系统的全生命周期中发挥了重要作用，不仅提高了效率，更重要的是缩短了开发周期，大大提高了研发质量，获得了强大的生命力，促进了各工程领域的实践应用和发展。而半实物仿真由于在回路中接入了实物(或物理设备)，具有很高的真实度，置信水平高。

半实物仿真中除了实物参与外，还包含计算机仿真系统，两者组成了三种基本的实现模式，如图 7-2 所示。而本章所涉及的导弹制导系统半实物仿真是一个复杂系统的混合实现模式，譬如计算机仿真系统根据目标模拟器运动特性控制导弹舵机，即模式(b)；导弹模

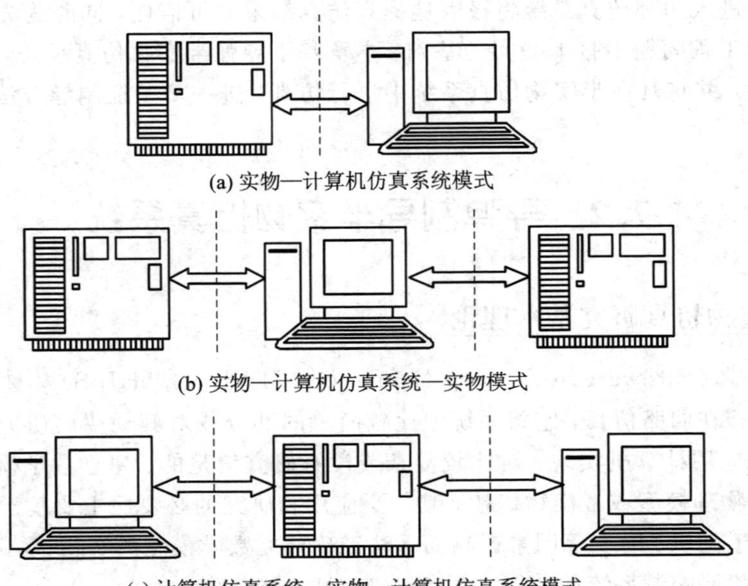

(a) 实物—计算机仿真系统模式
(b) 实物—计算机仿真系统—实物模式
(c) 计算机仿真系统—实物—计算机仿真系统模式

图 7-2　半实物仿真系统三种实现模式

拟转台一方面接受各仿真计算机的指令进行目标攻击，另一方面传送数据等信息给主控台或者视景仿真计算机进行同步模拟，此为模式(c)。

7.2.2　导弹制导半实物仿真系统

导弹制导半实物仿真系统的主要功能包括：验证导弹新型制导与控制方法的正确性和可实现性；检验导弹制导控制系统在接近实战环境下的功能状况；研究某些部件与环境特性对制导控制系统的影响以提出改进措施；检验各系统特性和设备的协调性及可靠性；补充导弹制导控制系统的建模数据，检验和完善已有的数学模型等。

导弹制导半实物仿真把关键的仿真设备(如导弹舵机模拟器、导弹制导舱等)作为制导系统的实物部件引入仿真形成仿真回路，以真实物理设备来仿真控制系统的工作状态，再加上计算机的数学仿真、控制与协调，从而组成了一个复杂的导弹制导半实物仿真系统。其优势主要体现在以下几点：

(1) 真实性：半实物仿真将真实物理实物部件加入仿真回路，避免了难以精确建模部分对系统整体实现的瓶颈，并由实物或物理模拟器进行物理效应仿真，提供逼真的试验环境。

(2) 经济性：半实物仿真试验具有可重复性，所需费用与真实导弹实际飞行实验相差悬殊，所获得的信息量却要多得多。

(3) 灵活性：半实物仿真试验可以通过计算机灵活的软件参数设置其各种条件、目标特性及制导系统参数，对武器系统的性能进行全面考核。

(4) 安全性：导弹武器系统半实物仿真试验可以进行实弹飞行试验中难以进行的具有损坏性质并且对环境及人员带来伤害的极限条件实验，即使结果不理想，也不会造成对人员的伤害和费用的过多浪费。

用硬件实现导弹制导律，并在导弹制导半实物仿真环境中完成全弹道仿真验证，其半实物仿真系统依托空军工程大学军队“2110”工程重点实验室——导弹制导与控制原理实验室中半实物仿真系统进行，其基本系统组成如图 7-3 所示。主要部分包括：

(1) 飞行姿态仿真转台：作为一个多功能的运动模拟和检测设备，模拟导弹飞行的俯仰、偏航、横滚三种姿态；复现导弹姿态角和速度等参量的变化，能够根据负载对仿真计算机输出的角位置、角速度等在允许误差内做出物理响应。

(2) 舵负载模拟器：给参与的舵机施加力矩，用以模拟导弹飞行过程中作用于导弹舵面上的气动铰链力矩，并可复现仿真计算机的指令。

(3) 目标模拟器：仿真目标的物理效应，通过对目标探测方式的选择与调度以实现对目标运动的飞行速度、高度、加速度、机动特性、散射特征等信息的获取；由于导弹的类型和型号不同，其类型包括红外目标、射频目标、图像目标等，结合不同的导引头需要进行调度、模拟，以实现不同类型的半实物仿真。

(4) 导弹导引头及制导舱：采集导弹在拦截过程中导弹与目标相对运动信息，由包含视线角速度信息的进动电压根据制导规律形成舵机控制信号。

(5) 仿真计算机：在半实物仿真中承担着制导武器动力学和运动学方程、弹目相对运动方程、几何关系和控制关系等方程的解算以及数据的存储、分析、更新等任务；除此之外，仿真计算机相对应的软件提供庞大的模型库、图形/图像库、算法库、文档库、数据库等作为体系支撑，以完成仿真计算机软件体系的“可重用”“可互操作”的高效管理，实现系统的实时运算和计算的精度要求。

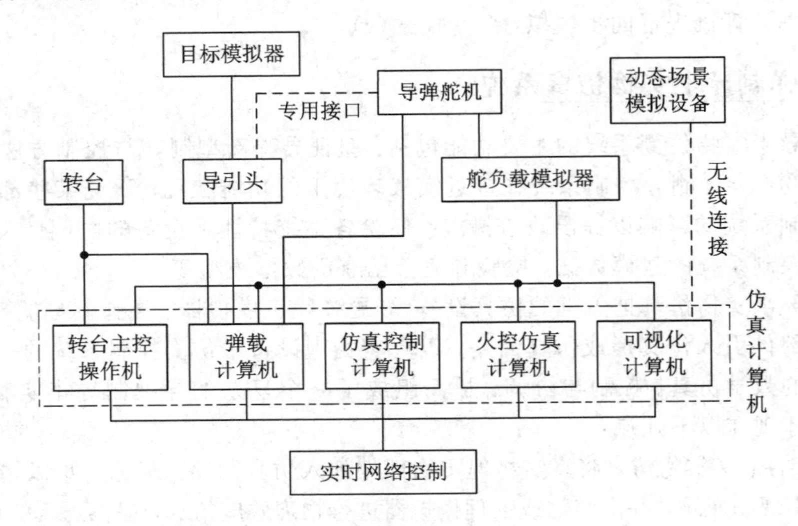

图 7-3　导弹制导半实物仿真系统组成图

从设计的思路和特点看，导弹制导系统半实物仿真为有效发挥通用平台的作用，通过对导弹制导体制、制导规律的选择与调度，以体现不同类型和型号导弹的通用仿真。图7-4为部分仿真设备图片资料。

(a) 三轴运动转台

(b) 四通道舵机负载模拟器

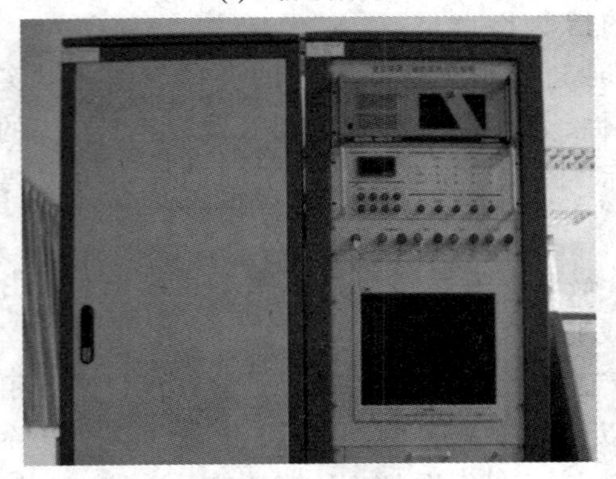

(c) 三轴运动转台控制柜

(d) 总控制台

图 7-4　部分半实物仿真设备

在制导半实物仿真系统的基础上，基于 DSP 和 FPGA 技术，可对所提出的制导律进行硬件实现，将导弹制导算法固化到仿真计算机的外部扩展卡上，在仿真过程中通过硬件计算得到导弹的制导信号。仿真计算机的外部扩展卡作为运行控制算法的硬件平台，通过数据接口连接到弹道仿真计算机上，模拟导弹上弹载计算机接收目标相关信号产生控制信号的过程。整个半实物仿真以导弹制导系统半实物仿真系统为平台，完成相应制导律的导弹全弹道半实物仿真，验证在各种典型干扰条件和目标机动情况下导弹的制导效能，对所提算法进行适应性的开发、调试及性能验证。制导算法半实物验证如图 7-5 所示。

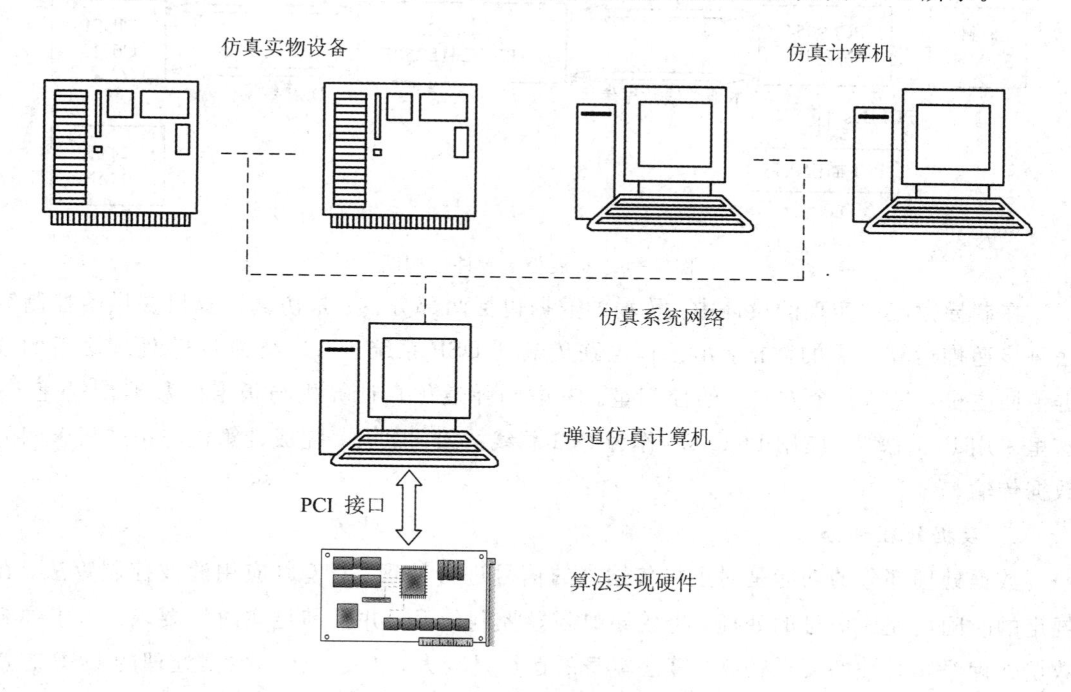

图 7-5　制导算法半实物验证示意图

7.2.3　扩展板卡硬件设计

扩展板卡作为运行随机跳变滤波控制算法的硬件平台，其整体硬件结构如图 7-6 所示。

扩展板卡的硬件主要由以下几部分组成：

1）接口电路部分

计算机总线是计算机各部件之间进行信息传输的公共通道。计算机系统通过各种总线来实现相互间信息或数据的交换，这些定向的信息流和数据流在总线中流动，就形成了计算机系统的各种操作，以实现各种部件和设备之间的互连。PCI 作为一种高性能的外设接口，非常适用于网络适配器、硬盘驱动器、动态视频卡、图形卡以及其他各类高速外设的接口，是目前微型计算机的主流总线标准。

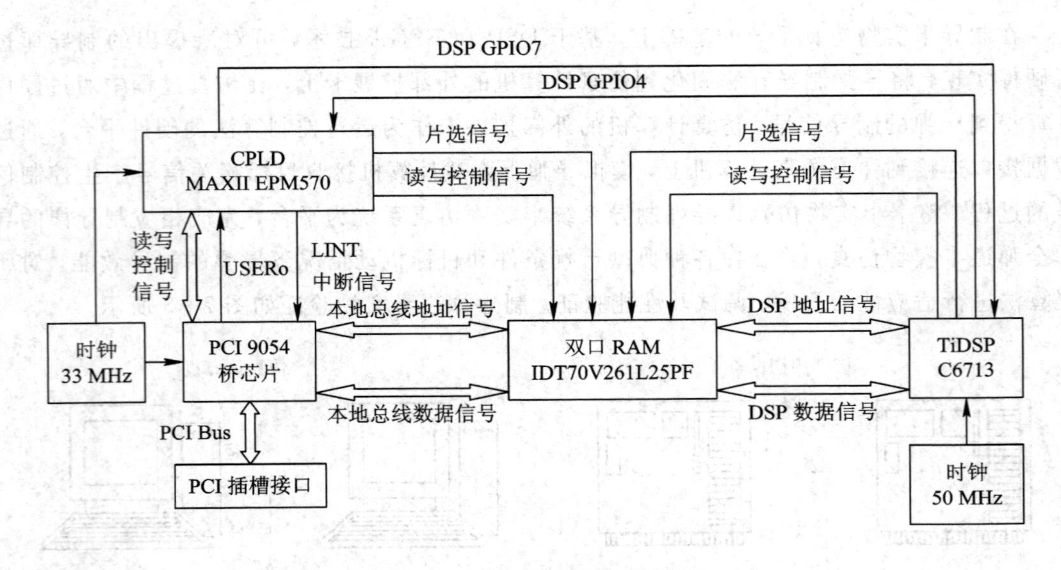

图 7-6　扩展板卡硬件结构图

在制导律硬件实现的设计中，传输的数据包括两部分：一是仿真计算机提供给控制算法每步递推运算所需的数据，由接口电路传输到 DSP 系统；二是经过 DSP 处理之后的数据传回主机，包括各个方向上的控制量。考虑到弹道仿真计算机与板卡的数据传输速率，这里采用 PCI 总线，应用 PCI9054 作为 PCI 总线的接口芯片，完成计算机与扩展板卡间的数据传输。

2）数据处理部分

数据处理部分的功能是对主机传输来的信号进行处理、计算，应用滤波控制算法，在规定的时间内完成信号的处理，生成导弹制导控制信号，并且满足实时性要求。由于弹载数据处理对实时性的要求较高，算法本身的运算量较大，因此，作为数据处理的 DSP 芯片采用的是德州仪器(TI) TMS320C6713 数字信号处理器。它是现在市场上能买到的浮点运算速度最快的 TI 公司 DSP，其最高主频可以达到 300 MHz。对于需要浮点计算提供高精度动态范围的高性能信号处理应用，该型 DSP 可提供最高每秒 18 亿次浮点运算。

3）时序控制电路

系统时序控制主要由 CPLD 电路完成，实现的主要功能有产生 DSP 访问的地址译码与控制，产生各芯片的复位信号，产生中断屏蔽、控制状态信息和转换控制时序。板卡上的控制信号交互是通过 CPLD(MAXII EPM570)来实现的，所有 DSP 的 GPIO 引脚和 PCI9054 的控制信号引脚均连接在 CPLD 上面，通过对 CPLD 内部逻辑电路编程实现非常灵活的逻辑接口设计。

4）其他外围电路

其他部分电路主要包括电源模块为 DSP 及其他板卡上的芯片供电，时钟模块提供 DSP 所需标准工作主频时钟，外扩 Flash 芯片用以存放自举引导程序以及滤波控制算法等。

图 7－7 为扩展板卡的硬件实物，图 7－8 为板卡在仿真计算机中的安装情况。

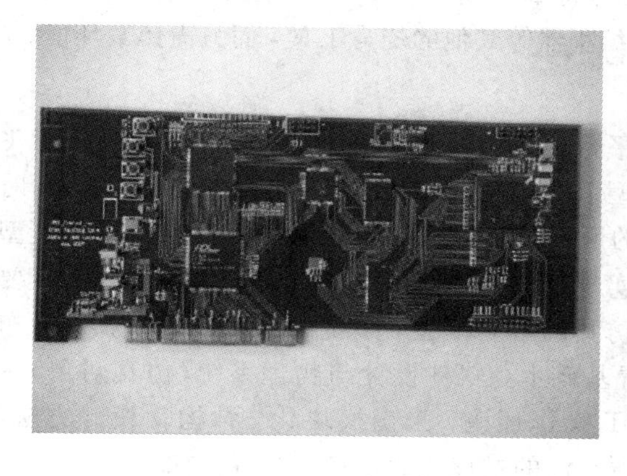

图 7－7　扩展板卡的硬件实物

图 7－8　板卡在仿真计算机中的安装情况

7.2.4　半实物仿真软件设计

1. 扩展板卡软件设计

1）PCI 驱动程序设计

PCI 总线是目前微型计算机的主流总线标准，该总线原来是专门为提高系统数据传输性能而设计的，现在也作为一种高性能的外设接口。计算机上的 PCI 接口通过 PCI 桥接芯片和扩展板上的 DSP 芯片相连，仅仅设计好硬件电路还不能实现计算机和处理芯片的通信，必须编写相应 PCI 设备的驱动，才能实现计算机的软件对 PCI 硬件设备的读写操作和控制。由于驱动程序开发软件 DriverWorks 所用的类库都是在 DDK 库函数基础上生成的，因此在编写相应设备的驱动时步骤比较固定，一般包括选择开发环境、选择驱动类型、确定 PCI 总线芯片、选择设备所支持的总线类型、选择 IRQ(IO 请求包)处理方式、确定相应资源选项、添加控制命令等。用 DriverWizard 创建 WDM 驱动程序之后，对工程文件进行编译会生成驱动程序安装所需要的文件。当安装好驱动程序以后，就可以在 VC＋＋的用户程序中调用驱动程序，以达到访问 PCI 板卡的目的。

2）DSP 程序的编写与在线调试

板卡上 DSP 芯片的功能是在规定的时间内完成对信号的处理，生成导弹制导控制信号，为此 DSP 程序的执行情况对整个扩展板卡的实时性都有着重要的影响。对 DSP 进行编程使用的工具是德州仪器公司(TI 公司)推出的集成 DSP 软件开发环境 Code Composer Studio(CCS)。它集成了代码的编辑、编译、链接和调试等诸多功能，而且支持 C/C＋＋和汇编的混合编程，开放式的结构允许用户扩展自身的模块。它的出现大大简化了 DSP 的开发工作。本文编写的 DSP 程序主要包括 PCI 设备驱动的调用和结构随机跳变最优制导律的实现两大部分，由通信接口接收到的信号经过算法计算变成相应的控制信号返回仿真计算机。

3）Flash 烧写程序

在 TI DSP 系统中，通过外接的 Flash 来进行引导是一种非常普遍的应用方式。这里采用一种 Flash 在线编程的方法将所需的引导程序烧写到 Flash 芯片中。所谓 Flash 在线编程就是指通过仿真器和 JTAG 口借助 DSP 芯片将 Boot 标写入 Flash 的过程。这个过程不需将 Flash 从 DSP 功能板上取下来，也不需借助编程器等其他的烧写工具，而只需仿真环境。

2. 导弹弹道仿真软件设计

导弹弹道仿真软件主要在飞行仿真运行平台 Skyfly 上进行开发。Skyfly 是导弹实时飞行仿真系统的执行程序，为实时仿真提供模型装配、设置、调试和运行的集成环境，同时提供网络服务器，实时调度和网络时钟同步的服务功能。Skyfly 本身不包含任何仿真模型的内容，而是通过调用用户提供的模型库来实现仿真。用户可以按照一定的规范和接口要求来编写模型库，以动态链接库的形式提供仿真的数学模型。系统的总体设计吸收了分布式交互仿真(DIS)的思想，在现有的硬件配置基础上，软件设计与物理系统(仿真对象)尽可能保持一致性和相似性，基于 Windows NT 操作环境，采用模块化、结构化设计方法，提供良好的人机界面、齐全的仿真功能和方便灵活的扩展能力。其主要特点如下：

(1) 开放式仿真实现。

仿真系统是一个综合性的集成环境，用户可以更加积极、主动地介入仿真过程，控制和管理运行策略，充分发挥计算机的高速度、大容量优势和用户的分析、判断能力，同时本系统还为弹载计算机软件提供调试平台。

(2) 消息、事件驱动。

仿真进程采用消息、事件驱动机制，通过封装各子模块功能，使仿真进程达到同步、协调、有序。

(3) 交互式人机环境。

提供美观漂亮、操作方便、功能齐全的人机界面，以菜单、窗口、对话框、控制构件(按钮、滚动条、列表框、组合框、编辑框等)完成用户的数据浏览、输入、修改，初始数据预处理，系统配置，仿真选项以及中断指令输入，多层次引导用户进入特定的工作模式。

(4) 实时仿真。

通过系统硬件与软件的有机配合，实现计算时间与飞行时间同步的仿真方式，更有利于研究实际物理系统的本质问题。

(5) 可视化仿真。

把飞行过程的弹道、导弹的姿态变化、目标、干扰相对运动等以可视图像的方式提供给用户，更加直观地再现物理系统的发展、演变过程。

7.3 微分对策制导律半实物仿真研究

7.3.1 初始设置

弹道仿真软件初始参数包括用于算法初始化的设置参数和用于导弹仿真的初始参数。在主机上通过运行 Skyfly 的界面，对导弹仿真及扩展板中的算法初始参数进行配置，初始参数设置界面如图 7-9 所示。

除了初始参数配置外，还要对各个仿真模块的输入输出信号进行连接，以确定仿真中各模块间信号的流向，用户生成动态链接库中的模块可以同扩展板进行信号连接配置，配

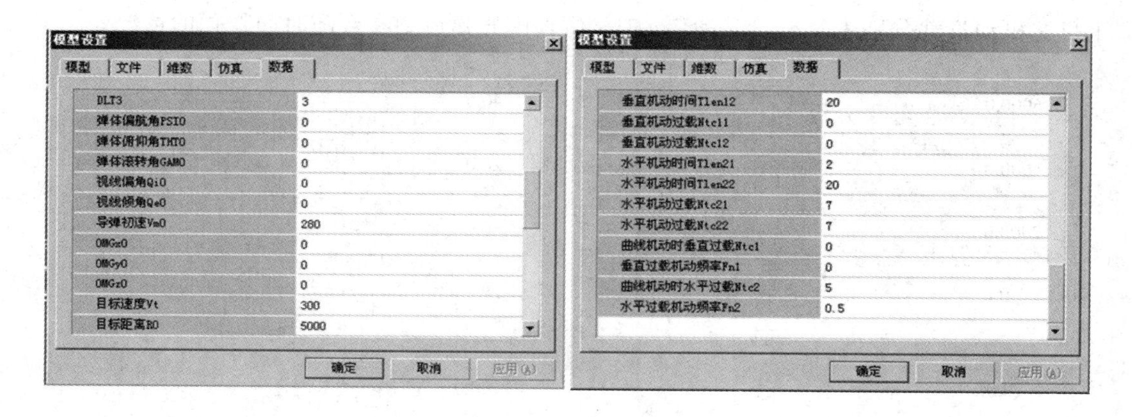

图 7－9　初始参数设置界面

置界面如图 7－10 所示。

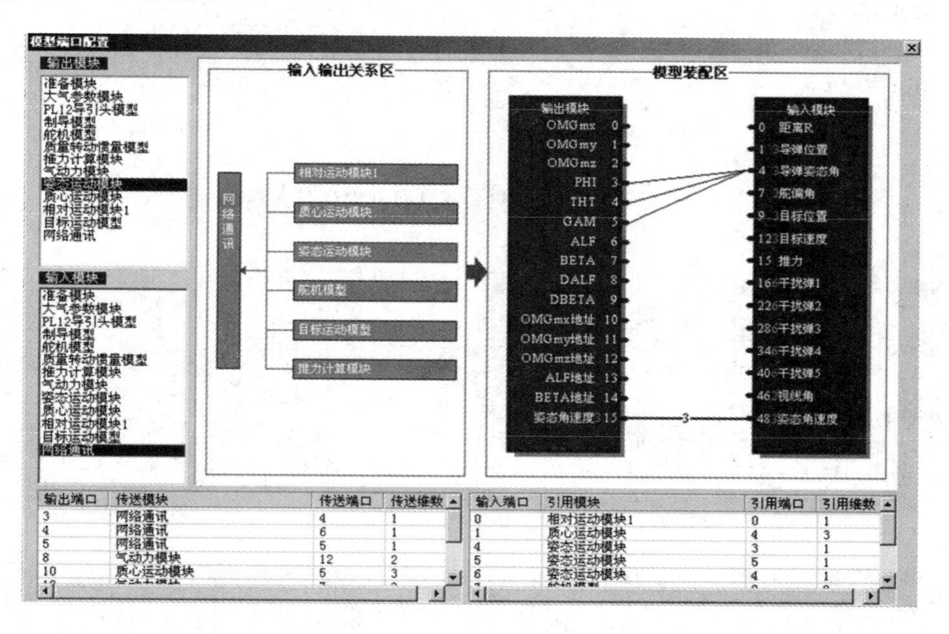

输出端口	传送模块	传送端口	传送维数
3	网络通讯	4	1
4	网络通讯	6	1
5	网络通讯	5	1
8	气动力模块	12	2
10	质心运动模块	5	3

输入端口	引用模块	引用端口	引用维数
0	相对运动模块1	0	1
1	质心运动模块	4	3
4	姿态运动模块	3	1
5	姿态运动模块	5	1
6	姿态运动模块	4	1

图 7－10　模型端口配置界面

仿真前设置仿真中用到的一些初始参数：目标速度为 300 m/s，初始坐标为(5000 m，5000 m，0 m)，机动模式为开关机动，机动频率为 0.5，机动过载为 0～7 g 变化；导弹初始速度为 280 m/s，初始坐标为(0 m，5000 m，0 m)，制导方式分别选择为比例导引、最优导引和微分对策制导方法。

7.3.2　系统仿真结果

仿真过程中姿态仿真转台模拟导弹在拦截过程中的空中飞行姿态，舵机模拟器模拟导弹舵机的受力情况，并且通过半实物仿真系统中的视景仿真部分，可以看到导弹由发射到击中目标的整个过程。

在 Skyfly 的数据显示区可看到导弹弹体有关参数的变化情况，图 7.11～图 7.13 显示了目标机动过载分别为0 g、3 g和7 g时，仿真中导弹典型参数随时间变化的情况。

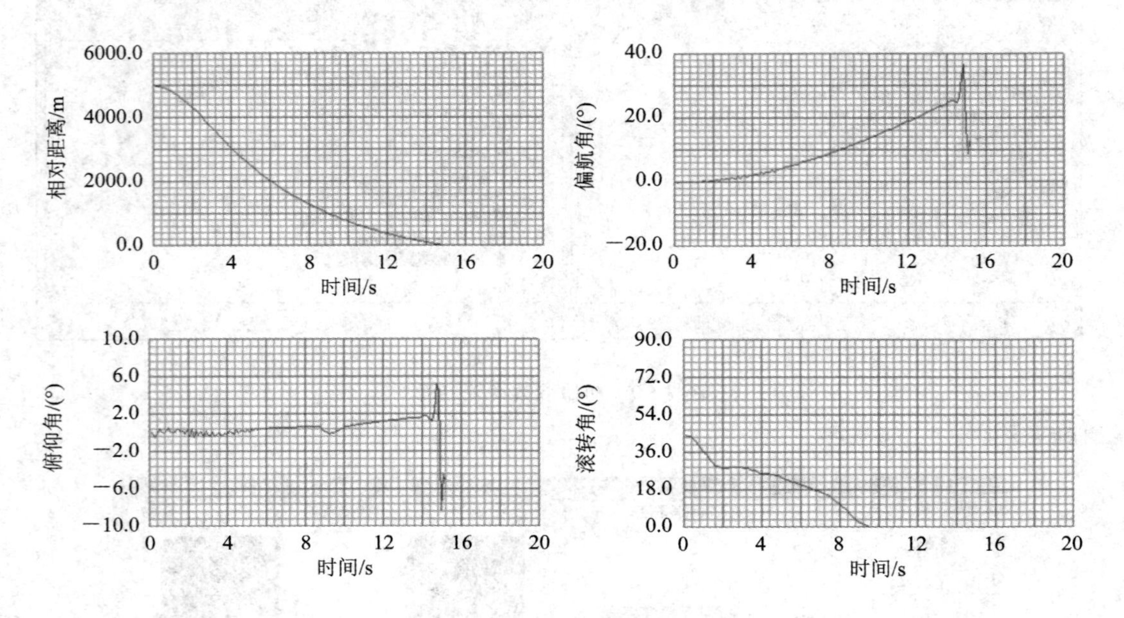

图7-11　目标无机动过载时导弹仿真参数

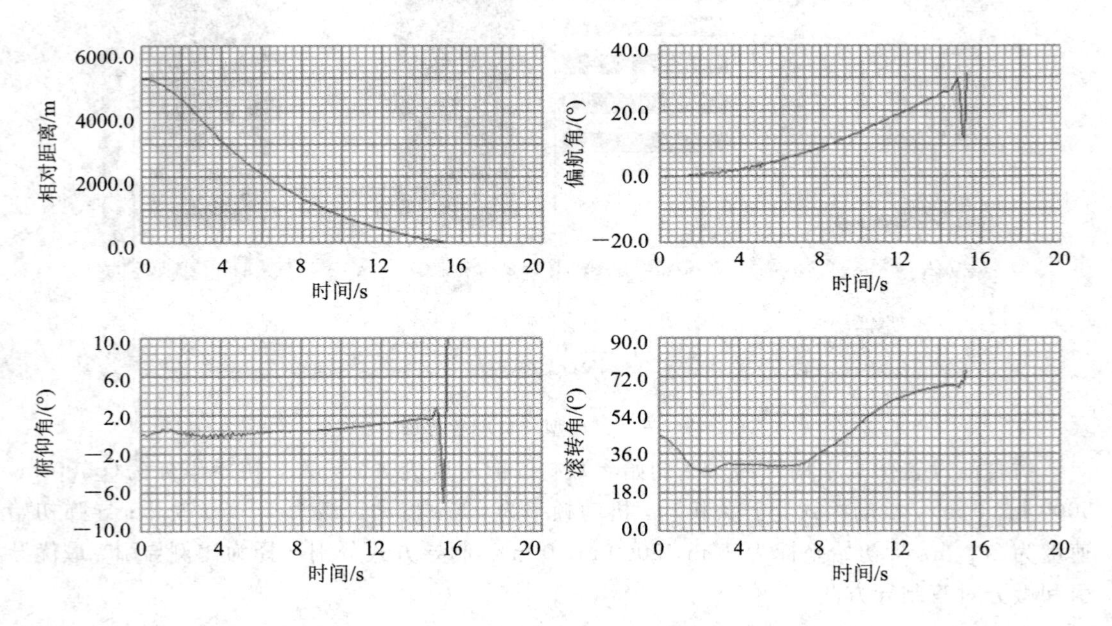

图7-12　目标机动过载为3 g时导弹仿真参数

为了验证微分对策制导律的有效性，下面与比例制导律 $u=-3\omega V_{\mathrm{M}}$ 以及一种滑模制导律 $u=-3|\dot{R}|\omega+200\omega/(\omega+0.01)$ 进行对比仿真。在目标最大过载 A_{T} 相同的情形下，改变导弹和目标的初始位置和速度条件，进行蒙特卡罗仿真(仿真次数为100次)；同时将目标最大过载 A_{T} 设置为不同的数值，重复进行蒙特卡罗仿真，最后所得三种制导律的终端

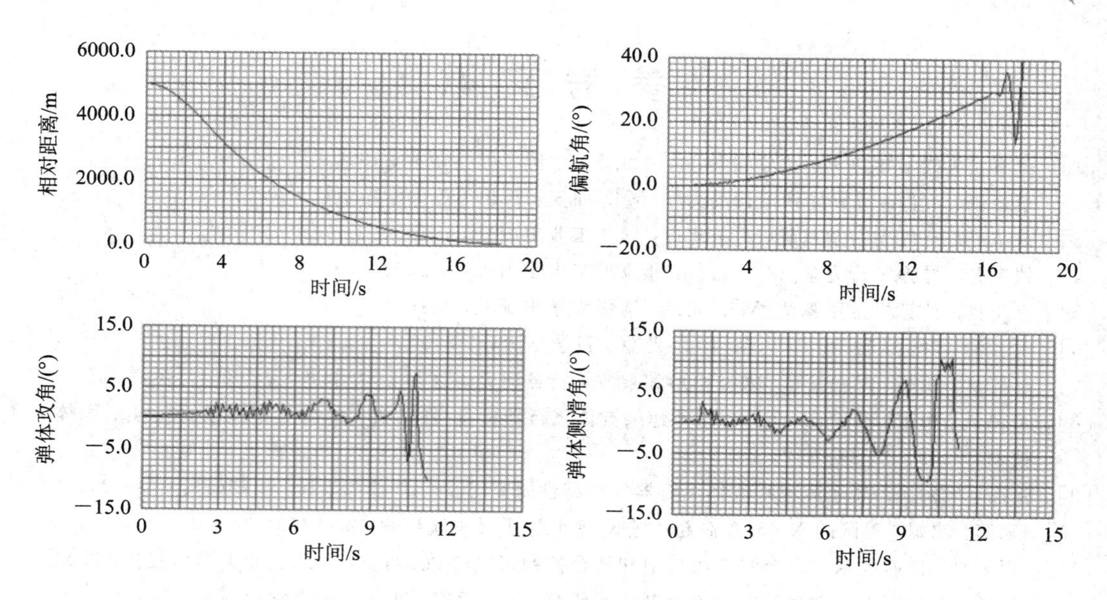

图 7-13　目标机动过载为 7 g 时导弹仿真参数

脱靶量如表 7.1 所示。

表 7.1　目标机动时终端脱靶量比较

A_T(g)	0	1	2	3	4	5	6	7
比例制导/m	0.312	0.916	1.408	1.524	2.959	4.243	12.917	16.517
滑模制导/m	0.432	0.760	0.949	1.211	2.812	3.211	10.799	12.132
微分对策/m	0.324	0.449	0.714	1.031	1.651	2.136	3.484	5.692

由表 7.1 可知，自适应加权微分对策制导律能有效地对抗目标机动干扰，在同等的目标机动情况下，终端脱靶量明显地减小；当目标无机动时微分对策制导律和比例导引律是等效的，即目标无机动时比例导引是最优的。

思考题与习题

1. 半实物仿真的定义是什么？特点有哪些？
2. 导弹制导半实物仿真的主要功能有哪些？
3. 谈谈你对半实物仿真的发展前景及实用的认识？

参考文献

[1] 张有济. 战术导弹飞行力学设计[M]. 北京：中国宇航出版社，1996.

[2] 李新国，方群. 有翼导弹飞行动力学[M]. 西安：西北工业大学出版社，2005.

[3] 徐华舫. 空气动力学基础[M]. 北京：国防工业出版社，1979.

[4] 钱杏芳. 导弹飞行力学[M]. 北京：北京理工大学出版社，2006.

[5] 徐士良. 计算机常用算法[M]. 北京：清华大学出版社，1996.

[6] 黄云清，舒适. 数值计算方法[M]. 北京：科学出版社，2009.

[7] 赵桂林，胡亮，闻洁，等. 乘波构形和乘波飞行器研究综述[J]. 力学进展，2003，33(3)：357-374.

[8] 黄伟，王振国，罗世彬，等. 高超声速乘波体飞行器机身/发动机一体化关键技术研究[J]. 固体火箭技术，2009，32(3)：242-248.

[9] 张杰，王发民. 高超声速乘波体飞行器气动特性研究[J]. 宇航学报，2007，28(1)：203-208.

[10] 宋博，沈娟. 美国的 X-51A 高超声速发展计划[J]. 飞航导弹，2009(5)：36-40.

[11] 程凤丹. 拦截战术弹道导弹末段导引和复合控制研究[M]. 西安：西北工业大学出版社，2003.

[12] 徐敏. 大气层内拦截弹侧向喷流控制技术研究[M]. 西安：西北工业大学出版社，2003.

[13] 殷兴良，温羡研. 关于发展我国反战术导弹防御系统的一些思考[C]. 战术弹道导弹防御技术研讨会文集，1999.

[14] 祁载康，曹翟，张天桥. 制导弹药技术[M]. 北京：北京理工大学出版社，2002.

[15] 王静. 动能拦截弹技术发展现状与趋势现代防御技术[J]. 2008，36(4)：23-26.

[16] 齐艳丽. 美国导弹防御系统动能拦截弹研制与部署现状[J]. 中国航天，2009(1)：31-36.

[17] 朱勇，刘莉，杜大程. 图像制导导弹二次爬升方案弹道设计[J]. 弹箭与制导学报，2009，29(1)：195-198.

[18] 方洋旺，伍友利，王洪强，等. 导弹先进制导与控制理论[M]. 北京：国防工业出版社，2015.

[19] 张可. 高超声速飞行器制导控制系统设计[D]. 长沙：国防科学技术大学，2015.

[20] 王建华. 高超声速飞行器制导控制一体化设计方法研究[D]. 长沙：国防科学技术大学，2017.

[21] 卢青. 高超声速飞行器制导控制与评估方法研究[D]. 西安：西北工业大学，2018.